# HEINZ JÖRG CLAUS

## EXTREMWERTAUFGABEN

HEINZ JÖRG CLAUS

# EXTREMWERTAUFGABEN

Probleme, ihre Geschichte,
Lösungen, Methoden

WISSENSCHAFTLICHE BUCHGESELLSCHAFT
DARMSTADT

Einbandgestaltung: Neil McBeath, Stuttgart.

Die Deutsche Bibliothek – CIP-Einheitsaufnahme

**Claus, Heinz Jörg:**
Extremwertaufgaben: Probleme, ihre Geschichte,
Lösungen, Methoden/Heinz Jörg Claus. –
Darmstadt: Wiss. Buchges., 1992
ISBN 3-534-10910-4

Bestellnummer 10910-4

© 1992 by Wissenschaftliche Buchgesellschaft, Darmstadt
Gedruckt auf säurefreiem und alterungsbeständigem Offsetpapier
Satz: Fotosatz Janß GmbH, Pfungstadt
Druck und Einband: Wissenschaftliche Buchgesellschaft, Darmstadt
Printed in Germany
Schrift: Linotype Times, 9.5/12

ISBN 3-534-10910-4

# INHALT

Geschichtliche Teile . . . . . . . . . . . . . . . . . . IX

Vorwort . . . . . . . . . . . . . . . . . . . XI

Einleitung . . . . . . . . . . . . . . . . . . . . . 1

## Aufgaben (A)

AI Abstandssummen . . . . . . . . . . . . . . . . . . 7
Treffpunktaufgaben . . . . . . . . . . . . . . . . . . 7
Punkte minimaler Abstandssumme (Min-As-Punkte) zu den Ecken
eines n-Ecks . . . . . . . . . . . . . . . . . . 8
Minimale Netze . . . . . . . . . . . . . . . . . . 11
    G(1–9) Abstandssummen und Netze . . . . . . . . . . 12
Minimale Abstandssumme von Punkten zu Geraden . . . . 13
    G(10) Aufgabe von Viviani . . . . . . . . . . . . 14
Gerade minimaler Abstandssumme zu gegebenen Punkten . . . 14
Maximinaufgabe . . . . . . . . . . . . . . . . . . . 14
    G(13) Prinzip vom zeitlich kürzesten Lichtweg. Leben und Werk
    von P. de Fermat . . . . . . . . . . . . . . . . 15
Straßenbauaufgaben . . . . . . . . . . . . . . . . 18
Kürzeste Linien auf Körpern . . . . . . . . . . . . . 20
Das Niveaulinienprinzip . . . . . . . . . . . . . . . 22
    G(23–28) Das Niveaulinienprinzip und lineares Optimieren . . 25

AII Flächeninhalt und Umfang . . . . . . . . . . . 26
Das isoperimetrische Problem für Rechtecke . . . . . . . 26
Das isoperimetrische Problem für Dreiecke und Vierecke . . . 28
Das isoperimetrische Problem der Ebene . . . . . . . . 29
    G(37) Das Steinersche Viergelenkverfahren . . . . . . . 30
Anwendungen des isoperimetrischen Satzes . . . . . . . . 33

Weitere elementar lösbare isoperimetrische Probleme   . . . .   33

Einfache räumliche isoperimetrische Probleme . . . . . . .   34

Der isoperimetrische Satz in Natur und Alltag . . . . . . .   34

G(29–49) Geschichte des isoperimetrischen Problems . . . .   34

*AIII Einbeschriebene und umbeschriebene Figuren* . . . . . .   37

*AIV Einteilungen, Lagerungen, Überdeckungen* . . . . . . .   40

## Lösungen (L)

*LI Abstandssummen*   . . . . . . . . . . . . . . .   45

Treffpunktaufgaben . . . . . . . . . . . . . . .   45

Punkte minimaler Abstandssumme zu den Ecken eines n-Ecks   .   49

G(L5) Der Fermatpunkt im Dreieck. Beweis von Toricelli   . .   55

Minimale Netze . . . . . . . . . . . . . . . . .   61

Minimale Abstandssumme von Punkten zu Geraden . . . . .   67

Gerade minimaler Abstandssumme zu gegebenen Punkten . . .   70

Maximinaufgabe . . . . . . . . . . . . . . . . .   71

Straßenbauaufgaben   . . . . . . . . . . . . . .   79

Kürzeste Linien auf Körpern . . . . . . . . . . . .   82

Das Niveaulinienprinzip   . . . . . . . . . . . . .   93

*LII Flächeninhalt und Umfang* . . . . . . . . . . . .   102

Das isoperimetrische Problem für Rechtecke   . . . . . . .   102

Das isoperimetrische Problem für Dreiecke und Vierecke   . . .   106

Das isoperimetrische Problem der Ebene   . . . . . . . . 115

Anwendungen des isoperimetrischen Satzes . . . . . . . .   124

Weitere elementar lösbare isoperimetrische Probleme   . . . .   125

Einfache räumliche isoperimetrische Probleme . . . . . . .   128

Der isoperimetrische Satz in Natur und Alltag . . . . . . .   130

*LIII Einbeschriebene und umbeschriebene Figuren* . . . . . .   133

G(L53) Das Problem von G. F. Fagnano . . . . . . . .   141

*LIV Einteilungen, Lagerungen, Überdeckungen* . . . . . . .   150

G(L59) Punktverteilung auf der Kugel   . . . . . . . .   175

*Methoden, Sätze, Beweise (M)*

M1 Ausschlußverfahren (Vergrößerungs- und Verkleinerungsverfahren) . . . . . . . . . . . . . . . . . 187

M2 Stetigkeit . . . . . . . . . . . . . . . . 188

G(M2) Stetigkeit und infinitesimale Zahlen . . . . . . . 189

M3 Die Dreiecksungleichung . . . . . . . . . . . . 190

G(M3) Die Dreiecksungleichung in Euklids Elementen und weiteres über dieses Werk . . . . . . . . . . . . . 192

M4 Die arithmetisch-geometrische Ungleichung . . . . . . 194

G(M4) Geschichte der arithmetisch-geometrischen Ungleichung . 198

M5 Die Jensensche Ungleichung . . . . . . . . . . 199

M6 Funktional-elementare Methoden . . . . . . . . . 200

M7 Abbildungen in der Ebene . . . . . . . . . . . 205

M8 Metrische Räume . . . . . . . . . . . . . . 208

M9 Sätze über den Kreis . . . . . . . . . . . . . 210

M10 Die Heronsche Flächenformel für das Dreieck . . . . . 212

G(M10) Heron, Archimedes . . . . . . . . . . . 212

M11 Das gleichseitige Dreieck . . . . . . . . . . . 213

M12 Kreislagerung und -überdeckung in der Ebene . . . . . 215

G(M12) Das Problem der dichtesten Kugelpackung . . . . 218

M13 Physikalische Methoden . . . . . . . . . . . 219

G(M13d–f) C. F. Gauß' Untersuchung der Flüssigkeiten im Gleichgewicht. Leben und Werk von C. F. Gauß . . . . . 223

G(M13g) Das Plateausche Problem . . . . . . . . . 225

M14 Einige Fachausdrücke mit Erklärung . . . . . . . 230

*Literatur* . . . . . . . . . . . . . . . . . . 235

*Namen- und Sachregister* . . . . . . . . . . . . . 239

# GESCHICHTLICHE TEILE

G(1–9)      Abstandssummen und Netze . . . . . . . . .      12
G(10)       Aufgabe von V. Viviani . . . . . . . . . .      14
G(13)       Prinzip vom zeitlich kürzesten Lichtweg. Leben und
            Werk von P. de Fermat . . . . . . . . . .      15
G(23–28)    Das Niveaulinienprinzip und lineares Optimieren . .    25
G(37)       Das Steinersche Viergelenkverfahren . . . . .      30
G(29–49)    Geschichte des isoperimetrischen Problems . . . .      34
G(L5)       Der Fermatpunkt im Dreieck. Beweis von Toricelli .     55
G(L53)      Das Problem von G. F. Fagnano . . . . . . .      141
G(L59)      Punktverteilung auf der Kugel . . . . . . . .      175
G(M2)       Stetigkeit und infinitesimale Zahlen . . . . . .      189
G(M3)       Die Dreiecksungleichung in Euklids Elementen und
            weiteres über dieses Werk . . . . . . . . .      192
G(M4)       Geschichte der arithmetisch-geometrischen Ungleichung    198
G(M10)      Heron. Archimedes . . . . . . . . . . . .      212
G(M13d–f)   C. F. Gauß' Untersuchung der Flüssigkeiten im Gleich-
            gewicht. Leben und Werk von C. F. Gauß . . . .      223
G(M13g)     Das Plateausche Problem . . . . . . . . . .      225

# VORWORT

*Warum gerade Extremwertaufgaben?* George Polya, der berühmte Meister der Heuristik, meint dazu, unsere persönlichen Probleme hätten mit dieser Art Aufgaben zu tun (1962, 184): „Wir wollen einen Gegenstand zu dem niedrigst möglichen Preis erwerben; oder die größtmögliche Wirkung mit einem bestimmten Aufwand erreichen; oder die maximale Arbeitsleistung in einer festgesetzten Zeit zustande bringen; und natürlich wollen wir das minimale Risiko auf uns nehmen. Mathematische Aufgaben dieser Art sagen uns, glaube ich, zu, weil sie unsere alltäglichen Probleme idealisieren." Wir können das extrapolieren auf *Probleme von Wirtschaft und Technik,* deren wichtigste im Grunde Weiterentwicklungen der genannten persönlichen Probleme in andere Größenordnungen, in höhere Grade der Komplexität sind. Denkt doch der Unternehmer ebenso und legt der Wirtschaftswissenschaftler ein solches Denken bei allen am Wirtschaftsleben Beteiligten seinen Modellen zugrunde. Seit über 200 Jahren proklamieren Staats- und Volkswirtschaftslehre als oberste Forderung „das größtmögliche *Glück* für die größtmögliche Zahl" (F. Hutcheson 1764). Kann man hier noch von einer Extremwertaufgabe sprechen? Ist Glück eine Größe mit Werten aus R? F. Hutcheson (1694–1747) und J. Bentham (1748–1832) glaubten es anscheinend und entwickelten einen „moral calculus" bzw. „hedonistic calculus" (J. Mittelstraß 1980, 782 und 1984, 149–150). Spinnen wir den Gedanken der Optimierung weiter in den Bereich der *Lebewesen,* die von der Natur mit Eigenschaften zur optimalen Anpassung an ihre Umgebung, zu optimaler Selbst- und Arterhaltung ausgestattet werden. Die Natur löst ihre Extremwertaufgaben durch den *Kampf ums Dasein,* durch das Überleben der Bestangepaßten, wozu auch Parasitismus und Symbiose gehören. Mathematisch können wir das Walten der Natur nur bruchstückweise erfassen (Populationsentwicklung, Räuber-Beute-Modelle), und immer ist Vorsicht geboten, wenden wir Mathematik auf Lebensvorgänge an. Unbestritten aber ist die Anwendbarkeit der Mathematik auf die unbelebte Natur, auf die *Physik.* Hier haben Extremalaussagen hervorragende Bedeutung. Genannt seien: die Variationsprinzipien der Mechanik, das Prinzip vom kleinsten Zwang, die Stabilitätsprinzipien der Mechanik und der Thermodynamik und das Fermatsche Prinzip vom extremalen Lichtweg. In der *Mathematik* stößt man in allen Teilgebieten auf die Frage nach Extremwerten, und aus Fragestellungen dieser Art entwickelten sich wichtige und anwendungsträchtige Spezialgebiete wie Variationsrechnung, Optimierungs- und Approximationstheorie.

Dieses Buch ist geschrieben für den *Liebhaber der Mathematik,* sei er Fachmann oder Laie, Lehrer, Schüler oder Student, dem es Freude macht, elementare mathematische Probleme selbständig zu lösen. Seit Euklid haben Mathematiker einen Schatz von interessanten, meist geometrischen Extremwertaufgaben zusammengetragen, die man *ohne Anwendung des Differentialkalküls* lösen kann bzw. lösen muß, und nur von solchen Aufgaben handelt dieses Buch. Nichts gegen den Differentialkalkül! Dieser ist eine sehr wirkungsvolle Methode, die den Lernenden fasziniert, wenn er sie kennenlernt. Dann aber muß er eine Fülle von Aufgaben immer nach demselben Schema lösen, die Mühe des Beobachtens, Entdeckens und Nachdenkens entfällt. Entdeckerfreude kommt nicht auf, alles läuft mechanisch ab. W. Neß[1] bemerkt sehr treffend (1969, 27): „Die elementaren Lösungsverfahren sind mit Handarbeit, die Lösungen mittels Differentialkalkül mit Fabrikarbeit zu vergleichen."

Lieber Leser! Ich wünsche dir viel Freude bei der Arbeit mit diesem Buch, wie ich sie beim Lösen dieser Aufgaben, beim Unterricht mit Schülern und Studenten und beim Schreiben und Zeichnen dieses Buchs empfunden habe. Bist du Lehrer, so suche unter den einfachen Aufgaben für den Unterricht geeignete aus, solche, die zu dem gerade behandelten Themenkreis passen, andere, die man in einer Vertretungsstunde stellen kann, und etwas schwierigere, die man in der Problemecke zur freiwilligen, häuslichen Arbeit aushängt.

Am Ende des Vorworts sollte ein *Dankeswort* nicht fehlen. Ich danke meinen Kollegen, Schülern und Studenten für viele Anregungen in Veröffentlichungen, Gesprächen und im Unterricht, meinen Kollegen des Fachbereichs Mathematik der Technischen Hochschule Darmstadt, insbesondere Herrn Artmann, Herrn Heil, Herrn Laugwitz, Herrn Spalt und Herrn Stein, für Anteilnahme an meiner Arbeit, wichtige Hinweise und Literaturangaben, Herrn Bokowski für seine wertvolle Hilfe bei Aufgabe 58 und die Anregung zur Seifenblasenlösung. Herrn Klingbeil für seine Überlegung zu

---

[1] Neß verweist auf O. Toeplitz.

diesen Aufgaben. Herrn Kirsch von der Gesamthochschule Kassel und Herrn Schupp von der Universität Saarbrücken danke ich für ihre brieflichen und gesprächsweisen Anregungen. Last, not least gilt mein Dank Herrn Geinitz von der Wissenschaftlichen Buchgesellschaft. Er zeigte sich von Anfang an interessiert an dem Buchprojekt, hat mich dazu ermutigt und in vielen Gesprächen beraten.

# EINLEITUNG

Die Extremwertaufgaben stellen ein so vielgestaltiges und schwer über-
schaubares Aufgabenmaterial dar, daß seine *Gliederung* Probleme mit sich
bringt. Soll man nach den Methoden gliedern? Dann tauchen einige Aufgaben mehrmals an verschiedenen Stellen auf. Oder soll man nach dem Inhalt
der Aufgaben gliedern? Dann muß dieselbe Aufgabe hintereinander mit
verschiedenen Methoden behandelt werden, dieselbe Methode erscheint an
verschiedenen Stellen. Ich entschied mich für den letzten Weg, ging aber
einige Kompromisse ein. Mit der Methodenübersicht M habe ich, wie ich
hoffe, eine einigermaßen praktikable Lösung gefunden. So gliedern wir:

I   Abstandssummen
II  Flächeninhalt und Umfang
III Ein- und umbeschriebene Figuren
IV Einteilungen, Lagerungen, Überdeckungen [2]

Dieses Buch unterscheidet sich von allen mir bekannten Veröffentlichungen
über Extremwertaufgaben durch die räumliche *Trennung von Aufgabenstellung und Lösung,* die flüchtiges Durchlesen verhindern soll. Die Lösung der
Aufgabe Nummer An aus dem Aufgabenteil (A) findet sich im Lösungsteil
(L) bezeichnet mit Ln. Dieser Aufbau erfordert für den Lernenden und
wenig geübten Problemlöser Hinweise auf Lösungsansätze und -ideen, auf
Methoden und Hilfen, die den Aufgaben in Klammern beigefügt sind. Um
auf häufiger vorkommende Methoden, Formeln, Sätze und heuristische Regeln verweisen zu können, findet sich hinter dem Lösungsteil L der Metho-
denteil M. Die *Geschichte* der Extremwertaufgaben zerfällt in mehrere Pro-
blemgeschichten, die man erst verstehen kann, wenn man die Probleme
kennengelernt hat. So schien es mir sinnvoll, geschichtliche Bemerkungen
ans Ende einer Problemsequenz (des Aufgabenteils) zu setzen und mit
G(n-m) zu bezeichnen (in Klammern die Aufgabennummern, auf die sich
die Bemerkung bezieht).
Auch in den Teilen L (Lösungen) und M (Methoden, Sätze, Beweise) finden sich historische Anmerkungen G. Auf Leben und Werk einiger großer

---

[2] Die Aufgaben dieses Abschnitts sind neu bzw. selten veröffentlicht.

Mathematiker bin ich ausführlicher eingegangen. Dem Inhaltsverzeichnis ist eine Übersicht der G-Abschnitte angefügt.

Lieber Leser! Bist du Profi oder geübter Problemlöser, dann brauchst du nicht weiter zu lesen. Andernfalls gebe ich dir einige *Tips zur Arbeit* mit diesem Buch. Verwende einige Zeit auf das Erfassen der Aufgabenstellung: Fertige Skizzen an, stelle dir Spezialfälle vor, die vielleicht leichter lösbar sind, suche Beweisideen und Lösungsansätze. Wenn du nicht weitergekommen bist oder nur einige Lösungsschritte gefunden hast, lies die Hinweise, die den meisten Aufgaben in Klammern beigefügt sind. Hilft auch das nicht weiter, lies im Lösungsteil L nach; erst einmal schnell, um Übersicht zu gewinnen. Vielleicht kommt dir schon dabei oder beim Anblick einer Zeichnung eine weiterführende Idee. Dann: Text beiseite legen, selbständig arbeiten. Andernfalls gründlich weiterlesen und unterbrechen, um Rechnungen durchzuführen, Überlegungen weiterzuführen und immer wieder zu versuchen, die Problemlösung selbständig zu Ende zu bringen. Nach erfolgter Lösung sollte man stets zurückblicken. Man wiederholt den Lösungsweg im Zusammenhang, übt auch ein wenig Selbstkritik. Hattest du Schwierigkeiten mit einer Aufgabe, so wiederhole sie später so, als wäre sie dir neu. Offenbarte sich bei der Lösung das Fehlen elementaren mathematischen Könnens, Unsicherheiten beim Rechnen? Wie sagt Goethe? „Aller Kunst muß das Handwerk vorausgehen." Der Kunst des Problemlösens sicheres Rechnen und Beherrschen von Kalkülen, logisches Denken, Kenntnis von Fachausdrücken und mathematischen Sätzen. Nach dem Rückblick schaut man auch nach vorne: Vielleicht findest du weitere, hier nicht angegebene Lösungsmöglichkeiten, andere Anwendungen, Einkleidungen und ähnliche Probleme.

Mit diesen Hinweisen, lieber Leser, verbinde ich keineswegs die Erwartung, du solltest dieses Buch von Aufgabe 1 bis 60 so durcharbeiten. Am Ende eines langen Berufslebens könnte ich nur 2 Werke nennen, die ich vollständig studiert habe, davon nur eines in der beschriebenen Weise. Man soll auch einmal zur Entspannung herumschmökern, sich die Rosinen herauspicken oder in eine Zeichnung vertiefen. Mancher gebraucht Bücher als Werkzeuge. Man geht mit einer Frage an sie heran, oder man sucht etwas Geeignetes für den Unterricht oder für einen Vortrag.

Nun bist du gerüstet, lieber Leser, mit der eigentlichen Lektüre des Buches zu beginnen. Beachte aber bitte folgenden *bezeichnungstechnischen Hinweis:*

A und B seien 2 verschiedene Punkte der Ebene.

Das Zeichen AB kann bedeuten

a) die Strecke AB,

b) die Länge der Strecke AB,

c) die Gerade AB.

Was es jeweils bedeuten soll, geht aus dem Zusammenhang hervor. Entsprechend verfahren wir mit den Bezeichnungen von Flächenstücken und Flächeninhalten.

# AUFGABEN (A)

# AI ABSTANDSSUMMEN

## *Treffpunktaufgaben*

**A1:** n Jugendliche, alles Mopedfahrer, wohnen in verschiedenen Häusern $A_1, A_2, \ldots A_n$ einer geradlinigen Straße. Sie wollen, um Benzin zu sparen, einen Treffpunkt vereinbaren, für den die Wegesumme minimal ist.

a) Löse die Aufgabe für $n > 1$ experimentell, indem du die Wege zu irgendeinem Treffpunkt zeichnest und diesen verlegst, bis die Wegesumme minimal ist.

b) Beweise das Ergebnis mit der Dreiecksungleichung (M3a).

**A2:** Wie Aufg. 1. Mehrere Jugendliche können in einem Haus wohnen. (Um ein konkretes Zahlenbeispiel vor Augen zu haben, geben wir die Bewohnerzahlen an: $A_1$ 2, $A_2$ 1, $A_3$ 3, $A_4$ 5.)

a) Beginne wieder experimentell mit einer Zeichnung und suche als Treffpunkt eine Stelle, wo jede Verschiebung zu einer Vergrößerung der Wegesumme führt. Gibt es eine solche Stelle immer?

b) Scheidet man aus den beiden äußeren Häusern gleichviel Jugendliche aus, so bleibt der Treffpunkt unverändert. Begründe diese Aussage und wende sie sukzessive zur Bestimmung des günstigsten Treffpunkts an. (Diese Methode lernte ich von einem Schüler.)

c) Laß die Jugendlichen über den Treffpunkt abstimmen. (Wähle einen beliebigen Testpunkt auf der Geraden. Lasse über Verlegung nach links oder rechts abstimmen. Verlege den Testpunkt, falls bzw. wie das Wahlergebnis es fordert, laß über den neuen Punkt abstimmen usw.)

d) Numeriere die Jugendlichen von links nach rechts fortlaufend. Wer wohnt am (bzw. an einem möglichen) Treffpunkt?

**A3:** Die Schüler wohnen in Orthopolis, wo sich (wie in Mannheim und Manhattan) 2 Parallelscharen von Straßen senkrecht kreuzen.[3] Wir verwen-

---

[3] Orthopolis wurde zu mathematik-didaktischen Zwecken erfunden (G. Papy 1970) und existiert als Phantasiegebilde, das die ganze Ebene ausfüllt.

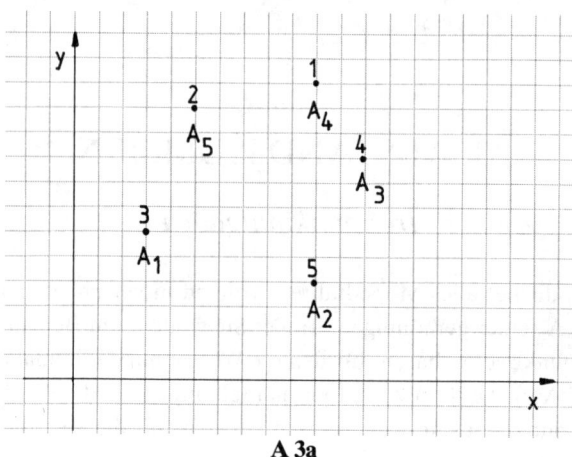

**A 3a**

den einen Bogen karierten Papiers als Stadtplan und tragen die Wohnhäuser $A_i$ an irgendwelchen Straßenkreuzungen ein. An jedes $A_i$ schreiben wir die Bewohnerzahl (Zahlenbeispiel siehe Abb. A3a).

a) Wende das Wahlverfahren von 2c) an. (Abwechselnd über einen Schritt in Nord-Süd- und Ost-West-Richtung abstimmen lassen. Weg des Testpunkts eintragen. Von verschiedenen Testpunkten ausgehen.)

b) Lege auf den Stadtplan von Orthopolis ein kartesisches Koordinatensystem (Achsen in den Richtungen der Straßen), und projiziere die $A_i$ senkrecht auf die x- und die y-Achse. Bestimme die Minimalpunkte auf den Achsen und projiziere diese zurück.

c) Überlege an einfachen Beispielen, daß der gefundene Treffpunkt für Hubschrauber nicht der richtige ist. (Lies hierzu M8.) (A. Engel 1970/71)

## Punkte minimaler Abstandssumme (Min-As-Punkte) zu den Ecken eines n-Ecks

**A4:** a) In einem konvexen Viereck ist der Diagonalenschnittpunkt Min-As-Punkt zu den Ecken. Beweis (M3a).

b) Das Viereck sei nicht konvex.

c) Einkleidung: „Für 4 Städte A, B, C, D wird ein gemeinsames Elektrizitätswerk E geplant. Die Gesamtlänge der Stromleitungen soll möglichst kurz sein." Ein Schüler hat herausgefunden, daß der Diagonalenschnittpunkt nicht immer die günstigste Lage des Elektrizitätswerks ist. Untersuche das an einem Rechteck ABCD.

d) Bestimme die Min-As-Punkte eines Vierecks bezüglich der Absolutbetragsmetrik M8.

**A5:** Bestimme den Min-As-Punkt zu den Ecken eines Dreiecks (Fermatsches Problem).

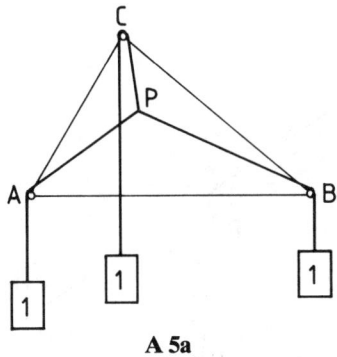

**A 5a**

a) Da es kaum möglich ist, den gesuchten Punkt richtig zu vermuten oder durch intuitive Überlegung zu gewinnen, demonstriert man seine Lage am besten durch einen mechanischen Versuch: Zieht man von A, B, C aus an 3 in einem Punkt P verknoteten Seilen mit gleich großen Kräften, so herrscht Gleichgewicht, wenn P im Min-As-Punkt liegt. Begründe diese Aussage anhand der gezeichneten Versuchsanordnung (M13a, b, c).[4]

b) Beschreibe die Lage des Min-As-Punkts (Fermat-Punkt genannt; eine Fallunterscheidung ist nötig).

c) Beweise die Aussage in b) geometrisch. Benütze die nachstehenden Figuren (Fallunterscheidung beachten).

[4] Die Ebene von ABC kann senkrecht oder horizontal liegen. Im ersten Fall denke man an ein Brett mit Nägeln oder Rollen (ohne Reibung) in A, B und C, über die Seile mit angehängten Gewichten geführt sind. Man kann den Versuch aber auch mit einem Tisch ausführen, in dessen horizontale Platte Löcher in A, B und C gebohrt sind. Durch diese laufen die 3 Seile. Zu dieser Aufgabe gibt es eine Menge von Literatur. Genannt seien A. Fricke (1984), G. Pickert, der eine Formel für den Wert der Abstandssumme angibt (1986), H. Schupp (1984) und H. Sieber (1965). Wir behandeln die Aufgabe noch einmal (A27b) nach einer Methode von J. Steiner (Niveaulinienprinzip).

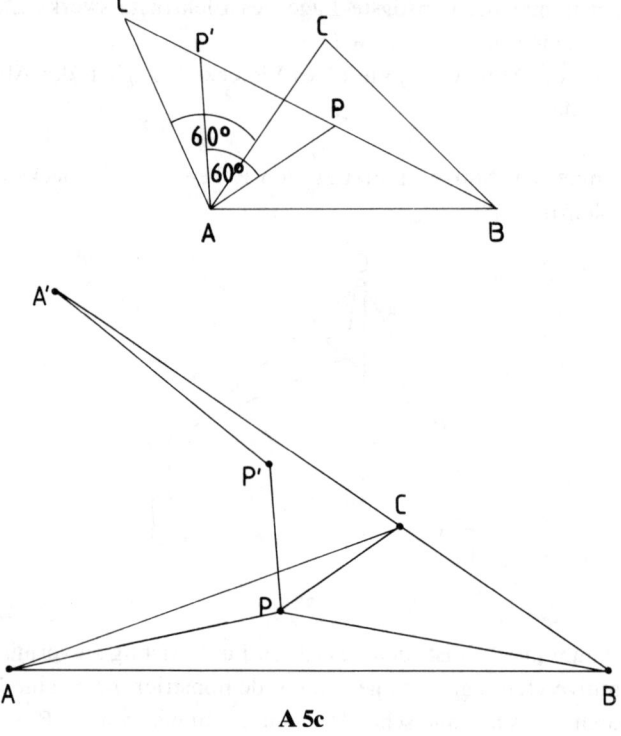

**A 5c**

d) Löse die Aufgabe bezüglich der Absolutbetragsmetrik.
e) Gib für beide Metriken Konstruktionen des Min-As-Punkts bzw. der Min-As-Punkte an.

**A6:** $A_1 A_2 \ldots A_n$ sei ein n-Eck mit $n > 3$.
a) Das mechanische Verfahren von A5a läßt sich auf beliebige n-Ecke verallgemeinern. Davon kann man ein Verfahren zur näherungsweisen zeichnerischen Konstruktion des Min-As-Punkts ableiten.
b) Das n-Eck sei konvex. Dann liegt der Min-As-Punkt im Inneren oder auf dem Rand. (Beweis mit Hilfe von Geradenspiegelungen an den Geraden durch die Seiten und M3b[ii].)

**A7:** Bestimme den Min-As-Punkt zu den Eckpunkten eines regelmäßigen n-Ecks. Beweis. (Fallunterscheidung: n sei gerade, ungerade. Der Beweis für ungerades n ist nicht leicht zu finden.)

# Minimale Netze

**A8:** Variation der Problemstellung: 4 Orte A, B, C, D sind durch ein möglichst kurzes Bahnnetz zu verbinden (Gaußsches Eisenbahnproblem).

a) Die 4 Punkte (Orte) bilden die Eckpunkte eines Rechtecks mit den Seitenlängen a und b,

b) eines beliebigen Vierecks (A5 anwenden, Fallunterscheidungen).

c) Lösung bezüglich der Absolutbetragsmetrik (Straßenbahnproblem von Orthopolis). (Weitere Verallgemeinerungen siehe D. Cieslik und H. J. Schmidt 1984.)

**A9:** Will man n Punkte der Ebene durch ein minimales Wegenetz verbinden, so kann man zur experimentellen Lösung Seifenhäute verwenden. Man markiert die Punkte durch Nadeln und spannt zwischen diesen die Seifenhäute. Diese bilden eine Netzfigur, die die Bedingungen M13f erfüllt. Sie besteht aus Strecken, und wo 3 Strecken zusammentreffen, betragen die Winkel 120°.

a) 6 Punkte bilden die Ecken eines regelmäßigen Sechsecks. Es gibt 2 Möglichkeiten, die Bedingungen M13f zu erfüllen. Welches der beiden Netze ist das kürzere?

b) Verbinde die n Eckpunkte eines regulären n-Ecks (n > 3) durch ein minimales Netz. Stelle eine Tabelle für die Länge der Netze auf.

c) In Abb. A9c sind 24 Punkte durch ein Netz verbunden, das die Bedingungen M13f erfüllt. Ein Versuch mit Seifenhäuten zeigt, daß es kürzere gibt. Suche das minimale Netz. (Um die Netze, die M13f erfüllen, miteinander vergleichen zu können, setzen wir fest: In Abb. A9c sei die Länge der kürzesten Strecke die Längeneinheit. Dann kommen in Abb. A9c folgende Streckenlängen vor: 1; 2; 4; 8. Die Gesamtlänge dieses Netzes ist 96. In dieser Abbildung betragen alle vorkommenden Winkel 120°. Beachte, daß auch größere Winkel vorkommen dürfen, wenn im Scheitelpunkt nur 2 Strecken enden. Zur Berechnung der Streckenlängen ist es vorteilhaft, gleichseitige Dreiecke in das Netz einzuzeichnen.)

d) *Räumliche Netze:* Gegebene Punkte des Raums R³ sind durch ein minimales Netz zu verbinden. Man denke an Punkte in einem Gebäude, die durch ein möglichst kurzes Netz von Gängen, Treppen und Aufzügen zu verbinden sind. Konstruiere ein minimales Netz zwischen den Eckpunkten α) eines regelmäßigen Tetraeders, β) eines Würfels, γ) eines regelmäßigen Oktaeders. Die Kantenlängen dieser Körper seien jeweils 1. (Zu α: Die Höhe

**A 9c**

des Tetraeders hat die Länge $\frac{1}{3}\sqrt{6}$. Die 4 Höhen schneiden sich in einem Punkt, der jede Höhe im Verhältnis $1:3$ teilt. Zu $\beta$: Benutze A8a. Zu $\gamma$: Verwende von A9b das Ergebnis für das Quadrat.)

G(1–9)  Abstandssummen und Netze

Das Problem, den Min-As-Punkt zu den Ecken eines Dreiecks zu finden (A5), stammt von dem französischen Mathematiker *P. de Fermat* (1601–65), der es 1644 wie damals üblich durch einen Brief in Umlauf setzte. 2 Jahre später, 1646, kam die erste Lösung von dem Galilei-Schüler *E. Toricelli* (1608 bis 1647), weswegen man den gesuchten Punkt Toricelli-Punkt nennt (auch Fermat-Punkt ist üblich). Toricellis Beweis bringen wir in G(L5). Die nächste Lösung stammt von *F. B. Cavalieri* (1598–1647), der sie 1647 veröffentlichte. Eine dritte Lösung kam 1659 von *V. Viviani* (1622–1703). Den Sonderfall stumpfwinkliger Dreiecke mit einem Innenwinkel $\geq 120°$ behandelt *Heinen* 1834. Zu der Minimaleigenschaft des Fermat-Punkts tritt 1846 folgende Maximaleigenschaft, die *Fasbender* 1846 entdeckt: Die minimale Abstandssumme zu den Ecken von ABC ist gleich dem Maximum der Höhen aller dem Dreieck ABC umbeschriebenen gleichseitigen Dreiecke. Den schönen abbildungsgeometrischen Beweis L5c verdanken wir *J. E. Hofmann* (1929). Die Fermat-Aufgabe für Vierecke (A4) behandelt *J. F. Fangano* (1715 bis 1797) 1775 rechnerisch, mit ihrer Verallgemeinerung auf n-Ecke mit n > 3 (A6) befassen sich 1810 *P. Bedeni* und *S. l'Huillier* und finden die notwendige Bedingung für die Lage des Min-As-Punkts, die in L6 formuliert ist. Auch der Schweizer Geometer *J. Steiner* (1796–1863) beschäftigte sich um 1837 mehrfach mit dieser Aufgabe. 1909 formuliert der Wirtschaftsgeograph *A. Weber* eine Anwendungsaufgabe: Der Fermatpunkt wird als günstigster Standort zwischen Zulieferern gedeutet, auch mit gewichteten Weglängen. Die mechanische Lösung empfiehlt der Mathematiker *G. Pick*. 1963 behandelt *H. W. Kuhn* das verallgemeinerte Fermatsche Problem als Beispiel nichtlinearer Optimierung. Einen Existenz- und Eindeutigkeitsbeweis für den Min-As-Punkt liefert *E. Weiszfeld* (1937) (A. Fricke 1984).

Sein Eisenbahnproblem (A8) formuliert *C. F. Gauß* (1777–1855) in einem Brief an den befreundeten Astronomen Schumacher aus dem Jahre 1836.[5] 1879 löst *K. Bopp* es in seiner Dissertation vollständig und bemerkt, daß mit n ein schnell wachsender Aufwand an Fallunterscheidungen entsteht, der die Aufgabe für große n praktisch unlösbar macht. Er weist auch auf die experimentelle Lösungsmöglichkeit mit Seifenhäuten hin. Die Lösung des Gaußschen Problems bezüglich der Absolutbetragsmetrik (A8c) behandelt *Hanen* 1966. Sie hat auch praktischen Wert für Elektrotechnik und Elektronik; denn hier kommen meist Verbindungssysteme zwischen gegebenen Anschlußpunkten vor, die sich aus Strecken in 2 zueinander senkrechten Richtungen zusammensetzen. So kann man die Abb. L8c auch als Schaltbild deuten (P. Schreiber 1987).

## Minimale Abstandssumme von Punkten zu Geraden

**A10:** Gegeben 3 verschiedene Geraden in der Ebene. Gesucht ist die Menge derjenigen Punkte, für die die Abstandssumme zu den Geraden minimal ist (Fallunterscheidungen beachten).

---

[5] C. F. Gauß 1861, 14. Zitat siehe G(M13d) letzter Abschnitt.

## G(10) Aufgabe von Viviani

Eine *Teilaufgabe* hierzu veröffentlicht *V. Viviani* (1622–1703) in der 1659 erschienenen Schrift „De maximis et minimis geometrica divinatio Conicorum Apollonii Pergaei adhuc desideratum": Bestimme den Punkt P, für den die Summe der Abstände zu den Seiten eines Dreiecks ein Minimum wird. Er formuliert auch das merkwürdige Ergebnis für den Spezialfall des gleichseitigen Dreiecks. Wie lautet dieses?

## *Gerade minimaler Abstandssumme zu gegebenen Punkten*

**A11:** a) Eine Pipeline soll Erdöl von 3 Quellen A, B, C aufnehmen. Ihre Richtung ist vorgegeben. Wie muß man sie legen, damit die Zuleitungen von A, B, C zusammen möglichst kurz werden.

b) Es sind n Quellen vorhanden. Die Richtung der Pipeline ist vorgegeben.

c) Es sei n = 3. Die Richtung der Pipeline kann beliebig gewählt werden (Zusammenhang mit A1 und 2; A. Engel 1970/71).

## *Maximinaufgabe*

**A12:** a) 2 Punkte im Inneren eines Dreiecks bestimmen 6 Abstände zu den Seiten des Dreiecks, ein siebenter Abstand wird durch das gewählte Punktepaar selbst festgelegt. m(P, Q) sei das Minimum der 7 Abstände für das Punktepaar (P, Q). Wie sind die beiden Punkte zu wählen, damit m(P, Q) ein Maximum wird? (H. Steinhaus 1973, 13 und 66–67).

b) Formuliere und löse die entsprechende Aufgabe für ein Quadrat.

**A13:** a) Gegeben eine Gerade g der Ebene und 2 Punkte A und B in einer Seite von g. Gesucht ist ein Punkt P auf g mit minimaler Abstandssumme zu A und B. (Anders gesagt: Der Streckenzug $\overline{APB}$ soll minimale Länge haben.) Verpackung nach R. Stowasser und R. und G. Wilk-Mergenthal (1974): In der Mühle M brennt es. Die Feuerwehr muß vom Spritzenhaus H querfeldein zum Bach b fahren, dann zur Mühle M. Kannst du den eingezeichneten Fahrweg (Abb. A13a) verkleinern? Minimieren?

b) Gegeben eine Ebene ε und 2 Punkte A und B, die im gleichen Halbraum bzgl. ε liegen. Bestimme denjenigen Punkt P von ε, für den die Abstandssumme zu A und B minimal ist.

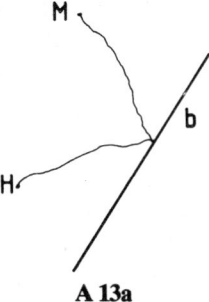

**A 13a**

c) Ersetze in b die Ebene durch eine Gerade g, die mit A und B nicht in einer gemeinsamen Ebene liegt.

G(13) Prinzip vom zeitlich kürzesten Lichtweg.
Leben und Werk von P. de Fermat

A13 steht in Zusammenhang mit der Reflexion des Lichts an einer spiegelnden Fläche (z. B. $\varepsilon$). Das Licht nimmt von A nach B über die Fläche den kürzesten Weg. Aus diesem *Extremalprinzip* folgt: Einfallswinkel = Reflexionswinkel. Das war schon *Heron von Alexandrien* (um 100) bekannt. Offen blieb die Frage, ob das Licht den räumlich oder zeitlich kürzesten Weg nimmt, da beide in diesem Fall identisch sind. Das *Prinzip vom kürzesten Lichtweg* ist ein *teleologisches* (zielbestimmtes) Prinzip. Es sieht so aus, als „wüßte" der Lichtstrahl den kürzesten Weg von A über den Spiegel nach B. Im Gegensatz dazu gründete die klassische Physik ihr Gedankengebäude auf das *Kausalitätsprinzip:* „Jede Wirkung beruht auf einer Ursache." *C. Huygens* (1629–95) beschrieb Reflexion und Beugung des Lichts kausal, indem er das *Wellenmodell* einführte. *P. de Fermat* (1601–65) löste zahlreiche *Extremwertaufgaben* mit einer Methode, die der der Differentialrechnung schon sehr nahe stand. Damit leitete er wie Heron das Reflexionsgesetz aus dem Prinzip vom kürzesten Lichtweg her, jedoch nicht geometrisch, sondern durch Rechnung. Mit derselben Methode gelingt es ihm, ebenfalls aus dem Prinzip vom zeitlich kürzesten Lichtweg das Brechungsgesetz zu folgern. Er nimmt dabei in den beiden aneinandergrenzenden Medien verschiedene Lichtgeschwindigkeiten an. Damit hat er auch die nach Heron offene Frage entschieden: Das Licht nimmt den *zeitlich kürzesten Weg.*

Wir wollen hier einen Blick auf *Leben und Werk* des großen französischen Mathematikers *Pierre de Fermat* (1601–1665) werfen und dabei auch seine Methode zur Lösung von Extremwertproblemen kennenlernen. Er *studierte Jura* und eröffnete nach seinem Examen eine Anwaltspraxis in Toulouse. Er war hochgebildet, beherrschte mehrere Sprachen und überblickte die wissenschaftliche Literatur seiner Zeit. Mathematik trieb er nebenberuflich, sozusagen als ernsthaftes Hobby. Seine Arbeitsweise war – sagen wir einmal – ein bißchen chaotisch, denn er schrieb seine Einfälle auf Zettel, die irgendwo herumlagen, und er gab seine Manuskripte weiter, ohne eine Abschrift zu behalten. Obwohl seiner Zeit weit voraus, veröffentlichte er wenig, korrespondierte, wie damals üblich, mit gelehrten Freunden und Fachleuten. Man hätte ihn wohl schon zu Lebzeiten als Begründer der *Zahlentheorie* gefeiert, hätte er in seinen Abhandlungen etwas mehr niedergelegt als nur Ergebnisse. Dieser Umstand mag die Ablehnung Descartes' erklären, der Fermat völlig unterschätzte und ihn „gascon" nannte. In der Tat war Fermat Gascogner, doch meint das Wort auch „Aufschneider", „Prahler". Er behauptete, die Beweise zu haben, und man darf ihm das im allgemeinen auch zutrauen; nur in einem Fall hat er aufgeschnitten oder sich geirrt, und das wurde eine berühmte Geschichte: Die Gleichung $x^m + y^m = z^m$ mit ganzzahligen x, y, z ist bekanntlich für m = 2 lösbar ($3^2 + 4^2 = 5^2$). Fermat stellte die weitreichende Behauptung auf, die Gleichung sei für kein natürlichzahliges m mit m > 2 lösbar. Dieser sog. *„große Fermatsche Satz"* ist sicher richtig, Fermats Behauptung, er habe einen Beweis des Satzes geführt, dagegen falsch. Bis heute ist das noch niemandem gelungen, obwohl Wolfskehl vor dem Ersten Weltkrieg dafür einen Preis von 100 000 M aussetzte. Man weiß aber, daß der Satz für m = 3 bis mindestens m = 4002 richtig ist.

Fermat ging bei seinen Forschungen im allgemeinen von den Schriften antiker Mathematiker aus. So beschäftigte er sich mit den Quadraturen des Archimedes, Vorstufen der Integralrechnung, die er weiterentwickelte (Parabelquadraturen). 1628 stieß er beim Studium des VII. Buches von Pappus auf eine Extremwertaufgabe, die ihn anregte, sich mit diesem Gebiet auseinanderzusetzen. 1629 liegt eine Sammlung von *„Abhandlungen über Maxima und Minima"* vor, in der er folgendes Rezept angibt: Sucht man das Maximum oder Minimum von f(A), so setzt man f(A + E) und f(A) näherungsweise gleich. Wie dann weiter zu verfahren ist, studieren wir an der 1. Aufgabe des Fermat: Die Strecke B ist so zu teilen, daß das Rechteck A · (B − A) ein Maximum wird.

Lösung:

$$(A + E) \cdot (B - A - E) \approx A \cdot (B - A)$$
$$EB - 2AE - E^2 \approx 0$$
$$B - 2A - E \approx 0$$
$$B - 2A = 0$$
$$A = \frac{B}{2}$$

Zur Begründung, die Fermat nicht gibt: Die 2. Zeile könnte man allgemein schreiben $f(A + E) - f(A) \approx 0$, die 3. Zeile

$$\frac{f(A + E) - f(A)}{E} \approx 0.$$

Dann streicht man E. Würde man dieses Streichen als Grenzwertbildung deuten, so hätten wir die bekannte notwendige Bedingung für ein Extremum $f'(A) = 0$ vor uns. Fermat bleibt nicht auf dieser rezeptmäßigen Stufe stehen, sondern er gestaltet sie zu einer auf alle differenzierbaren Funktionen anwendbaren Methode aus. Diese und viele andere wissenschaftliche Leistungen berechtigen es, ihn den Wegbereiter der Analysis zu nennen (J. Mittelstraß 1980, 638–639; O. Becker und J. Hofmann 1951, 180–183).

**A14:** a) Im Inneren des Rechtecks ABCD liegen 2 Punkte P und Q. Gib den kürzesten Streckenzug über
α) 2 gegenüberliegende Seiten,
β) über 2 benachbarte Seiten an.
Bei einem solchen Weg ist nach A13 und M13i das Reflexionsgesetz erfüllt. Daher kann man diese Aufgabe auch als Billardaufgabe formulieren: Das Rechteck ABCD stellt einen Billardtisch dar. Die Punkte P und Q markieren die Lage zweier Billardkugeln. Die Kugel in P ist so zu stoßen, daß sie nach zweimaliger Reflexion an den Banden die Kugel Q trifft.

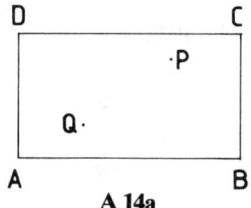

**A 14a**

b) Im Inneren des Rechtecks ABCD liegt der Punkt O. Zeichne einen möglichst kurzen, geschlossenen Streckenzug OPQRSO, so daß auf jeder Rechteckseite genau ein Punkt liegt.
Formuliere auch diese Aufgabe als Billardaufgabe.

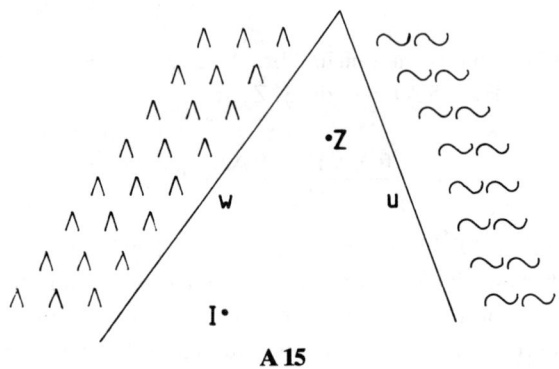

**A 15**

**A15:** Die Abbildung zeigt ein Stück Land, das vom Waldrand w und dem Seeufer u geradlinig begrenzt ist. Der Indianer I will Holz und Wasser holen und zum Zeltplatz Z bringen. Welches ist der kürzeste Weg? (Nach R. Stowasser und R. und G. Wilk-Mergenthal 1974, 121)
Zusatzaufgabe: Z sei fest, I variabel. In welchem Gebiet liegt I, wenn der kürzeste Weg zuerst nach w und dann nach u führt?

**A16:** Gegeben ein spitzer Winkel und in seinem Inneren ein Punkt C. Zeichne ein Dreieck ABC von möglichst kleinem Umfang, so daß die Punkte A und B auf den Schenkeln des Winkels liegen.

## Straßenbauaufgaben

**A17:** *Brückenproblem:*
a) Zwischen 2 Städten A und B fließt ein Fluß. Die Uferlinien sind parallele Geraden. Wo muß eine Brücke (rechtwinklig zu den Ufern) über den Fluß gebaut werden, damit der Weg von A nach B minimal wird?
b) Der Weg führt über 2 Flüsse (Abb. A17b).
c) Wie geht man über einen rechteckigen, vollbesetzten Parkplatz von Eckpunkt A nach Eckpunkt C?

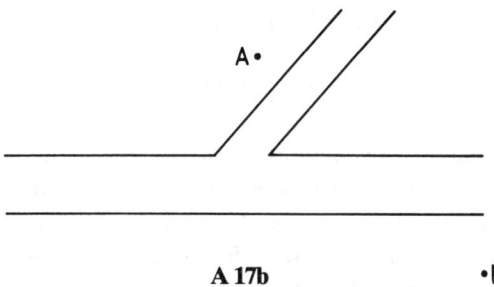

**A 17b**          •B

d) Ein Amphibienfahrzeug soll möglichst schnell von A nach B fahren (siehe Abb. A17b). Es überquert die beiden Flüsse nicht senkrecht, sondern der Fahrtweg auf dem Wasser bildet wegen der Strömung mit dem Ufer einen Winkel von 70°.

**A18:** *Supermarktproblem:* Die Ortschaften A, B, C – sie sind etwa gleich groß – bilden die Eckpunkte eines gleichschenkligen Dreiecks. Für den Bau eines Supermarkts stehen 2 Grundstücke zur Verfügung, eines in C und eines in D, dem Mittelpunkt von AB. Da die 3 Ortschaften durch geradlinige Straßen miteinander und mit D verbunden sind (Abb. A18), soll dasjenige Grundstück ausgewählt werden, für das die Abstandssumme zu den Ortschaften minimal ist. Die Mitglieder des Entscheidungsgremiums entwerfen Faustskizzen, messen an diesen die Wege, können sich aber nicht einigen.

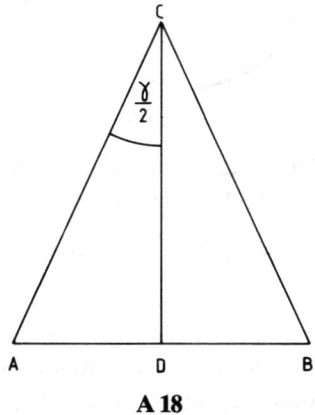

**A 18**

# Kürzeste Linien auf Körpern

**A19:** Gegeben ist ein quaderförmiger Raum mit $10 \times 4 \text{ m}^2$ Bodenfläche und 4 m Höhe.

a) An der senkrechten Symmetrieachse einer der kleinen quadratischen Wände des Raums sitzt die Fliege F 50 cm unter der Decke. Auf der gegenüberliegenden, kleinen quadratischen Wand sitzt die Spinne S ebenfalls auf der senkrechten Mittellinie der Wand 50 cm über dem Boden. Die Spinne hat es auf die Fliege abgesehen. Da sie nicht fliegen kann, muß sie an den Innenflächen des Raums entlangkriechen, um die Fliege zu erreichen. Wie lang ist der kürzeste Weg von der Spinne zur Fliege? (H. Haber 1974, 112–113)

b) Die Breite des Raumes sei b, die anderen Maße seien unverändert. Bestimme für jedes b (b > 0) den kürzesten Weg der Spinne.

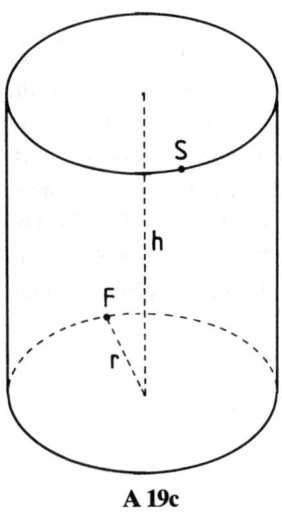

**A 19c**

c) Die Spinne sitzt auf dem Rand eines zylinderförmigen Topfes mit dem Radius r und der Höhe h, die Fliege auf dem Kreisrand des Bodens genau gegenüber. (Der kürzeste Weg hängt vom Verhältnis $\frac{h}{r}$ ab.)

**A20:** An einem Stück Bindfaden der Länge 1 hängt reibungsfrei beweglich ein Ring. Man verknotet die Enden des Bindfadens und wirft ihn über einen Kegel mit dem Öffnungswinkel $\alpha$. In welcher Lage bleibt er hängen?

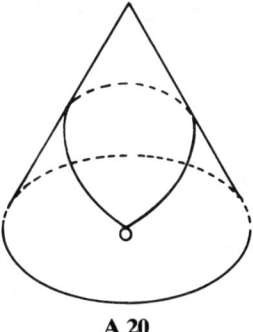

**A 20**

(Das Gewicht des Bindfadens ist gegenüber dem des Rings zu vernachlässigen [M13a u. b]. Kegel längs einer Mantellinie aufschneiden und in die Ebene abwickeln.)

**A21:** *Segeln gegen den Wind:* Weht der Wind von Norden, so kann man trotzdem nach Norden segeln. Man fährt („kreuzt") auf einem Zick-Zack-Kurs

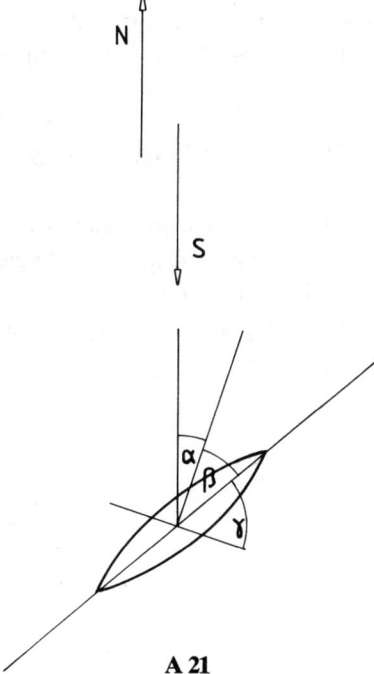

**A 21**

gegen den Wind. Für den Segler ergibt sich folgende Frage: Unter welchem Winkel gegen die Nordrichtung muß man das Segel stellen, und in welche Richtung muß man kreuzen, damit man möglichst schnell in Nordrichtung vorankommt? (K = Windkraft auf Segel bei senkrechtem Auftreffen, α = Winkel zwischen Nordrichtung und Segel, β = Winkel zwischen Segel und Fahrtrichtung; I. Niven 1981, 106–110.)

**A22:** *Der Wüsten-Jeep:* Wie weit kann ein Jeep in der Wüste gelangen, wenn f Mengeneinheiten Benzin zur Verfügung stehen und folgende Bedingungen gelten?
a) f ∈ N (d. h. f ist Element aus der Menge der natürlichen Zahlen).
b) Der Jeep kann höchstens die Menge f = 1 transportieren (also gerade die gewählte Mengeneinheit), und diese Menge muß auch den Verbrauch während der Fahrt decken.
c) Man darf Depots anlegen.
d) Man darf zurückfahren zum Startpunkt S, um Benzin zu holen.
e) Als Längeneinheit verwenden wir die Strecke, die der Jeep mit der Füllung f = 1 zurücklegen kann.
f) Die mit einem Vorrat von f Füllungen erreichbare maximale Entfernung bezeichnen wir mit d(f). Daher ist d(1) = 1 (I. Niven 1981, 204–208).

## Das Niveaulinienprinzip

**A23:** Niveaulinien verbinden Punkte, wo eine Größe einen bestimmten Wert hat. Beispiele: Höhenlinien, Isobaren (Linien gleichen Drucks), Isothermen (Linien gleicher Temperatur).
a) Abb. A23a zeigt Höhenlinien und einen Weg. Wo hat dieser seinen höchsten Punkt?

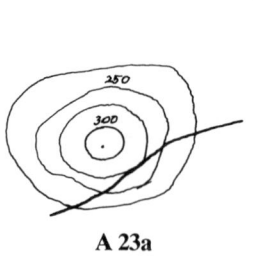

**A 23a**

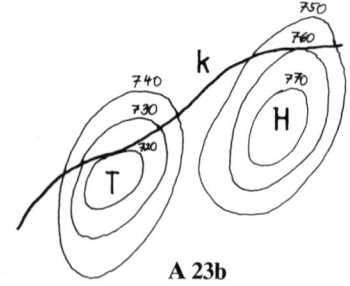

**A 23b**

b) Abb. A23b zeigt die Wetterkarte einer Küstenregion. Wo ist an der Küste k der Luftdruck am höchsten, wo am niedrigsten?

c) Wo liegen auf einer Linie die Extrema einer Größe, deren Niveaulinien gegeben sind?

**A24:** *Niveaulinien-Spiel:*
a) In der Koordinatenebene ist ein Gebiet S gegeben. Ein Spieler wählt einen Punkt (x, y) aus S und erhält einen Gewinn in Höhe der kleineren der beiden Zahlen $|x|$, $|y|$. Um den Gewinn möglichst groß zu machen, sucht er

$$\max_{(x, y) \in S} \min (|x|, |y|).$$

Löse die Aufgabe durch Zeichnen von Niveaulinien.

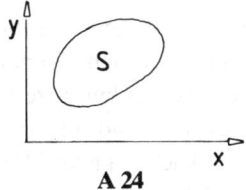

**A 24**

b) Ändere das Spiel, indem du andere Gewinnfunktionen festsetzt, z. B. $\max (|x|, |y|), x - y, \frac{x}{y}, x^2 + y^2, x + y$ (A. Engel 1970/71, 378–379).

**A25:** Gegeben eine Strecke AB und eine Gerade g. AB liege ganz im Inneren einer Seite von g. Gesucht ist derjenige Punkt P auf der Geraden g, von dem aus die Strecke AB unter möglichst großem Winkel erscheint. (Stelle dir unter AB die senkrechte Projektion eines Reklamebilds vor, das man von der Straße g aus sehen kann; Umfangswinkelsatz M9a.)

**G(25):** Einen Sonderfall dieser Aufgabe behandelt der Mathematiker und Astronom Regiomontanus (J. Müller) (1436–1476) in einem Brief an den Dekan der Erfurter Artistenfakultät C. Roder vom 4. 7. 1471: „Eine a = 10 Fuß lange Stange ist senkrecht aufgehängt, so daß ihr unteres Ende noch b = 4 Fuß vom Boden absteht. Gesucht ist der Punkt auf dem Boden, von dem aus die Stange am längsten, d. h. unter dem größten Sehwinkel erscheint." Er berechnet die Abszisse des gesuchten Punktes zu $x = \sqrt{ab + b^2}$ (M. Miller 1966, 466).

**A26:** Gegeben eine Gerade g und ein nicht auf g gelegener Punkt P. Bestimme mit dem Niveaulinienprinzip den Punkt Q auf g, der P am nächsten liegt. Löse die Aufgabe
a) für die euklidische und
b) für die Absolutbetragsmetrik.

**A27:** a) Löse das Feuerwehrproblem A13 mit Hilfe des Niveaulinienprinzips (auch für Manhattan, d. h. für die Absolutbetragsmetrik).
b) Gegeben ein Kreis und 2 Punkte im Äußeren des Kreises. Wie kann man zu diesen den Min-As-Punkt und den Max-As-Punkt auf dem Kreis mittels Niveaulinienprinzips finden? (Bzgl. euklidischer Metrik nur Näherungslösung, bzgl. Absolutbetragsmetrik leicht zu lösen.) Verpackung: Die Punkte sind 2 Ortschaften in der Nähe eines kreisförmigen Sees. Wohin soll das Strandbad?
c) Jakob Steiner (1796–1863) verwendet das Niveaulinienprinzip zur Bestimmung des Min-As-Punkts F zu den Eckpunkten eines Dreiecks. Er nimmt an, die Länge einer der Verbindungsstrecken von F zu den Eckpunkten, z. B. FC, sei bereits bekannt, und folgert die Gleichheit der Winkel AFC und BFC und dann die Gleichheit aller 3 Winkel, die die Verbindungsstrecken zwischen F und den Eckpunkten miteinander bilden. Das Ergebnis zeigt, daß die Überlegung nur bei Dreiecken durchführbar ist, deren Innenwinkel kleiner als 120° sind. (Verwende den Satz über die Normale der Ellipse in M13i[iii].)

**A28:** An einem Seil der Länge l, dessen Endpunkte in A und B befestigt sind, hängt ein Gewicht G, das reibungsfrei auf dem Seil gleitet. Welche Form nimmt das Seil im Gleichgewichtszustand ein? (M13a).

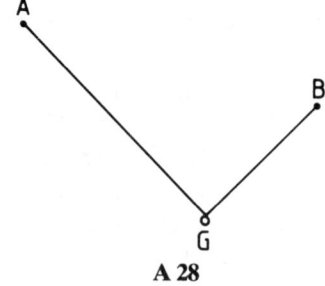

**A 28**

G(23–28)  Das Niveaulinienprinzip und lineares Optimieren

Das Niveaulinienprinzip wird in der linearen und nichtlinearen Optimierung angewandt. Es handelt sich um die Aufgabe, das Minimum oder Maximum einer Zielfunktion in einem zulässigen Gebiet zu bestimmen. Bei der graphischen Methode der linearen Optimierung ist in der Koordinatenebene ein konvexes, zulässiges Gebiet G gegeben. Gesucht sind diejenigen Punkte des Gebiets G, wo eine gegebene lineare Zielfunktion $f(x, y) = ax + by$ ihr Maximum oder Minimum annimmt. Zu dieser Zielfunktion gehören die Geraden $f(x, y) = $ const. als Niveaulinien. Wo eine Niveaulinie den Rand von G berührt, befindet sich ein Extremum. In der Praxis hat man Optimierungsprobleme für Zielfunktionen einer großen Zahl (einige hundert) von Veränderlichen zu lösen, wozu besondere Computer-Verfahren entwickelt wurden. Einer der *Begründer* der linearen Optimierung ist der sowjetische Mathematiker *L. W. Kantorowitsch* (geb. 1912), der 1940 ein Transportproblem löste. 1947 entwickelte der Amerikaner *G. Dantzig* seine Simplexmethode.
Heute ist die lineare Optimierung das wichtigste mathematische Hilfsmittel der Unternehmensforschung.

# AII FLÄCHENINHALT UND UMFANG

## Das isoperimetrische Problem für Rechtecke

**A:** Welches von allen Rechtecken mit gegebenem Umfang u hat den größten Flächeninhalt?

Das dazu duale Problem lautet:

**B:** Welches von allen Rechtecken mit gegebenem Flächeninhalt F hat den kleinsten Umfang?

Antwort zu A und B: Das Quadrat. Zu A findet man leicht einen experimentellen Zugang, indem man einen Faden legt, ein Stück Draht biegt oder Streichhölzer legt. Der experimentelle Zugang zu B dagegen scheint verschlossen. Die folgende Aufgabe bietet einen gewissen Ersatz (J. Kühl 1977).

**A29:** n kongruente Quadrate seien so zu einer einzigen Fläche zusammengesetzt, daß Quadrate nur mit ganzen Kanten aneinandergrenzen. Lege die Quadrate so, daß der Umfang ein Minimum $\underline{U}(n)$, und so, daß er ein Maximum $\overline{U}(n)$ wird. Gib die Terme $\underline{U}(n)$ und $\overline{U}(n)$ an. (Den Term für $\underline{U}(n)$ drückt man zweckmäßig mit der Variablen m aus, die die größte natürliche Zahl mit $m^2 \leq n$ ist. In Zeichen $m = [\sqrt{n}]$ (Gaußklammer von $\sqrt{n}$).)

**A30:** Beweise:

Satz I: Die Lösung von Problem A ist das Quadrat mit dem Umfang u.

Satz II: Die Lösung von Problem B ist das Quadrat mit dem Flächeninhalt F.

a) geometrisch anhand der Figuren der Abb. A30a/1–3,

b) mittels Niveaulinienprinzips (trage die Seitenlängen der Rechtecke auf den Achsen eines kartesischen Koordinatensystems ab),

c) übersetze soweit möglich die geometrischen Überlegungen von a) ins Arithmetische,

d) folgere aus $(a - b)^2 \geq 0$ und $a > 0$, $b > 0$ die Ungleichung zwischen dem arithmetischen und dem geometrischen Mittelwert (arithmetisch-geometrische Ungleichung):

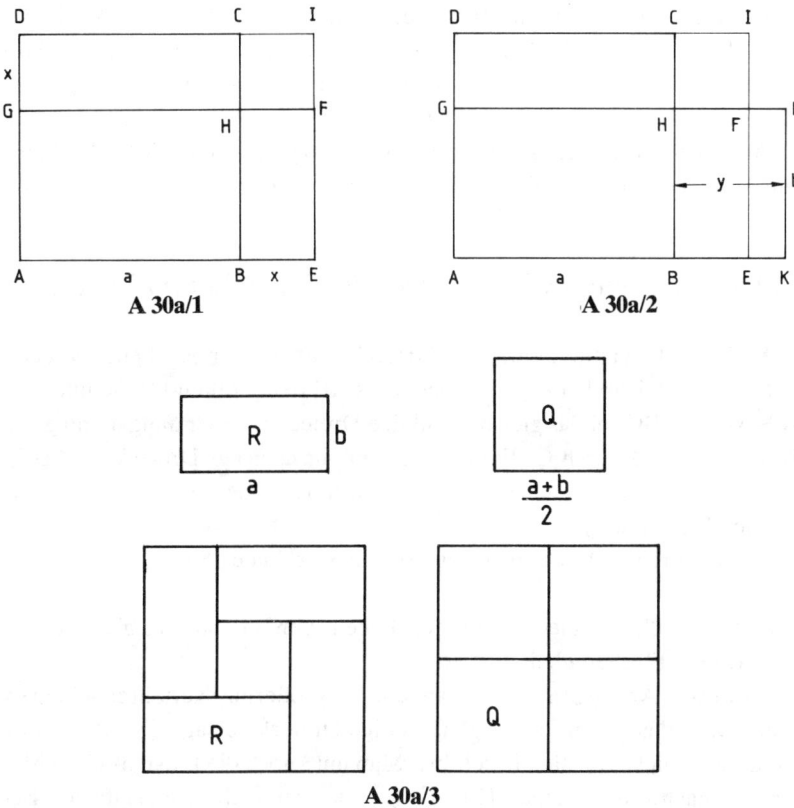

$$\frac{a+b}{2} \geqq \sqrt{ab} \text{ mit } a > 0, b > 0.$$

Gleichheit gilt genau dann, wenn a = b.

Man wird vermuten, daß allgemein gilt

$$\frac{a_1 + \ldots + a_n}{n} \geqq \sqrt[n]{a_1 + \ldots + a_n} \text{ mit } a_1 > 0, \ldots, a_n > 0, n \geqq 2.$$

Wir beweisen diese Ungleichung in M4 und bringen dazu einen geschichtlichen Überblick.

Beweise Satz I und Satz II mit der obigen Ungleichung. (Die linke Seite hängt mit dem Umfang des Rechtecks zusammen, die rechte Seite mit dem Flächeninhalt. a und b sind die Seitenlängen des Rechtecks.)

e) Beweise Satz I und Satz II mit der funktional-elementaren Methode.
(Das Rechteck habe die Seiten x und y. Stelle zum Beweis von Satz I Formeln für den Flächeninhalt F und den konstanten Umfang $u_0$ auf und elimi-
niere aus der Formel für F die Veränderliche y, so daß in F nur noch die
Veränderliche x und der Parameter $u_0$ vorkommt. Lies dazu M6a. Verfahre
entsprechend beim Beweis von Satz II und lies M6f.)

## Das isoperimetrische Problem für Dreiecke und Vierecke

**A31:** Unter allen umfangsgleichen Dreiecken über einer gegebenen Strecke
AB hat das gleichschenklige mit der Basis AB den größten Flächeninhalt.
a) Beweis (ABC sei das gleichschenklige Dreieck vom Umfang u und g die
Parallele zu AB durch C. Ein anderes umfangsgleiches Dreieck sei $ABC_1$.
Spiegle B an g in B', und zeige, daß $C_1$ im Inneren der Seite von g liegt, in
der sich B befindet.)
b) Formuliere und beweise den zu obigem Satz dualen Satz.

**A32:** Unter allen Dreiecken mit gegebenem Umfang hat das gleichseitige
den größten Flächeninhalt.
a) Beweis. (Aus A31a kann man ein Vergrößerungsverfahren ableiten
[siehe M1], das genau für das gleichseitige Dreieck versagt. Der Beweis ist
damit noch nicht vollständig geführt. Man muß noch die Existenz eines Maximums nachweisen [siehe M1 u. 2]. Ein anderer, nicht ganz einfacher Beweis geht von Abb. L32a/4 aus. Stelle den Flächeninhalt F des gleichschenkligen Dreiecks als Funktion von x dar. Außerdem können wir wie in
b) den Beweis mit der Heronschen Formel führen. Wir können diesen in
L32a aus Platzmangel nicht bringen.)
b) Formuliere und beweise das duale Problem. (Leite von A31b ein Verkleinerungsverfahren ab. Ein arithmetisches Verfahren geht von der Gleichung

$$F_0 = \sqrt{\frac{u}{2}\left(\frac{u}{2} - a\right)\left(\frac{u}{2} - b\right)\left(\frac{u}{2} - c\right)}$$ für den Flächeninhalt eines Dreiecks

aus [M10]. Berechne daraus $\dfrac{F_0}{\sqrt{u}}$, und bestimme das Maximum dieses Aus-

drucks mit der arithmetisch-geometrischen Ungleichung [M4].)

**A33:** Wir ersetzen in **A** und **B** (S. 26) das Wort „Viereck" durch „n-Eck" und
das Wort „Quadrat" durch „regelmäßiges n-Eck". Die entsprechend geän-

derten Sätze I und II von A30 sind richtig. Unabhängig davon kann man beweisen: Die Sätze I und II sind äquivalent, d. h., aus I folgt II, und aus II folgt I. (Beweis erfordert Abstraktionsvermögen.)

**A34:** Von allen Dreiecken mit 2 gegebenen Seiten hat dasjenige den größten Flächeninhalt, bei dem diese Seiten aufeinander senkrecht stehen.

**A35:** a) Von allen Vierecken mit gegebenem Umfang hat das Quadrat den größten Flächeninhalt. (Verwende A31 und A34.)
b) Von allen Vierecken mit gegebenem Flächeninhalt hat das Quadrat den kleinsten Umfang. (Wenn man durch flächeninhalterhaltende Umformungen zum Rechteck gelangt ist, verwendet man II von A30.)

## Das isoperimetrische Problem der Ebene

Wir kommen jetzt zum eigentlichen isoperimetrischen Problem der Ebene:
**A:** Gesucht ist diejenige Figur mit dem Umfang u von größtem Flächeninhalt.
**B:** Gesucht ist diejenige Figur vom Flächeninhalt F mit dem kleinsten Umfang.
Bevor wir einen vollständigen Beweis führen, beschäftigen wir uns mit dem *Steinerschen Viergelenkverfahren*.

**A36:** a) Zeige: Eine nichtkonvexe Figur kann nicht Lösung von **A** sein.
b) Gegeben eine beschränkte, konvexe Figur F. Wähle einen beliebigen Randpunkt A. Zu diesem gibt es einen eindeutig bestimmten Punkt B auf dem Rand, so daß die beiden Randstücke zwischen A und B gleich lang sind. Die Sehne AB teilt F in 2 Gebiete $F_1$ und $F_2$. Es möge $F_1 \cong F_2$ gelten. Bestimme eine achsensymmetrische, konvexe Figur $\bar{F}$, die zu F umfangsgleich ist und für die gilt $\bar{F} \geq F$. (Achsenspiegelung. Beachte: Die Konvexität ist zu beweisen. Vergiß nicht den Fall, daß $F_1$ ein Halbkreis ist.)

**A37:** Zu jeder von einem Kreis verschiedenen Figur F gibt es eine umfangsgleiche Figur $\bar{F}$ von größerem Flächeninhalt. (Verwende A36b, d. h., gehe von einer achsensymmetrischen, konvexen Figur aus, und A34.)

### G(37) Das Steinersche Viergelenkverfahren

Die Lösung stammt von *J. Steiner* (1796–1863). Man nennt daher dieses Vergrößerungsverfahren „das Steinersche Viergelenkverfahren". Er glaubte, damit das isoperimetrische Problem vollständig gelöst zu haben. Ein Irrtum (siehe M1).

**A38:** *Isoperimetrischer Satz:* In der Ebene ist der Kreis diejenige Figur vom Umfang u, die den größten Flächeninhalt F einschließt.

*Isoperimetrische Ungleichung:* Für jede Figur der Ebene mit dem Flächeninhalt F und dem Umfang u gilt die Ungleichung

$$4 \pi F \leqq u^2 \quad \text{oder}$$

$$\frac{4 \pi F}{u^2} \leqq 1.$$

Gleichheit gilt genau für den Kreis.

a) Zeige die Äquivalenz der isoperimetrischen Ungleichung mit dem isoperimetrischen Satz.

b) Jeder Figur mit dem Flächeninhalt F und dem Umfang u kann man ihren „isoperimetrischen Quotienten" $\frac{4 \pi F}{u^2}$ zuordnen. Warum ist dieser nur von der Form der Figur, nicht von ihrer Größe abhängig? (Anders gesagt: ähnliche Figuren haben gleiche isoperimetrische Quotienten.)

c) Der isoperimetrische Quotient ist ein Maß für die „isoperimetrische Güte". Ordne die unten angegebenen Figuren zunächst gefühlsmäßig nach der geschätzten Größe des isoperimetrischen Quotienten, berechne diese dann, und ordne die Figuren richtig.

Figuren: Regelmäßiges 6-Eck, 5-Eck, 8-Eck, gleichseitiges Dreieck, Quadrat, Kreis, Kreissektor mit 90°-Winkel, Halbkreis, Rechteck 2 × 1, 3 × 1, 2 × 3.

d) Bestimme den isoperimetrischen Quotienten des Kreisausschnitts mit dem Winkel $\alpha$ ($0 < \alpha < 2\pi$). Für welchen Wert von $\alpha$ hat dieser den größten Wert?

Die Lösungen von A39 und A40 bilden den *Beweis des isoperimetrischen Satzes.*

**A39:** Gegeben ein Polygon P mit n Seiten und Eckpunkten. Wir verschieben alle Seiten mit gleicher Geschwindigkeit ins Innere von P. Zuerst ent-

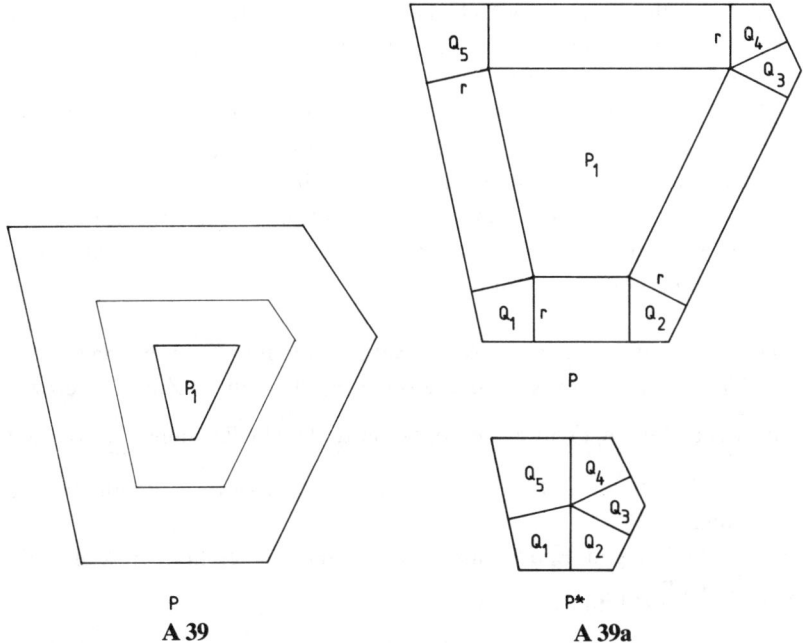

A 39                          A 39a

steht zu jedem Zeitpunkt ein Polygon mit n Seiten, die alle parallel zu ihrer Ausgangslage liegen und alle den gleichen Abstand von ihr haben. Die Eckpunkte wandern auf den Halbierenden der Innenwinkel von P. Alle Seiten werden immer kleiner, und zu einem bestimmten Zeitpunkt verschwinden eine oder mehrere Seiten (Abb. A39). In diesem Moment stoppen wir den Prozeß. Die dann vorliegende Figur kann

1. ein Polygon sein. Wir nennen es „das innere Parallelenpolygon $P_1$ von P". Es hat weniger als n Seiten und Eckpunkte;
2. eine Strecke sein;
3. ein Punkt sein.

a) P besitze ein inneres Parallelenpolygon $P_1$. Wie Abb. A39a zeigt, kann man P zerlegen in

– das innere Parallelenpolygon $P_1$,
– Rechtecke (jedes Rechteck hat eine Seite mit $P_1$ gemeinsam, es gibt so viel Rechtecke, wie $P_1$ Seiten hat, jedes Rechteck hat eine Seite der Länge r, r = Abstand zwischen entsprechenden Seiten von P und $P_1$),
– n Drachenvierecke (2 gegenüberliegende Winkel sind rechte, 2 benachbarte Seiten haben die Länge r).

Zeige: Aus allen Drachenvierecken kann man ein Polygon P* zusammensetzen, dem man einen Kreis einbeschreiben kann, und es gilt $P = P_1 + P* + ru_1$, $u = u_1 + u*$ ($u_1 = $ Umfang von $P_1$, $u* = $ Umfang von P*).

b) Wie sieht ein Polygon P aus, das kein inneres Parallelenpolygon besitzt und für das der Fall 3. vorliegt? (Der beschriebene Prozeß endet mit einem Punkt $P_1$, der von allen Seiten von P gleich weit entfernt ist.)

c) Wie sieht ein Polygon P ohne inneres Parallelenpolygon aus, für das Fall 2. vorliegt? Der beschriebene Prozeß endet mit einer Strecke $P_1Q_1 = d$. Zeige, daß in diesem Fall gilt $P = 2rd + P*$, $u = 2d + u*$.

**A40:** Beweise den isoperimetrischen Satz: Unter allen Figuren von gegebenem Umfang u hat der Kreis den größten Flächeninhalt. Zum Beweis zeigen wir, daß für alle Figuren die isoperimetrische Ungleichung $\dfrac{4\pi F}{u^2} \leq 1$ gilt und daß Gleichheit nur für den Kreis besteht. Der Beweis durchläuft mehrere Stufen.

a) Für ein Polygon P, dem man einen Kreis einbeschreiben kann, gilt
$$P = \frac{ru}{2}, \quad \frac{4\pi P}{u^2} < 1 \text{ und } u > 2\pi r.$$

b) Die Behauptung gilt für ein konvexes Polygon. (Zum Beweis durch vollständige Induktion nach der Anzahl der Seiten verwendet man das innere Parallelenpolygon, falls der Fall 1. vorliegt, andernfalls das Ergebnis von A39c. Berechne $u^2 = (u_1 + u*)^2$.)

c) Die Behauptung gilt für nichtkonvexe Polygone. (Siehe L36a. Es ist jedoch zu zeigen, daß der isoperimetrische Quotient kleiner als der der konvexen Hülle [siehe M14] und damit kleiner als 1 ist.)

d) Die Behauptung gilt auch für eine Figur, die weder Polygon noch Kreis ist. (Der Umfang einer solchen Figur ist eine geschlossene Kurve, die kein Streckenzug und keine Kreislinie ist. Wir können nach A36a davon ausgehen, daß die Figur konvex ist. Den Beweis führen wir indirekt, indem wir annehmen $\dfrac{4\pi F}{u^2} \geq 1$ und die Tatsache benützen, daß man der Figur konvexe Polygone P einbeschreiben kann, deren Umfänge $u_P$ den Umfang u von F beliebig annähern. Aus der Annahme folgert man, daß es ein Polygon P gibt, dessen isoperimetrischer Quotient im Widerspruch zu b größer als 1 ist.)

## Anwendungen des isoperimetrischen Satzes

**A41:** Unter allen Vielecken mit den vorgegebenen Seiten $s_1, s_2, \ldots, s_n$ ($n \geqq$ 4) in dieser Reihenfolge hat dasjenige Vieleck den größten Flächeninhalt, das man einem Kreis einbeschreiben kann. (Gehe von dem Vieleck aus, das man einem Kreis einbeschreiben kann. [Existiert es?] Denke dir die Seiten in den Eckpunkten durch Gelenke verbunden. Überführe dieses Vieleck mit den auf den Seiten sitzenden Kreisabschnitten in das gegebene Vieleck.)

**A42:** a) Von allen n-Ecken mit gleichem Umfang hat das regelmäßige n-Eck den größten Flächeninhalt. (Zeige, daß n-Ecke mit verschiedenen Seitenlängen ausscheiden.)
b) Stelle die isoperimetrische Ungleichung für Polygone (n-Ecke) auf.

**A43:** Die Endpunkte einer Strecke a sind durch eine Schnur der Länge l (l > a) miteinander verbunden. Lege die Schnur so, daß sie mit der Strecke ein möglichst großes Flächenstück einschließt. (Lege die Schnur auf den eindeutig bestimmten Kreisbogen und ergänze diesen zu einem Kreis.)

**A44:** Eine Schnur der Länge l verbindet einen gegebenen Punkt A einer Geraden g mit einem verschieblichen Punkt B dieser Geraden. Lege die Schnur so, daß sie mit der Geraden g ein möglichst großes Flächenstück einschließt (Problem der Dido; siehe G(32−52)).

## Weitere elementar lösbare isoperimetrische Probleme

**A45:** Der Querschnitt eines Tunnels besteht aus einem Rechteck mit aufgesetztem Halbkreis.
a) Der Umfang des Querschnitts sei gegeben. Bestimme seine Abmessungen so, daß der Flächeninhalt möglichst groß wird (M6a).
b) Formuliere das zu a) duale Problem, und löse es (M6f).
c) Ein Sportfeld besteht aus einem rechteckigen Spielfeld und einer dieses umlaufenden 400-m-Bahn, deren halbkreisförmige Kurven an die Schmalseiten des Rechtecks gelegt sind. Bestimme die Abmessungen des Spielfeldes so, daß sein Flächeninhalt möglichst groß wird (Länge des Rechtecks 2y, Breite 2x).

d) Der Querschnitt eines Hauses besteht aus einem Rechteck mit aufgesetztem gleichschenkligen Dreieck. Die Dachneigung betrage 30°. Der Umfang $u_0$ des Querschnitts sei vorgegeben. Bestimme die Abmessungen des Querschnitts so, daß sein Flächeninhalt möglichst groß wird (M6a).

e) Formuliere und löse auch das zu d) duale Problem (M6f).

## Einfache räumliche isoperimetrische Probleme

**A46:** Gegeben die Kantensumme a + b + c eines Quaders.
a) Bestimme das maximale Volumen.
b) Formuliere und löse das duale Problem (M4).

**A47:** a) Von allen Quadern mit gegebener Oberfläche hat der Würfel das größte Volumen.
b) Formuliere und beweise auch die duale Aussage (M4).

**A48:** a) Eine oben offene Schachtel soll aus einer vorgegebenen Materialmenge (z. B. Blech) hergestellt werden, so daß das Volumen möglichst groß wird.
b) Formuliere und löse auch das duale Problem (M4).

## Der isoperimetrische Satz in Natur und Alltag

**A49:** Für den Raum $R^3$ lautet der isoperimetrische Satz: Unter allen Körpern mit gegebener Oberfläche hat die Kugel das größte Volumen. (Wir beweisen ihn nicht.) Gib Beispiele aus Natur und Alltag, in denen dieser Satz oder die duale Aussage angewendet werden.

G(29–49) Geschichte des isoperimetrischen Problems

Die Aufgabe, eine gegebene Strecke so in 2 Teilstrecken zu teilen, daß das aus den Teilstrecken als Seiten gebildete Rechteck möglichst großen Flächeninhalt hat, unsere Aufg. **A**, S. 26, löst *Apollonius von Perge* (262–190 v. Chr.). Für *Platon* (427–347 v. Chr.) sind Kreis und Kugel von der *vollkommensten Gestalt,* und daher sei das Weltgebäude kugelförmig, das alles

Lebendige in sich schließe. Daß *Archimedes* (287–212 v. Chr.) die Sonder-
stellung von Kreis und Kugel unter allen Figuren als Lösung des isoperimetrischen Problems kannte, ist wahrscheinlich, aber nicht belegt. Jedenfalls
bewies er Sätze, die später *Zenodorus* bei seinem Lösungsversuch anwandte,
sich dabei auf Archimedes berufend. Von ihm, dem ersten, der sich unseres
Wissens mit dem isoperimetrischen Problem befaßte, sind keine Original-
schriften mehr vorhanden, keine Lebensdaten überliefert. Er muß zwischen 200 v. Chr. und 90 n. Chr. gelebt haben. Wir finden seine Forschungs-
ergebnisse in 3 Quellen: in einem Kommentar zum Almagest (von Ptolemäus) von Theon von Alexandrien (um 350 n. Chr.), in der Einleitung zum
Almagest, dessen Verfasser unbekannt ist, und in der Collectio des Pappus,
Buch V (um 320 n. Chr.), wohl mit eigenen Beiträgen des Verfassers. Die
Untersuchung des Zenodorus führt zu dem Ergebnis: Der Kreis hat einen
größeren Inhalt als jedes ihm isoperimetrische Vieleck. Neben diesem zen-
tralen Satz finden sich bei Pappus noch einige andere isoperimetrische Aus-
sagen des Zenodorus wie: Unter den Kreisabschnitten, welche gleich große
Bogen haben, ist der Halbkreis der größte. Sie ist ein Spezialfall der *Dido-
Aufgabe* A44. Von dieser erzählt der Dichter *Vergil* (70–19 v. Chr.) in seiner
Äneis. Auf der Flucht vor ihrem Bruder Pygmalion aus Tyros strandete Dido
in der Gegend von Karthago. Sie erbat sich vom dortigen Herrscher so viel
Land, wie eine Rindshaut umspannen kann. Daher heiße der Ort Byrsa von
βυϱσα = die Haut, das Fell. Daß Dido ein mathematisches Problem zu
lösen hatte, scheint Vergil nicht interessiert zu haben. *Justinus,* der die Geschichte im 3. Jh. n. Chr. nacherzählt, läßt Dido die Rinderhaut wenigstens
in Streifen schneiden, doch den naheliegenden Schritt zum mathematischen
Problem verfehlt auch er. Nicht einmal die Form von Didos Land erscheint
ihm der Erwähnung wert (W. Müller 1953, 41). Der berühmte Redner *Quin-
tilian* (30?–96 n. Chr.) warnt vor einem isoperimetrischen Irrtum: „Wer
wird nicht einem Redner glauben, der behauptet, die Flächeninhalte zweier
Gebiete seien gleich, wenn die Umfänge gleich sind? Das aber ist falsch,
denn es kommt sehr auf die Gestalt des Randes an, und die Geometer haben Geschichtsschreiber getadelt, die annehmen, die Größe von Inseln sei
durch die Dauer der Umschiffung gekennzeichnet. Je vollkommener eine
Gestalt ist, um so mehr Raum schließt sie ein. Ist die Umfangslinie ein Kreis
– dieser hat die vollkommenste Gestalt der Ebene –, so schließt sie mehr
Fläche ein, als wenn sie bei gleichem Umfang ein Quadrat bildet. Das Quadrat schließt mehr Fläche ein als das Dreieck, das gleichseitige mehr als ein
ungleichseitiges." (In heutigem Deutsch zitiert nach W. Müller 1953, 43.

Dieser zitiert Meister 1886.) Den erwähnten Fehler begehen *Thukydides* (2. Hälfte des 5. Jh. v. Chr.), *Strabo* (63 v. Chr.–etwa 20 n. Chr.) und *Plinius* (23–79 n. Chr.). Die beiden ersten irrten sich bezüglich der Größe Siziliens, während Plinius geradezu gigantische Fehler bei der Flächenberechnung von Erdteilen beging, indem er Länge und Breite addierte. Dabei hatte bereits im 2. Jh. v. Chr. *Polybios* vor diesem Fehler gewarnt (W. Müller 1953).

Auf dem im Altertum erreichten Stand der Problemlösung blieb man stehen, bis die Differentialrechnung erfunden war und man gelernt hatte, mit ihrer Hilfe Extremwertaufgaben zu lösen. *Jakob Bernoulli* veröffentlichte das isoperimetrische Problem 1697 und seine Lösung 1700. Er behandelte es als *Variationsproblem*: Unter den Kurven gegebener Länge $L = \int \sqrt{1 + y'^2}\, dx$ soll diejenige gesucht werden, für die die Fläche $\int y\, dx$ ein Maximum wird. Allerdings erhält man bei diesem Vorgehen nur eine notwendige Bedingung (ähnlich der Bedingung $f'(x) = 0$ bei einer gewöhnlichen Extremwertaufgabe). Außerdem muß man fordern, daß die zulässigen Funktionen differenzierbar sind, eine Einschränkung, die dem Problem nicht angemessen ist. 1836 veröffentlichte *Jakob Steiner* (1796–1863) „einfache Beweise der isoperimetrischen Hauptsätze". Über diese bemerkenswerte Persönlichkeit schreibt Jacobi in einem Empfehlungsschreiben: „Er drosch, säete und pflügte bis zu seinem 19. Jahre" in Utzendorf bei Bern. Ihn trieb sein Wissensdrang zu Pestalozzi, der ihn unentgeltlich in seine Anstalt aufnahm und unterrichtete. Er entpuppte sich als mathematisches Naturtalent mit erstaunlichen geometrischen Fähigkeiten. 1834 wurde er Professor an der Universität Berlin. Die oben erwähnten Beweise führt er mit seinem sog. *Symmetrisierungsverfahren,* mit dem er zeigt: Jede ebene konvexe Figur kann so verwandelt werden, daß der Flächeninhalt gleich bleibt und der Umfang verkleinert wird, vorausgesetzt sie hat in irgendeiner Richtung keine Symmetrieachse, ist also noch kein Kreis. Es handelt sich demnach um ein Ausschlußverfahren (M1). Ebenso wie beim Steinerschen Viergelenkverfahren zeigt es nur, daß der Kreis die Lösung ist, falls eine Lösung existiert. Diese Lücke schloß *F. Edler* 1882 für den Symmetrisierungsbeweis, für das Viergelenkverfahren *C. Caratheodory* und *E. Study* 1910. Ein weiterer schöner Beweis mit Hilfe von *Fourier-Reihen* stammt von *A. Hurwitz* (1902).

# AIII EINBESCHRIEBENE
# UND
# UMBESCHRIEBENE FIGUREN

**A50:** Zeichne einem gegebenen Dreieck ein Rechteck mit möglichst großem Flächeninhalt ein.
a) Bestimme zunächst das größte unter allen einbeschriebenen Rechtecken,
von denen eine Seite auf einer Dreiecksseite liegt. (Teile das Dreieck durch
eine Höhe in 2 Teile und verwende den Strahlensatz.)
b) Zeige: Ein einbeschriebenes Rechteck, das keine Seite auf einer Dreiecksseite liegen hat, kann nicht Lösung sein. (Vergrößere durch Drehungen, Streckungen und Verwandlung in Parallelogramme durch Scherung;
M7.)

**A51:** a) Zeichne einem gegebenen Quadrat ein Quadrat minimalen Umfangs ein, dessen Eckpunkte auf einer Seite des gegebenen Quadrats liegen.
(Geometrische Lösung: Betrachte in jedem zulässigen einbeschriebenen
Quadrat das rechtwinklige Dreieck, das 2 Eckpunkte mit dem Quadrat gemeinsam hat und dessen dritter Eckpunkt der Mittelpunkt des Quadrats ist.
Die funktional-elementare Lösung führt auf einen quadratischen Funktionsterm. Siehe M6a.)
b) Zeichne einem gegebenen Quadrat ein Quadrat minimalen Flächeninhalts ein, dessen Eckpunkte auf einer Seite des gegebenen Quadrats liegen.
(Natürlich ist die Lösung identisch mit der von a). Wir wollen sie aber auch
unabhängig von a) lösen. Das geht geometrisch und arithmetisch mit den
Ansätzen wie in a). Ein weiterer raffinierter Lösungsweg durch Zusam-
menschieben der Restdreiecke ist in L55b angegeben.)
c) Einem gegebenen Quadrat ist ein möglichst großes Quadrat umzube-
schreiben.

**A52:** a) Schneide von einem rechteckigen Kuchen an einer Ecke durch einen
geradlinigen Schnitt der Länge c ein möglichst großes, dreieckiges Stück ab.
(Die Seitenlängen des Kuchens sollen größer als c sein.)

b) Lege ein vernünftiges Koordinatensystem auf den Kuchen. Der Schnitt soll nun durch den Punkt (a, b) gehen (a, b > 0). Der Gastgeber versucht, für einen Gast ein möglichst kleines Stück abzuschneiden (Länge des Schnitts beliebig. M4).

c) Jeder Gast soll sagen, wie er sich ein Dreieck vom Flächeninhalt 2 dm$^2$ abschneiden will. Derjenige darf es wirklich tun, dessen Schnitt am kürzesten ist.

**A53:** *Problem von G. F. Fagnano:* Schreibe einem spitzwinkligen Dreieck ABC ein Dreieck UVW von möglichst kleinem Umfang ein. (Wähle auf AB einen beliebigen inneren Punkt U. Bestimme dann wie in A16 Punkte V, W auf den anderen Seiten, so daß UVW minimalen Umfang hat. Wo liegt U, wenn dieser Umfang möglichst klein ist?)

**A54:** a) In einen gegebenen Kreis soll ein Dreieck mit größtem Flächeninhalt einbeschrieben werden (Ausschlußverfahren M1).

b) Löse die entsprechende Aufgabe für ein dem Kreis einbeschriebenes n-Eck (n ≥ 3).

c) Zeichne um einen gegebenen Kreis ein Tangentendreieck mit kleinstem Flächeninhalt.

d) Zeichne um einen gegebenen Kreis ein n-Eck mit kleinstem Flächeninhalt (n ≧ 3). (Die Seiten des n-Ecks müssen Tangenten an den Kreis sein. Verbinde den Mittelpunkt mit den Ecken des n-Ecks. Es entstehen n Dreiecke mit den Innenwinkeln $2\alpha_1, \ldots, 2\alpha_n$. Mit Hilfe von $\tan\alpha_i$ kann man den Flächeninhalt des n-Ecks ausdrücken. Wende die Jensensche Ungleichung an. Siehe M5.)

**A55:** a) In einen gegebenen Kreis soll ein Dreieck mit möglichst großem Umfang einbeschrieben werden.

b) Zeichne um einen gegebenen Kreis ein Tangentendreieck mit möglichst kleinem Umfang.

**A56:** Welches dem Halbkreis einbeschriebene Trapez hat den größten Flächeninhalt? (Spiegle am Durchmesser.)

**A57:** Jeder Seite x eines gleichseitigen Dreiecks soll nach außen ein gleichschenkliges Dreieck mit gegebener Schenkelseite r aufgesetzt werden.

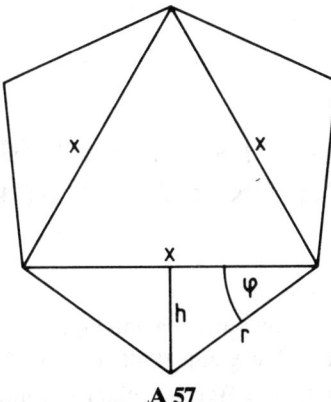

**A 57**

Wie muß man x wählen, damit die Gesamtfigur einen möglichst großen Flächeninhalt hat? (Siehe Abb. A57 und M6c. Außerdem kann man die Aufgabe ohne Rechnung lösen. Betrachte nur den Rand der Gesamtfigur.)

# AIV EINTEILUNGEN, LAGERUNGEN, ÜBERDECKUNGEN

**A58:** *Geometrie für Gärtner:*

a) Unser Garten hat die Form eines regelmäßigen n-Ecks der Seitenlänge 1. Er soll durch Wege in k Beete eingeteilt werden. Selbstverständlich vernachlässigen wir die Breite der Wege, denken an Linien. Das Wegenetz soll eine möglichst kleine Gesamtlänge haben. Die Wegstücke brauchen nicht geradlinig zu sein. Hier stellt man die Frage: Welche Formen können die Wegstücke haben? Wir beantworten sie, indem wir das Liniennetz in materieller Form mit Seifenlamellen herstellen. Diese haben wegen der Oberflächenspannung das Bestreben, sich zusammenzuziehen und ein minimales Netz herzustellen (siehe M13d). Zwischen 2 parallele, horizontale Glasplatten legt man als Gartenzaun z. B. ein Quadrat aus Plexiglas. In dieses füllt man Seifenlösung und bläst eine abgemessene Luftmenge k mal ein. Dabei bilden sich k Seifenhautzellen, die Beete. Die Gesamtlänge ist wegen der Oberflächenspannung automatisch minimal. Bei größerer Zahl k von Beeten können topologisch verschiedene, minimale Figuren entstehen, von denen man die beste heraussucht. Nur dann kann man sicher sein, die beste Lösung gefunden zu haben, wenn man alle möglichen topologischen Anordnungen von k Beeten untersucht hat. Die in L58a wiedergegebenen experimentellen Lösungen, eine Auswahl aus einer Fülle von Seifenhautnetzen, hat A. Dierken 1984 gefunden. Die Lösungen von L58b stammen von K. Nieß. Die Versuchsanordnung ermöglicht Ablichten und Demonstration mittels Overheadprojektor. Bei diesen Versuchen erkennt man folgende Eigenschaften des Seifenhautnetzes:

1. Alle Linien des Netzes haben konstante Krümmung, sind also entweder geradlinig oder kreisbogenförmig.
2. Alle Linienstücke des Netzes enden entweder auf dem Rand (Zaun), auf dem sie senkrecht stehen, oder in inneren Punkten des n-Ecks, wo 3 Linien zusammentreffen. Je 2 davon bilden Tangentenwinkel von 120°.[6]

---

[6] Die Eigenschaft 1) kann man mit Hilfe der Variationsrechnung beweisen, wie mir

(Begründung siehe M13d, f.)

Wie kann der Problemlöser vorgehen, der keine Seifenhautexperimente anstellen will? In einfachen Fällen kann er aus 1) und 2) die ungefähre Form des Netzes erschließen und eine Skizze anfertigen. 1) und 2) und die geforderte Flächengleichheit der Beete führen auf Gleichungen, die in einfachen Fällen das Netz zu berechnen gestatten. Gibt es nur eine Möglichkeit, die Bedingungen zu erfüllen, so ist bewiesen, daß die Lösung das absolute Minimum ist. Für n = 3; 4 und k = 2; 3; 4 können wir so verfahren. Eine ähnliche Aufgabe behandelt R. Gorenflo (1977) in „Bild der Wissenschaft". b) Der Garten habe keine vorgegebene Begrenzung. Nur der Gesamtflächeninhalt und die Anzahl k der gleich großen Beete sei gegeben. Zaun und Wege zusammen sollen minimale Länge haben. (Zweckmäßigerweise setzt man den Flächeninhalt des Gartens gleich 1. Die in a) genannten Bedingungen sind zu erfüllen. Die Randbedingung entfällt.)

**A59:** *Noch ein Gärtnerproblem:* Wie pflanzt man n Bäume in ein Quadrat?
a) Die Bäume sollen möglichst weit auseinander stehen. Genauer: Ihr Mindestabstand soll möglichst groß sein. So lautet unser Problem: Verteile n Punkte so in ein Quadrat (Seitenlänge 1), daß ihr Mindestabstand möglichst groß ist. (Die Bäume dürfen auch auf die Seiten des Quadrats gepflanzt werden. Suche Punktverteilungen, bei denen die Abstände benachbarter Punkte stets gleich sind. Ein relatives Maximum liegt vor, wenn jede Verschiebung eines beliebigen Punkts den Mindestabstand verkleinert. Unter mehreren relativen Maxima sucht man das größte. Beweise sind ab n = 6 nicht einfach.)
b) Ein Gärtner, der n Bäume in seinen Quadratgarten pflanzen will, möchte vermeiden, daß sie im ausgewachsenen Zustand über den Zaun wachsen. Er überlegt, welchen Durchmesser die im Grundriß kreisförmig angenommenen Bäume haben dürfen. Sein mathematisches Problem lautet: Verteile n kongruente Kreise so in ein Quadrat, daß sie weder einander noch den Rand schneiden. (Wenn a gelöst ist, kann man den Durchmesser oder den Radius aus dem maximalen Mindestabstand berechnen.)
c) Überlege andere Anwendungen, stelle ähnliche Probleme auf. (Es gibt eine Fülle davon.)

Herr E. Klingbeil mitteilte. Sie folgt aber auch aus dem isoperimetrischen Satz als Ergebnis des zu A43 dualen Problems.

**A60:** *Kaufhausproblem:* Bei der Planung von Quadratstadt verteilt man n Kaufhäuser so über die Stadt, daß der längste Weg eines Einwohners möglichst kurz wird (Luftlinienentfernung).

a) Ersetze die Kaufhäuser je durch einen Punkt (Mittelpunkt). Dann kann man das Problem als Kreisüberdeckungsproblem formulieren: Überdecke das Quadrat mit n kongruenten Kreisen von möglichst kleinem Radius. (Dabei wird eine mögliche Strategie klar: Teile das Quadrat in Rechtecke ein, deren Umkreise kongruent sind.)

b) Zeichne die Lage der Kaufhäuser in den Plan von Quadratstadt ein, und teile Quadratstadt in Distrikte ein, deren Einwohner in demselben (nächstgelegenen) Kaufhaus kaufen.

c) Das Problem wurde auch als Cowboy-Problem gestellt (G. K. Wenceslas 1958). Versuche andere Anwendungen und ähnliche Probleme zu finden.

Der Beweis für n = 3 steht bei Wenceslas (1958). Wir führen in L60 einen für n = 4. Weitere Beweise sind mir nicht bekannt.

# LÖSUNGEN (L)

# LI  ABSTANDSSUMMEN

## *Treffpunktaufgaben*

**L1:** a) und b) Da die experimentelle Lösung klar ist, beginnen wir mit der Dreiecksungleichung: P sei ein beliebiger Punkt der Ebene. Dann gilt:

$$|A_1P| + |PA_2| > |A_1A_2|, \text{ falls } P \notin A_1A_2,$$

$$|A_1P| + |PA_2| = |A_1A_2|, \text{ falls } P \in A_1A_2.$$

Danach haben alle Punkte der Strecke $A_1A_2$ und nur diese eine minimale Abstandssumme zu $A_1$, $A_2$. Im folgenden bezeichnen wir auch die Bewohner der Häuser mit $A_i$.

Im Fall n = 3 wünschen $A_1$ und $A_3$ den Treffpunkt irgendwo auf $A_1A_3$, während $A_2$ am liebsten zu Hause bleibt. Da $A_2$ auf $A_1A_3$ liegt, sind alle Wünsche erfüllt, wenn man sich bei $A_2$ trifft. Dann ist die Wegesumme gleich

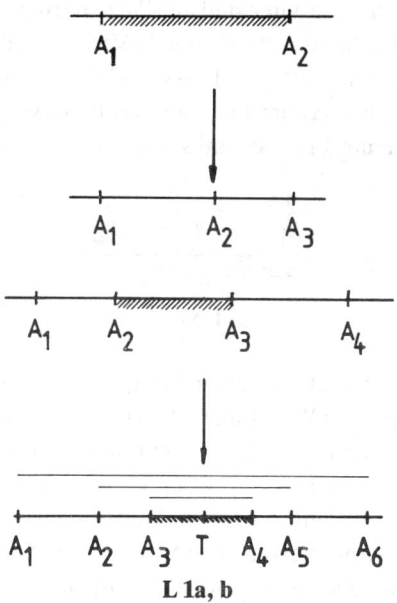

**L 1a, b**

$|A_1A_3|$ und minimal. Für jeden anderen Treffpunkt käme nämlich mindestens der Weg hinzu, den $A_2$ zurücklegen muß. Rechnerisch folgt aus der Dreiecksungleichung:

$$|A_1P|+|A_2P|+|A_3P| \geq |A_1A_3|+|A_2P| \geq |A_1A_3|.$$

Gleichheit besteht genau dann, wenn $P = A_2$.

Ist n = 4, so fasse man $A_1$, $A_4$ und $A_2$, $A_3$ zu Interessengruppen zusammen. Für $A_1$, $A_4$ kommen alle Punkte der Strecke $A_2A_3$ als Treffpunkt in Frage. Also einigt man sich auf irgendeinen Punkt von $A_2A_3$. Rechnerisch erhält man durch Anwendung der Dreiecksungleichung:

$$|A_1P|+|A_2P|+|A_3P|+|A_4P| \geq |A_1A_4|+|A_2A_3|.$$

Gleichheit besteht genau dann, wenn $P \in A_2A_3$.

Es ist klar, wie man experimentell oder mittels Dreiecksungleichung das entsprechende Ergebnis für n verschiedene Punkte einer Geraden erhält. Ist n ungerade, so ist der „mittlere Punkt" Lösung, ist n gerade, so besteht die Lösungsmenge aus den Punkten der mittleren Strecke (Abb. L1a, b).

**L2:** a) Mehrere Jugendliche sollen in einem Haus wohnen, wie es die untenstehende Zeichnung zeigt (Abb. L2a). Die Anzahlen der Jugendlichen stehen über den Häusern. Darunter sind alle Wege nach $A_3$ eingezeichnet. Wir erkennen, daß $A_3$ Treffpunkt ist; denn jede Verlegung des Treffpunkts vergrößert die Wegesumme $2|PA_1| + 1|PA_2| + 3|PA_3| + 5|PA_4|$. Verlegt man z. B. den Treffpunkt von $A_3$ um 1 m nach rechts, so vergrößert sie sich um 1 m, verlegt man ihn um 1 m nach links, um 5 m.

**L 2a**

Nicht in allen Fällen findet man einen Treffpunkt, bei dem jede Verlegung zu einer Vergrößerung der Wegesumme führt. Ändern wir die Anzahlen der Jugendlichen, sie sollen jetzt 6, 2, 3, 5 sein, und wählen wir als Treffpunkt einen Punkt des Intervalls $[A_2, A_3]$. Wenn wir diesen verschieben, ohne das Intervall zu verlassen, dann bleibt die Wegesumme unverändert. Sie ist dann minimal und beträgt $6|A_1A_2| + 8|A_2A_3| + 5|A_3A_4|$.

b) Zieht aus $A_1$ und $A_4$ je ein Jugendlicher aus, sind also die Anzahlen der

Hausbewohner 1, 1, 3, 4, so bleibt die Aussage über die Wegesumme bei Verlegung des Treffpunkts unverändert, und sie bleibt auch bei der Fortsetzung des Verfahrens bis 0, 0, 3, 2 unverändert. Bei weiterer Fortsetzung ändern sich zwar die Werte für die Änderung der Wegesumme, doch $A_3$ bleibt Treffpunkt, bis zum Endstand 0, 0, 1, 0. Entsprechendes gilt für das zweite Beispiel, bei dem der Endstand 0, 1, 1, 0 ist.

c) Durch das in der Aufgabenstellung geschilderte Wahlverfahren kann man den Treffpunkt bzw. die Treffpunkte ermitteln, wenn man annimmt, daß jeder egoistisch abstimmt, d. h. immer so, daß man für Verlegung in Richtung zum eigenen Haus stimmt. Ist das eigene Haus gerade der Punkt, über den abgestimmt wird, so stimmt man gegen jede Verlegung. Bei Stimmengleichheit hat man einen möglichen Treffpunkt gefunden. Der Beweis ergibt sich aus dem Verlegungsverfahren von L2a.

d) Wir numerieren die Jugendlichen von links nach rechts durch. Innerhalb eines Hauses ist die Reihenfolge gleichgültig. Ist ihre Anzahl m ungerade, so gibt es einen „mittleren" Jugendlichen. Er hat die Nummer $\frac{m+1}{2}$, und sein Haus ist Treffpunkt. Falls m gerade ist, gibt es 2 mittlere Nummern, nämlich $\frac{m}{2}$ und $\frac{m}{2} + 1$. Wohnen die Personen mit diesen Nummern in demselben Haus, so liegt hier der Treffpunkt. Andernfalls wohnen sie in benachbarten Häusern $A_i$, $A_{i+1}$, und alle Punkte von $A_i A_{i+1}$ sind mögliche Treffpunkte. Beweis wieder durch Verlegung wie in L2a. Das Ergebnis erinnert an den Zentralwert der Häufigkeitsverteilungen. In der Tat: Fassen wir die Koordinaten $x_i$ der Häuser $A_i$ als Beobachtungsdaten auf, so ist ihr Zentralwert

$$Z = \begin{cases} x_{\frac{m+1}{2}}, \text{ falls m ungerade,} \\ \frac{1}{2}(x_{\frac{m}{2}} + x_{\frac{m}{2}+1}), \text{ falls m gerade,} \end{cases}$$

und er bestimmt daher einen Punkt minimaler Abstandssumme.

**L3:** a) Siehe Abb. L3a. Der Einfachheit halber haben die $A_i$ ganzzahlige Koordinaten. In dem gezeichneten Fall gibt es genau einen Treffpunkt.

b) Das Projektionsverfahren zeigt, daß als Mengen möglicher Treffpunkte folgende Figuren vorkommen können: 1. ein Punkt, 2. eine Strecke parallel zu einer Koordinatenachse, 3. ein Rechteck mit achsenparallelen Seiten.

c) Lege z. B. ein gleichseitiges Dreieck (oder ein regelmäßiges Fünfeck) in

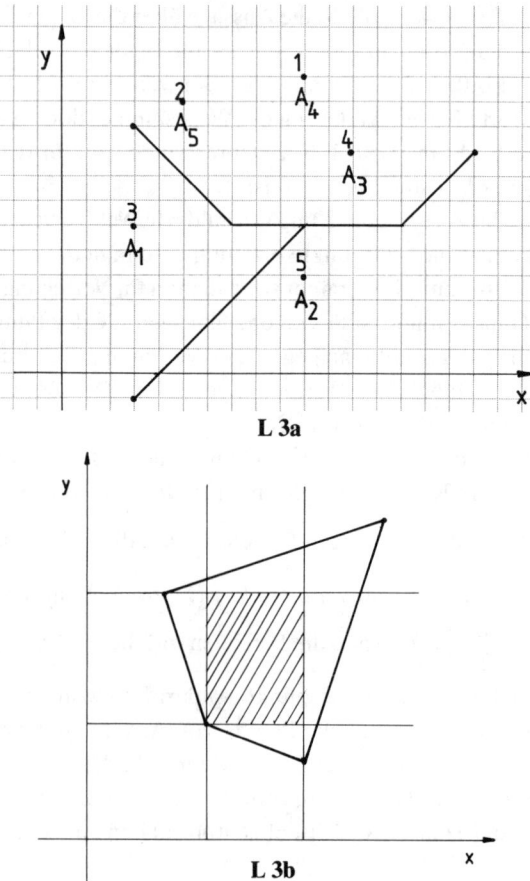

L 3a

L 3b

ein Koordinatensystem, so daß die x-Achse durch eine Seite geht. Der
durch eines der obigen Verfahren gefundene Treffpunkt ist verschieden von
dem Mittelpunkt des Dreiecks (Fünfecks), der der Punkt minimaler Abstandssumme ist. Dieser Punkt wäre bezüglich der Luftlinienentfernung der
günstigere. Unsere Verfahren sind aber für Verkehrsteilnehmer in Orthopolis günstiger, die an die Straßen gebunden sind. Autofahrer und Hubschrau-
berpiloten messen Entfernungen in verschiedener Weise, legen verschiedene Metriken zugrunde, wie der Mathematiker sagt. Näheres in M8.

## Punkte minimaler Abstandssumme
## zu den Ecken eines n-Ecks

**L4:** a) Da das Viereck ABCD konvex ist, schneiden sich die Diagonalen AC
und BD in einem inneren Punkt M des Vierecks. P sei ein beliebiger von M
verschiedener Punkt der Ebene (P ≠ M). Für die Abstände zwischen P und
den Eckpunkten des Vierecks gilt wegen der Dreiecksungleichung:
PA + PC ≥ AC. Gleichheit gilt genau dann, wenn P ∈ AC.
PB + PD ≥ BD. Gleichheit gilt genau dann, wenn P ∈ BD.
Wegen P ≠ M kann nur in höchstens einer der beiden Zeilen Gleichheit gelten. Daher erhalten wir durch Addition:
PA + PC + PB + PD > AC + BD = MA + MB + MC + MD.
Somit ist M Punkt minimaler Abstandssumme; kurz: Min-As-Punkt.
Bemerkung: Der Beweis gilt auch noch im Grenzfall, bei dem ein Innen-
winkel (z. B. β) gleich 180° ist. Dann fällt der Diagonalenschnittpunkt mit
einem Eckpunkt (z. B. B) zusammen, der in diesem Fall Min-As-Punkt ist.

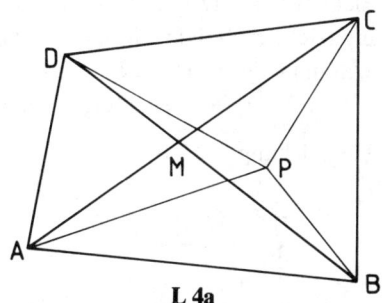

**L 4a**

b) Das Viereck ABCD sei nicht konvex, d. h., ein Innenwinkel ist größer als
180°. Nehmen wir an, dieser Innenwinkel sei β. P sei ein Punkt in der ge-
zeichneten Lage (Abb. L4b/1), sonst beliebig. Dann gilt PB + PD ≥ BD.
Gleichheit gilt genau dann, wenn P ∈ BD (Dreiecksungleichung).
PA + PC > AB + BC (anschaulich klar, Beweis siehe M3b).
Durch Addition erhält man: PA + PB + PC + PD > BA + BC + BD.
Die Abstandssumme von P zu den Eckpunkten des Vierecks ist größer als
die von B. Wir fragen nun: Für welche Punkte P haben wir das bewiesen?
Antwort: Für Punkte P im Scheitelwinkel von ∢ ABC, auch für Punkte P
auf einem Schenkel dieses Winkels. Um für alle Punkte P, P ≠ B der Ebene
obige Ungleichung abzuleiten, teilen wir die Ebene in die Winkelgebiete
i, ii und iii mit dem Scheitelpunkt B ein (Abb. L4b/2) und beweisen wie

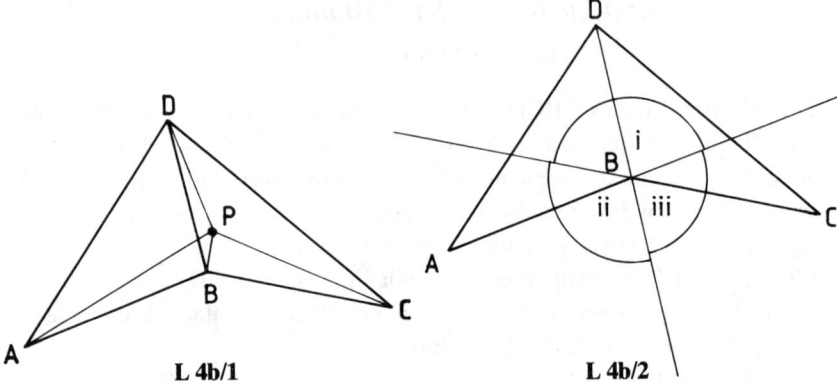

L 4b/1                        L 4b/2

oben die Ungleichung PA + PB + PC + PD > BA + BC + BD für P ∈ ii
und P ∈ iii. Dann ist gezeigt, daß B Min-As-Punkt ist.

c) Die 4 Städte bilden die Eckpunkte eines Rechtecks ABCD mit den Seitenlängen a und b. Das Elektrizitätswerk E und die Zuleitungen zu den Städten
liegen auf dem Umfang (siehe Abb. L4c). Kann die Länge dieser Zuleitungen kürzer sein als die Summe der Diagonalen? Das ist dann der Fall, wenn
die Ungleichung $2a + b < 2 \sqrt{a^2 + b^2}$ erfüllt ist. Durch Quadrieren erhält

man die äquivalente Ungleichung $a < \frac{3}{4} b$.

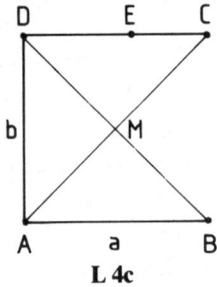

L 4c

Bemerkung: Unrealistischerweise ist die Einwohnerzahl der Städte außer
acht gelassen, von der die Anzahl der Leitungen abhängt.

d) Am besten wendet man das Projektionsverfahren von A3b an. Im allgemeinen bildet die Menge der Min-As-Punkte ein Rechteck wie in Abb. L3b,
in Sonderfällen eine Strecke oder einen Punkt.

**L5:** a) Die Kräfte, die die Seilenden auf den Knoten P ausüben, bestimmen dessen Lage. Diese ändern sich nicht, wenn wir das Dreieck ABC in eine andere Ebene verlegen. Wir können daher annehmen, daß diese Ebene horizontal liegt. Denken wir an einen Tisch, in dessen horizontale Platte an den Punkten A, B, C Löcher gebohrt sind, durch die je ein Seil gezogen ist (siehe Abb. L5a). Wie die Abbildung zeigt, teilen wir jedes Seil in die Stücke $l_i$ vom Knoten bis zum Loch und in den Rest zwischen Loch und Gewicht $s_i$.

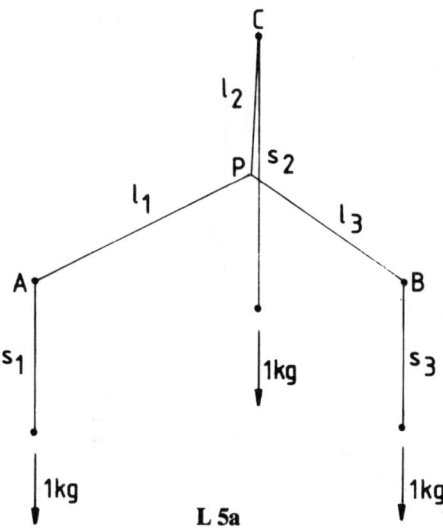

**L 5a**

Wir müssen nachweisen, daß der Knotenpunkt P (Abb. A5a) der gesuchte Min-As-Punkt ist. Nach einem allgemeinen physikalischen Gesetz nimmt die potentielle Energie eines Systems im Gleichgewicht ein Minimum an (M13a). In unserem Fall heißt das: Der Schwerpunkt der 3 gleichen Gewichte stellt sich möglichst niedrig ein. Beim Tisch-Versuch liegt der Schwerpunkt im Abstand $\dfrac{s_1 + s_2 + s_3}{3}$ unter der Tischplatte (Beweis M13c), und dieser Wert ist ein Maximum. Da aber die Summe $\sum\limits_{i=1}^{3} (l_i + s_i)$ gleich der Summe der Seillängen ist und somit einen konstanten Wert hat, ist die Abstandssumme von P $\sum\limits_{i=1}^{3} l_i$ minimal.

b) Da die Gewichte gleich groß sind, sind es auch die am Knoten angreifenden Kräfte. Ein Seil vermag nämlich eine an einem Ende angreifende Kraft

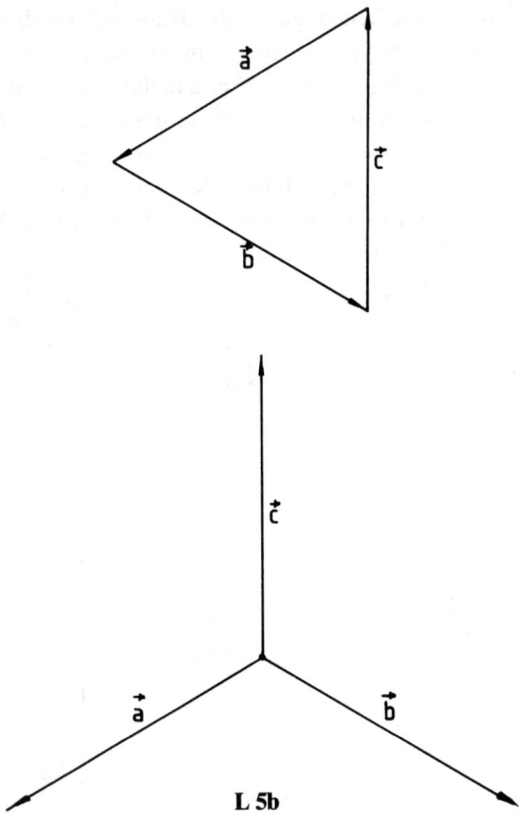

**L 5b**

an das andere Ende zu übertragen, so daß sich die Richtung ändert, die Größe der Kraft aber erhalten bleibt (M13b). Im Gleichgewicht heben sich die am Knoten angreifenden Kräfte auf. Wir bezeichnen sie mit $\vec{a}$, $\vec{b}$ und $\vec{c}$. Es gilt $\vec{a} + \vec{b} + \vec{c} = O$. Die Resultierende aus $\vec{a}$ und $\vec{b}$ ist gleich $-\vec{c}$ ($\vec{a} + \vec{b}$ $= -\vec{c}$), und das aus $\vec{a}$, $\vec{b}$, und $-\vec{c}$ gebildete Dreieck ist gleichseitig. So betragen die Winkel zwischen je zweien der Kraftvektoren $\vec{a}$, $\vec{b}$ und $\vec{c}$ 120° (Abb. L5b). Der Min-As-Punkt des Dreiecks ist also derjenige Punkt im Inneren des Dreiecks, von dem aus man jede der 3 Seiten unter einem Winkel von 120° sieht. Sie erscheinen von da aus gesehen gleich lang. Gibt es in jedem Dreieck einen solchen Punkt? Antwort: Nein. Er existiert nur, wenn alle Innenwinkel kleiner als 120° sind. Führen wir unser Seilexperiment mit einem Dreieck aus, dessen Innenwinkel γ größer als oder gleich 120° ist, so rutscht der Knoten genau auf den Eckpunkt C und zeigt an, daß dieser

Punkt Min-As-Punkt ist. Die physikalische Begründung ist dieselbe wie oben. Mache dir zeichnerisch klar, daß der Knoten von jedem Punkt P, P $\neq$ C, durch die Kräfte in den Seilenden nach C gezogen wird. Er rutscht da so tief in das Loch, bis sich Winkel von 120° zwischen den Seilen gebildet haben und Gleichgewicht herrscht.

c) Wir nehmen zunächst an, alle Innenwinkel von ABC seien kleiner als 120°. P sei ein beliebiger Punkt der Ebene. Der Beweisgedanke besteht darin, daß man die von P zu den Eckpunkten verlaufenden Strecken zu einem Streckenzug hintereinanderlegt. Das erreicht man, indem man die Punkte P und C mit dem Winkel 60° um A dreht. Man erhält die Bildpunkte P' und C' (Abb. A5c), und es gilt:

P'C' = PC (Längentreue der Drehung),
P'P = PA (Dreieck APP' ist gleichseitig).

Der Streckenzug C'P'PB hat die gleiche Länge wie die Abstandssumme von P zu den Eckpunkten. Die Länge des Streckenzugs ist genau dann minimal, wenn er auf der Strecke C'B liegt. Man muß also P auf der Strecke C'B so bestimmen, daß der Bildpunkt P' ebenfalls auf C'B liegt. Zieht man von A aus diejenigen beiden Halbgeraden, die C'B unter 60° schneiden, so hat man in den beiden eindeutig bestimmten Schnittpunkten die gesuchten Punkte P und P' gefunden. Wenn wir C als Drehpunkt wählen, wird A' = C', und wir erhalten nach demselben Verfahren zwei Punkte P und P''. Somit gilt im Minimalfall $\sphericalangle$ APC = 120°. Auch B kann Drehpunkt sein, und daher sind auch $\sphericalangle$ CPB und $\sphericalangle$ BPA gleich 120°. Dieser Beweis stammt von J. E. Hofmann (1929). Den Fall $\gamma \geq 120°$ behandelt ebenfalls abbildungsgeometrisch R. F. De Maar (1968). Wir drehen den von C verschiedenen, sonst beliebigen Punkt P und den Eckpunkt A um C mit dem Winkel $\gamma'$, dem Außenwinkel von $\gamma$, der weniger als oder genau 60° beträgt (Abb. A5c). Es gilt:

P'A' = PA (Längentreue der Drehung),
P'P $\leq$ PC (wegen $\gamma' \leq 60°$),
Abstandssumme von P zu den Eckpunkten = PA + PB + PC
$\geq$ A'P' + P'P + PB > A'B = AC + CB = Abstandssumme von C.

Dabei hat man zu bedenken, daß wohl P oder P' auf der Strecke A'B liegen kann, in keinem Fall aber beide Punkte zugleich darauf liegen.

d) Siehe Abb. L5d. Wende das Projektionsverfahren an. Es gibt stets genau einen Min-As-Punkt.

e) Die *Metrik* sei *euklidisch* (Luftlinienabstand, siehe M8), und kein Innenwinkel des Dreiecks sei größer als oder gleich 120°. (Andernfalls gibt es

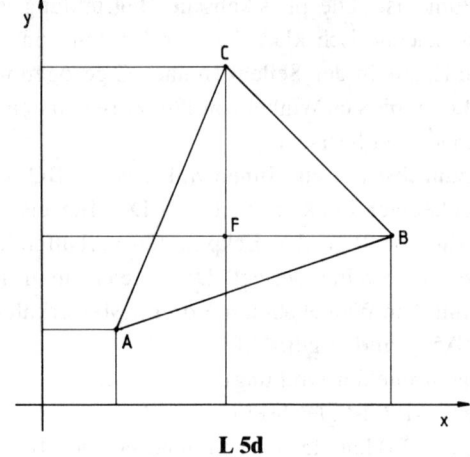

**L 5d**

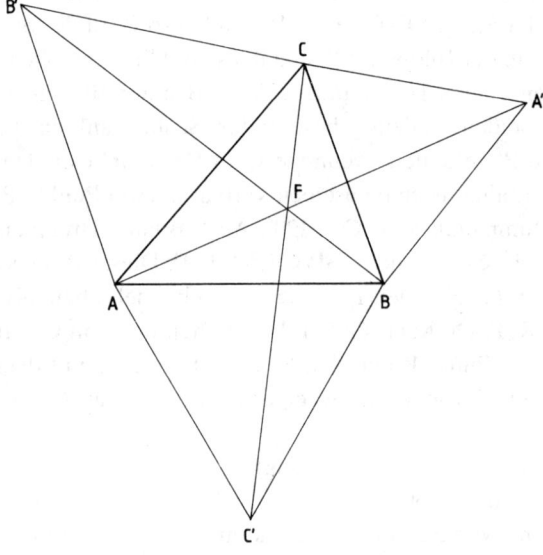

**L 5e**

nichts zu konstruieren.) Dann existiert der eindeutig bestimmte Min-As-Punkt (Fermatpunkt) im Inneren des Dreiecks.

(i) Im Beweis von L5c ist schon eine Konstruktionsmöglichkeit beschrieben.

(ii) Im Beweis von L5c zeigten wir, daß der Fermatpunkt auf der Strecke

B'B liegt (siehe Abb. L5e). Wir haben den bisher C' bezeichneten Punkt umbenannt in B'. Desgleichen liegt er auf den Strecken A'A und C'C. Konstruiere also die gleichseitigen Dreiecke über den Seiten von ABC. Deren „Spitzen" sind die Punkte A', B', C'. Ziehe die Strecken A'A, B'B und C'C. Diese schneiden sich im Fermatpunkt F.

(iii) Da die Winkel zwischen den Halbgeraden FA, FB, FC 120° betragen, liegt F auf den Kreisbögen, die AB, AC, BC als Sehnen und Winkel von 120° zu Umfangswinkeln haben (siehe M9a). Diese Bögen liegen auf den Umkreisen der auf den Seiten errichteten gleichseitigen Dreiecke ACB', BCA', ABC'.

(iv) Man zeichnet auf eine durchsichtige Folie einen Punkt P und 3 von ihm ausgehende Strahlen, die zu je zweien Winkel von 120° bilden (Mercedesstern). Lege die Folie auf das Dreieck und verschiebe sie, bis alle 3 Strahlen durch einen Eckpunkt gehen. P ist dann der Fermatpunkt.

Bei der *Absolutbetragsmetrik* (M8) projiziert man die 3 Eckpunkte senkrecht auf beide Achsen.

1. Fall: Auf beiden Achsen gibt es einen mittleren Bildpunkt. Der Schnittpunkt der beiden mittleren Projektionsstrahlen ist Min-As-Punkt.

2. Fall: Mindestens 2 Eckpunkte liegen auf einem gemeinsamen Projektionsstrahl. Dann schneide den gemeinsamen Projektionsstrahl mit dem mittleren Projektionsstrahl bzw. mit dem anderen gemeinsamen Projektionsstrahl zweier Eckpunkte in der anderen Richtung. Der Schnittpunkt ist Min-As-Punkt.

In jedem Fall erhält man genau einen Min-As-Punkt.

## G(L5)  Der Fermatpunkt im Dreieck. Beweis von Toricelli

Der erste Mathematiker, der die Aussage über die Lage des *Fermat-Punkts* bewies, ist *Toricelli* (1646) (siehe auch G(1–9)). Er setzt voraus, daß alle Innenwinkel des gegebenen Dreiecks kleiner als 120° sind. In diesem Fall existiert der eindeutig bestimmte Punkt F, von dem aus gesehen alle Seiten unter 120° erscheinen. Das ist in L5e bewiesen worden. Wir haben zu zeigen, daß F Min-As-Punkt ist. Dazu verbinden wir die Eckpunkte A, B, und C mit F und errichten auf diesen Strecken in den Eckpunkten die Senkrechten. Diese bilden die Seiten eines gleichseitigen Dreiecks A'B'C' (Abb. G(L5)). Im folgenden brauchen wir einen Satz, den wir erst in L11 beweisen: In einem gleichseitigen Dreieck ist die Abstandssumme von einem

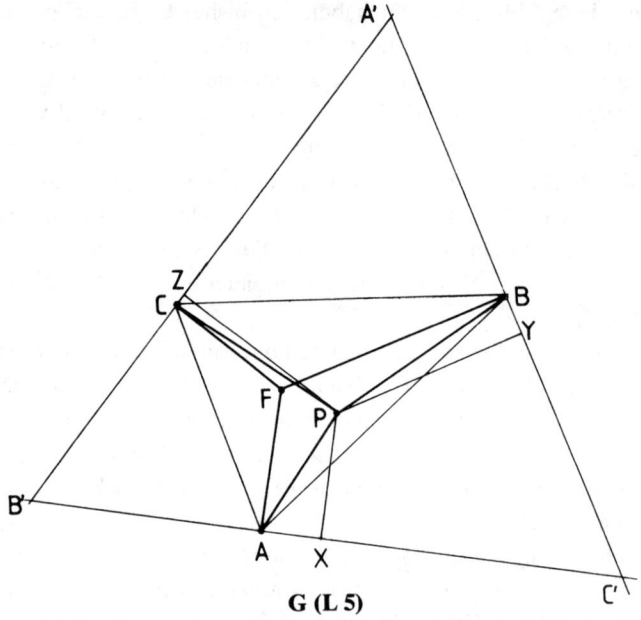

**G (L 5)**

inneren Punkt P zu den Seiten gleich der Höhe h. Wir wenden diesen Satz auf F und auf einen von F verschiedenen inneren Punkt P des gleichseitigen Dreiecks A'B'C' an. Sind X, Y, Z die Fußpunkte der Lote von P auf die Seiten dieses Dreiecks, so gilt:

$$h = FA + FB + FC = PX + PY + PZ.$$

Das ist aber kleiner als die Abstandssumme von P zu den Eckpunkten A, B, C, denn nur in einer der folgenden Ungleichungen kann das Gleichheitszeichen gelten (wegen P $\neq$ F):

$$PX \leqq PA,$$
$$PY \leqq PB,$$
$$PZ \leqq PC.$$

Damit ist gezeigt, daß F eine kleinere Abstandssumme hat als jeder innere Punkt von A'B'C'. Für die Punkte auf den Seiten von A'B'C' kann man den Beweis ebenso führen wie für die inneren Punkte. Für die äußeren Punkte ist schon die Abstandssumme zu den Seiten von A'B'C' größer als h (siehe auch A6b). Einen weiteren historischen Beweis zum Fermat-Problem bringen wir als Beispiel zur Anwendung des Niveaulinienprinzips

(L27c). Eine interessante Methode der Lösung dieses Problems mittels trigonometrischer Funktionen findet sich bei E. Quaisser und H. J. Sprengel
(1986, 94–96).

**L6:** a) Wie in L5b muß im Gleichgewicht die Vektorsumme der n gleich-
großen Seilkräfte $\vec{0}$ ergeben. Man wählt einen beliebigen Punkt P der
Ebene und bildet graphisch die Summe der Einheitsvektoren

$$\vec{s(P)} = \frac{\vec{PA_1}}{|\vec{PA_1}|} + \frac{\vec{PA_2}}{|\vec{PA_2}|} + \ldots \frac{\vec{PA_n}}{|\vec{PA_n}|}.$$

Diese Summe ist $\neq \vec{0}$, wenn nicht P zufällig gerade der gesuchte Punkt ist.
Man trägt den Vektor $\vec{s(P)}$ an P an und schreitet in dieser Richtung um
eine beliebige, aber klein gewählte Strecke weiter zu einem Punkt $P_1$. Mit
diesem verfährt man ebenso. So kann man in einer gewissen Anzahl von
Schritten – nennen wir sie k – erreichen, daß der Betrag von $\vec{s(P_k)}$

**L 6a**

sehr klein wird, und das bedeutet, daß sich $P_k$ sehr nahe am Gleichgewichtspunkt G befindet, für den $\overrightarrow{s(G)} = \vec{0}$ gilt.

Für die allgemeinere Aufgabe, den Punkt minimaler gewichteter Abstandssumme zu bestimmen, läßt sich das Verfahren modifizieren. Die Seilkräfte
sind hier verschieden groß, oder anders gesagt: die angehängten Gewichte
sind es. Man muß in der obigen Vektorsumme die Einheitsvektoren mit
Gewichtsfaktoren multiplizieren. Ausführlich behandelt dieses Problem
A. Fricke (1984).

b) P liege außerhalb des Vielecks $A_1A_2 \ldots A_n$. Dann gibt es eine Gerade
$A_iA_{i+1}$ (setze $A_{n+1} = A_1$), so daß alle Eckpunkte $A_k$ mit $k \neq i$, $k \neq i + 1$
durch diese Gerade von P getrennt liegen (Stützgerade, M14 konvex). Wir
spiegeln P an der Geraden $A_iA_{i+1}$. Für den Bildpunkt P' von P gilt:

$$P'A_i = PA_i,$$

$$P'A_{i+1} = PA_{i+1},$$

$$P'A_k < PA_k \text{ für } k \neq i, k \neq i + 1,$$

da $A_k$ in derselben Seite der Mittelsenkrechten liegt wie P' (siehe den Satz
von M3b (ii)). Daher ist die Abstandssumme von P' kleiner als die von P,
und P kann nicht Min-As-Punkt sein.

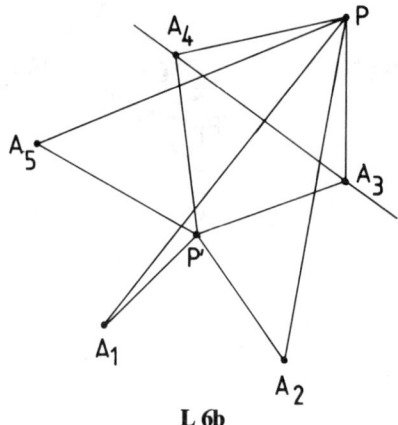

**L 6b**

**L7:** Der Mittelpunkt des regelmäßigen n-Ecks ist Min-As-Punkt. Ist n gerade, so läuft der Beweis für n > 4 entsprechend dem für das konvexe Viereck. Man geht davon aus, daß alle Verbindungsstrecken gegenüberliegender Eckpunkte durch den Mittelpunkt gehen (siehe Abb. L7/1).

Für den Fall, daß n ungerade ist, geben wir 2 Beweise. Wir führen sie für n = 5. Daraus ergibt sich leicht der allgemeine Beweis für jedes ungerade n, n > 5. Wir wählen einen beliebigen Punkt P, der nicht auf der Symmetrieachse $A_1B_1$ liegt, und zeigen, daß der Fußpunkt des Lotes von P auf $A_1B_1$ – wir bezeichnen ihn mit Q – eine kleinere Abstandssumme als P hat. $P'$ sei der Bildpunkt von P bei Spiegelung an $A_1B_1$. Dann gilt für die Abstandssumme von P (Abb. A7/2):

$A_1P + A_2P + A_3P + A_4P + A_5P$
$= A_1P + A_2P + A_3P + A_3P' + A_2P'$ (wegen der Symmetrie ist $A_4P = A_3P'$, $A_5P = A_2P'$)
$> A_1Q + 2A_2Q + 2A_3Q$ (siehe Erläuterung unten)
$= A_1Q + A_2Q + A_3Q + A_4Q + A_5Q$ = Abstandssumme von Q.

Zur Erläuterung: $A_1P > A_1Q$, da $A_1Q \perp PP'$. Ferner gilt $A_2P + A_2P' \geqq$ $2A_2Q$. Die Gleichheit gilt genau dann, wenn $A_2$, P und $P'$ auf einer Geraden liegen, denn Q ist Mittelpunkt von $\overrightarrow{PP'}$. Andernfalls tragen wir den Vektor $\overrightarrow{A_2P'}$ an $\overrightarrow{A_2P}$ an. Es gilt dann $\overrightarrow{A_2P} + \overrightarrow{A_2P'} = 2\overrightarrow{A_2Q}$ und für die Beträge $A_2P + A_2P' > 2A_2Q$ wegen der Dreiecksungleichung. Genauso leitet man die entsprechende Aussage für $A_3$ her. Damit ist gezeigt: Wenn es einen Punkt minimaler Abstandssumme gibt, dann liegt er auf $A_1B_1$. Dann liegt er aber auch auf den anderen Symmetrieachsen des regelmäßigen Fünfecks, denn wir können in der obigen Überlegung $A_1B_1$ z. B. durch $A_2B_2$ ersetzen. Folglich: *Gibt es einen Punkt minimaler Abstandssumme,* so ist es der Mittelpunkt M des regelmäßigen Fünfecks. Die Abstandssumme ist eine stetige Funktion in einem abgeschlossenen Gebiet des $R^2$, etwa in dem regelmäßigen Fünfeck. Sie hat daher in diesem ein Minimum. Also ist der Mittelpunkt Min-As-Punkt (siehe M1 und M2).

Beim zweiten Beweis wählen wir im Inneren des regelmäßigen Fünfecks (wegen A6b) einen vom Mittelpunkt M verschiedenen, sonst beliebigen Punkt P, dessen Abstandssumme zu den Eckpunkten wir mit der von M vergleichen wollen. Wir bezeichnen diesen Punkt auch mit $P_1$ und drehen ihn um M mit den Winkeln 72° · k, mit k = 0, ..., 4. Als Bildpunkte erhalten wir die Punkte $P_{k+1}$, die ein regelmäßiges Fünfeck mit dem Mittelpunkt M bilden (siehe Abb. A7/3). Es gilt $A_1P = A_1P_1$, $A_2P = A_1P_2$, ..., $A_5P = A_1P_5$. Der Beweisgedanke besteht darin, daß wir die Vektoren $\overrightarrow{A_1P_1}$, $\overrightarrow{A_2P_2}$, ..., $\overrightarrow{A_5P_5}$ summieren und die Summe an $A_1$ antragen und daß wir entsprechend mit $\overrightarrow{MA_1}$, ..., $\overrightarrow{MA_5}$ verfahren. Es wird sich

ergeben, daß beide von $A_1$ ausgehenden Vektorzüge im selben Punkt
enden:

$$\overrightarrow{A_1P_1} = \overrightarrow{A_1M} + \overrightarrow{MP_1},$$
$$\overrightarrow{A_1P_2} = \overrightarrow{A_1M} + \overrightarrow{MP_2},$$
$$\vdots$$
$$\overrightarrow{A_1P_5} = \overrightarrow{A_1M} + \overrightarrow{MP_5}.$$

Bilden wir die Summe, so wird $\overrightarrow{MP_1} + \ldots + \overrightarrow{MP_5} = 0$, da die $P_1, \ldots, P_5$
die Eckpunkte eines regelmäßigen Fünfecks bilden. Wir haben also: $\overrightarrow{A_1P_1}$
$+ \ldots + \overrightarrow{A_1P_5} = 5\,\overrightarrow{A_1M}$. Wir deuten die beiden Seiten dieser Gleichung
als Vektorzüge mit dem Anfangspunkt $A_1$ (Abb. A7/4). Sie enden beide
in demselben Punkt. Der Vektorzug der rechten Seite liegt auf einer Geraden und ist daher kürzer als der der linken Seite, und wir können für die Beträge schreiben:

$$5A_1M < A_1P_1 + \ldots A_1P_5 \quad \text{oder}$$
$$MA_1 + MA_2 + \ldots + MA_5 < PA_1 + PA_2 + \ldots + PA_5.$$

Daher ist M Min-As-Punkt.

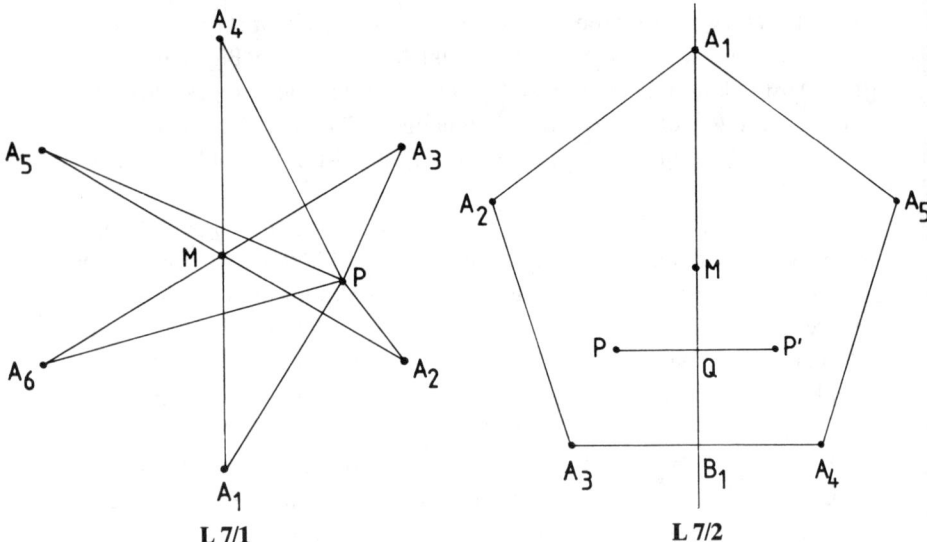

L 7/1　　　　　　　　　　　　L 7/2

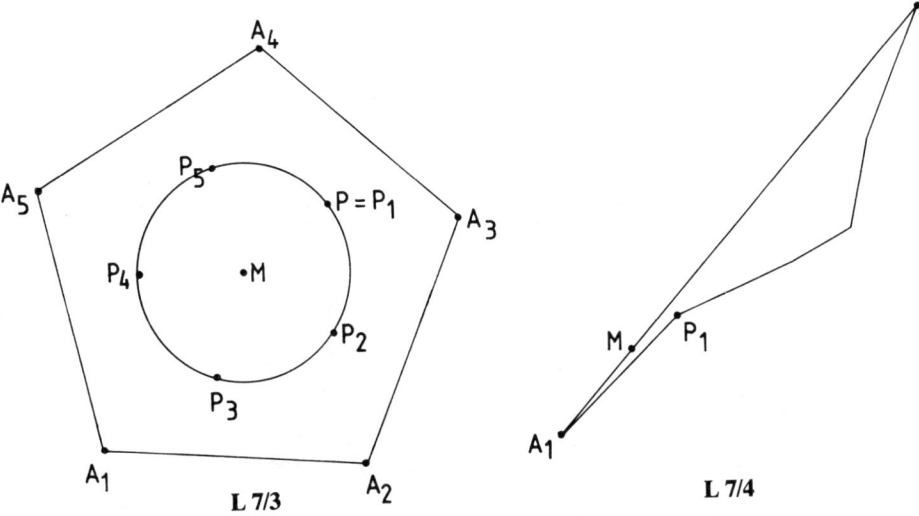

## Minimale Netze

**L8:** a) Das gegebene Rechteck habe die Seitenlängen a, b mit a ≧ b. Zunächst wird man vermuten, daß die beiden Diagonalen das kürzeste Netz bilden. Doch erkennt man, daß die Fermatpunkte in den Dreiecken AMD und BMC, als Zwischenstationen gesetzt, ein günstigeres Netz bestimmen und daß dieses Netz überhaupt das kürzeste ist (Abb. L8a).
Unter der Voraussetzung a ≧ b existiert ein Netz mit 2 Zwischenstationen F und G in der Lage wie in Abb. L8a. Seine Länge ist $l = 4x + y = 3x + a$.
x ist Seite eines gleichseitigen Dreiecks mit den Eckpunkten F und D mit der Höhe $\frac{b}{2}$. Aus der Gleichung $h = \frac{b}{2} = \frac{1}{2}\sqrt{3}x$ berechnet man $x = \frac{1}{\sqrt{3}}b$.
Für die Netzlänge erhält man $l = \sqrt{3}b + a$. Ein zweites Netz mit 2 Zwischenstationen existiert dann, wenn sich die Diagonalen unter Winkeln schneiden, die kleiner als 120° sind, d. h., wenn $\frac{b}{a} > \frac{1}{\sqrt{3}}$. Die Länge dieses Netzes ist $l' = \sqrt{3}a + b$, und das ist genau dann größer als die Länge l des anderen Netzes, wenn a > b.
b) Auch im allgemeinen Fall wird man versuchen, zur Konstruktion des minimalen Netzes Zwischenstationen F und G in günstiger Lage zu finden (Abb. L8b). F muß Fermatpunkt im Dreieck ADG sein, G muß Fermatpunkt

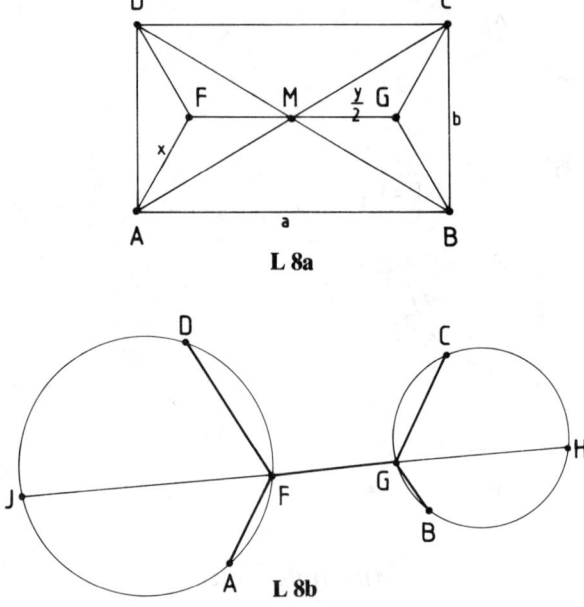

L 8a

L 8b

im Dreieck BCF sein. Also liegt F bzw. G auf dem Bogen des Umkreises des gleichseitigen Dreiecks ADJ bzw. BCH im Inneren des Vierecks. Würde ich G kennen, könnte ich F als Schnittpunkt der Verbindungsstrecke JG mit dem Umkreis von ADJ bestimmen, und wäre umgekehrt F bekannt, könnte ich entsprechend G konstruieren. Um beide Fermatpunkt-Bedingungen zu erfüllen, müssen beide Verbindungsstrecken JG und HF auf der Geraden HJ liegen. Jede andere Wahl der Zwischenstationen führt zu einem längeren Netz. Den Beweis führt man wie in L5c, indem wir das Netz in den gleich langen Streckenzug JFGH verwandeln. Aus obiger Überlegung ergibt sich die Konstruktion der Zwischenstationen. Nebenbei bemerkt ist AF∥CG und DF∥BG, Beziehungen, die man zur Kontrolle der Konstruktion benutzen kann. Ist die Konstruktion bei jedem gegebenen Viereck ausführbar? Das ist nicht der Fall. Sie geht z. B. nicht bei nichtkonvexen Vierecken. Bei konvexen Vierecken kann es vorkommen, daß die Strecke HJ außerhalb des Vierecks verläuft oder daß sie nur einen der beiden Kreisbögen im Inneren des Vierecks schneidet. Im ersten Fall besteht das Netz aus 3 Seiten des Vierecks, im zweiten Fall enthält es nur eine Seite und eine Zwischenstation. Da die Anzahl aller Möglichkeiten sehr groß ist, gehen wir nicht näher darauf ein.

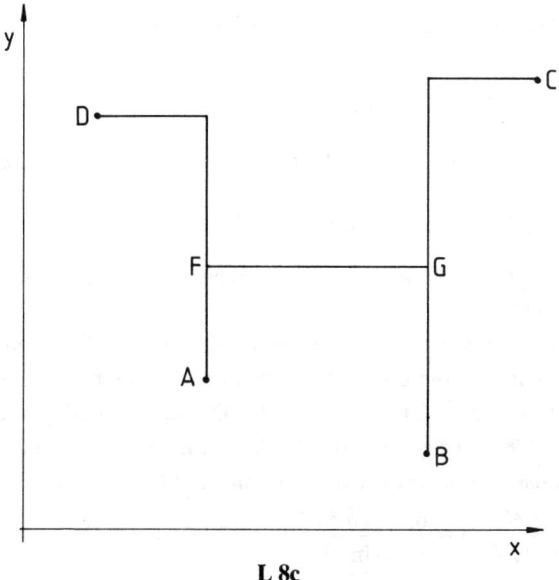

**L 8c**

c) Siehe Abb. L8c. Die Strecke FG, die die Zwischenstationen verbindet, kann auch an anderer Stelle liegen. Man darf sie parallelverschieben.

**L9:** a) Das minimale Netz besteht aus 5 Seiten des Sechsecks und hat die Länge 5. Man kann ein weiteres Netz konstruieren, das die notwendigen Bedingungen für ein minimales Netz erfüllt (siehe Abb. L9a). Alle 9 Teil-

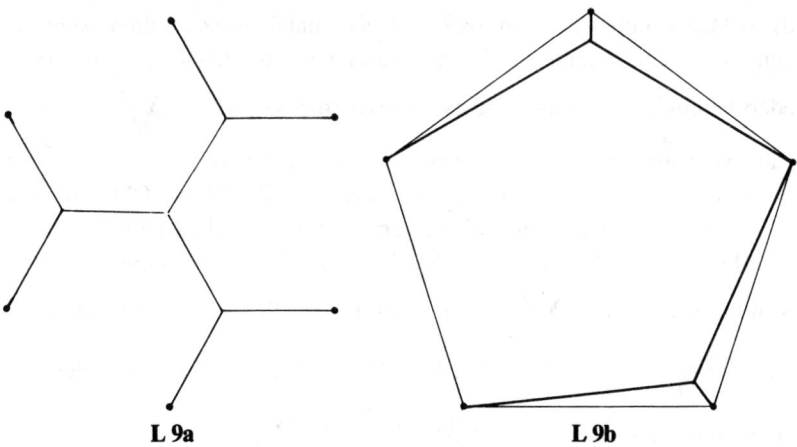

**L 9a**             **L 9b**

strecken haben die Länge $\dfrac{1}{\sqrt{3}}$, die Länge des Netzes ist daher $3\sqrt{3} \approx 5{,}2$. Sie ist also größer als die des von 5 Seiten gebildeten Netzes.

b) Für n = 3 bilden die gegebenen Punkte ein gleichseitiges Dreieck. Die Verbindungsstrecke von einem Eckpunkt zum Mittelpunkt beträgt $\dfrac{2}{3}$ der

der Höhe. Für die Länge des Netzes erhalten wir $3 \cdot \dfrac{2}{3} \cdot \dfrac{1}{2}\sqrt{3} = \sqrt{3}$.

Für n = 4 liegt ein Quadrat vor, und nach L8a hat das Netz die Länge $1 + \sqrt{3} = 2{,}732$.

In der Figur für n = 5 (Abb. L9b) sind 4 kongruente Dreiecke enthalten. Die längste Seite hat die Länge 1, die beiden anderen bezeichnen wir mit a und b. Die Länge des Netzes ist 2a + 4b. Da im regelmäßigen Fünfeck ein Innenwinkel 108° beträgt, sind die Winkel im Dreieck 120°, 54° und 6°. Mit dem Sinussatz können wir die Seitenlängen berechnen:

$$a = \frac{a}{1} = \frac{\sin 6°}{\sin 120°}, \; b = \frac{b}{1} = \frac{\sin 54°}{\sin 120°}. \; a = 0{,}1207; \; b = 0{,}9342.$$

Für die Netzlänge ergibt sich 3,9782.

| Tabelle: | n | 3 | 4 | 5 | 6 | …n |
|---|---|---|---|---|---|---|
| | Netzlänge | 1,732 | 2,732 | 3,9782 | 5 | …n − 1 |

c) In Abb. L9c/1 sehen wir ein Netz, das sich bei Versuchen mit Seifenhäuten gebildet hat (K. Bach 1987, 33). Seine Länge ist 94,856. Es geht aber noch viel besser. Siehe Abb. L9c/2 mit der minimalen Netzlänge 92,569.

d) (i) Man könnte vermuten, daß wir das minimale Netz erhalten, wenn wir den Höhenschnittpunkt – er ist Min-As-Punkt – mit den 4 Ecken des Tetraeders verbinden. Die Länge dieses Netzes beträgt $4 \cdot \dfrac{3}{4}\,h = 3 \cdot \sqrt{\dfrac{2}{3}} = 2{,}4495$.

Eine wenn auch geringfügige Verbesserung erreichen wir, wenn wir die Mittelpunkte zweier gegenüberliegender Kanten, z. B. AB und CD, miteinander verbinden. Um die Verbindungsgerade drehen wir die Kante CD um 90° in C′D′, so daß ABC′D′ ein Rechteck ist. Da die Mittelpunkte der beiden Kanten den Abstand $\sqrt{\dfrac{1}{2}}$ haben, betragen die Seiten des Rechtecks a = 1 und b = $\sqrt{\dfrac{1}{2}}$. In das Rechteck ABC′D′ zeichnen wir das längere Netz von A8a mit der Länge $\quad l' = \sqrt{3}a + b = \sqrt{3} + \sqrt{\dfrac{1}{2}} = 2{,}4392$.

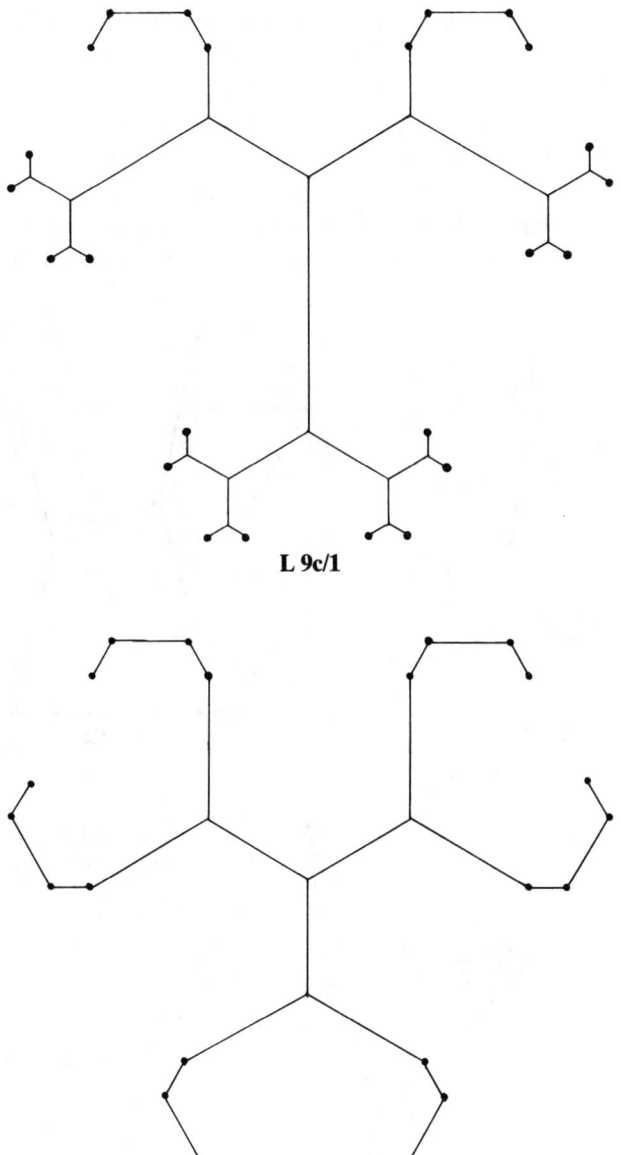

**L 9c/1**

**L 9c/2**

Wir drehen nun die Punkte C' und D' mitsamt den Netzstrecken, die in diesen Punkten enden, um die Verbindungsgerade der Kantenmittelpunkte zurück in C und D. Dabei ändert sich die Länge des Netzes nicht. Dieses räumliche Netz ist wahrscheinlich das minimale (Abb. L9d/1).

(ii) Wir schneiden den Würfel durch 2 senkrecht zueinander stehende Ebenen durch den Mittelpunkt, so daß in jeder Ebene 4 Eckpunkte des Würfels liegen. Wir verbinden die Eckpunkte, die in einer Ebene liegen, durch ein minimales Netz entsprechend A8a. Die beiden Netze haben den Mittel-

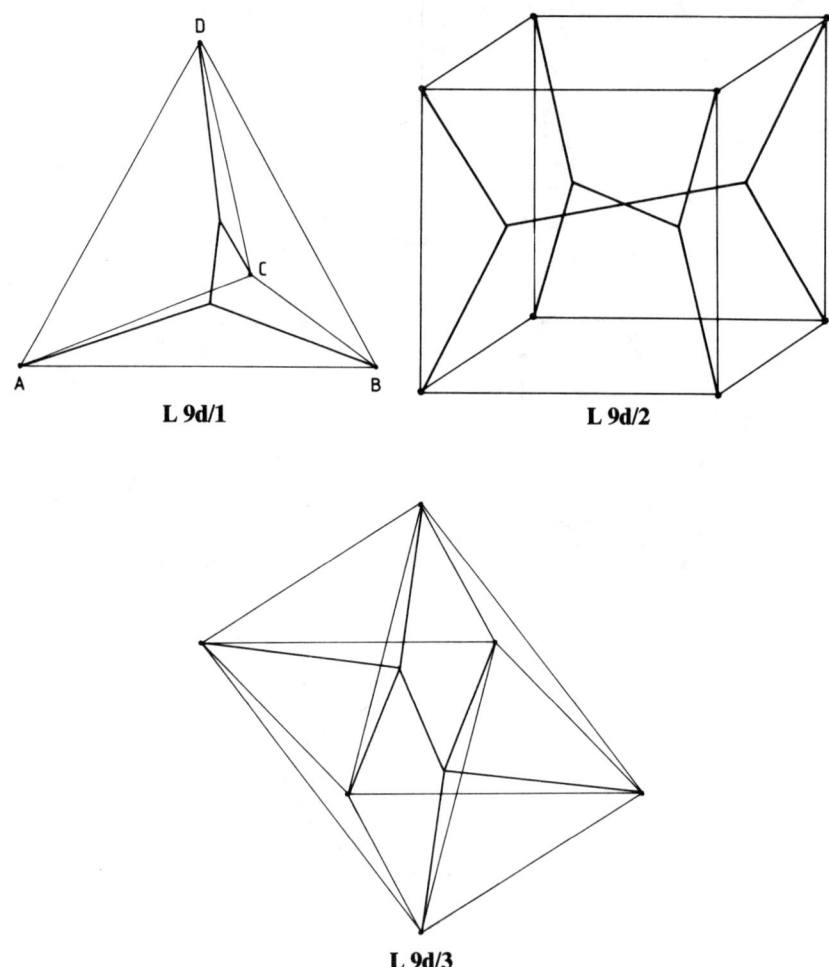

L 9d/1                    L 9d/2

L 9d/3

punkt des Würfels gemeinsam. Als Gesamtlänge des zusammengesetzten Netzes erhält man $2 \cdot (\sqrt{2} + \sqrt{3}) = 6{,}293$. Vermutlich ist dieses Netz minimal (Abb. L9d/2).

(iii) Wir wählen 3 Eckpunkte einer Oktaederseite und denken uns darauf ins Innere des Oktaeders ein regelmäßiges Tetraeder errichtet. Wir verbinden dessen Höhenschnittpunkt mit den 3 Eckpunkten. Entsprechend verfahren wir mit den 3 restlichen Eckpunkten, die zu den 3 gewählten Eckpunkten punktsymmetrisch zum Mittelpunkt liegen. Um das Netz vollständig zu machen, verbinden wir die beiden Höhenschnittpunkte. Diese haben vom Mittelpunkt den Abstand 0,1208. Also ist die gesamte Länge des

Netzes $\dfrac{9}{2} \cdot \sqrt{\dfrac{2}{3}} + 2 \cdot 0{,}1208 = 3{,}9158$ (Abb. L9d/3).

## *Minimale Abstandssumme von Punkten zu Geraden*

**L10:** Die Geraden seien g, h, k.
1. Fall: Alle 3 Geraden sind parallel. Sie seien verschieden. (Den Fall, daß 2 der Geraden identisch sind, wird der Leser selbst behandeln können.) h liege im Streifen zwischen g und k. h habe von g und k die Abstände l bzw. m. P sei ein beliebiger Punkt des Streifens. Seine Abstandssumme zu den 3 Geraden ist l + m + n, worin n die Länge des Lots von P auf h bedeutet. Daher gilt für alle Punkte der Ebene (auch die außerhalb des Streifens)

$$\text{Abstandssumme von P} \geqq l + m,$$

und die Gleichheit besteht genau für die Punkte von h. Diese bilden daher die Menge der Punkte minimaler Abstandssumme.
2. Fall: 2 Geraden g und k seien parallel, aber verschieden, die dritte Gerade h schneidet g und h in den Schnittpunkten P und Q. Wir ziehen von einem beliebigen Punkt R der Strecke PQ die Lote l und m auf die Geraden g und k. l + m ist gleich der Breite des von g und k begrenzten Streifens. S sei ein beliebiger Punkt dieses Streifens. Seine Abstandssumme zu den 3 Geraden ist l + m + n, worin n die Länge des Lots von S auf die Gerade h bedeutet. Daher gilt für alle Punkte der Ebene (auch für die außerhalb des Streifens)

$$\text{Abstandssumme von S} \geqq l + m.$$

Die Gleichheit gilt genau für die Punkte der Strecke PQ. Also bilden diese
die Menge der Punkte minimaler Abstandssumme.

3. Fall: Je 2 der 3 Geraden schneiden sich. Es gibt 3 verschiedene Schnittpunkte. (Den trivialen Fall, daß sich alle 3 Geraden in einem Punkt schneiden, lassen wir weg.)

a) Das von den 3 Schnittpunkten gebildete Dreieck ABC sei nicht gleichschenklig. Dann sind die 3 Höhen verschieden lang. Sei AB = c die längste
Seite. Dann ist h = $h_c$ die kürzeste Höhe. Sie verläuft ganz im Inneren des
Dreiecks. Die Abstandssumme des Eckpunkts C ist gleich h. Wir zeigen,
daß jeder von C verschiedene Punkt P eine größere Abstandssumme hat,
daß also C Min-As-Punkt ist.

(i) P liege im Inneren des Dreiecks ABC. Wir ziehen die Lote l, m, n von P
auf die 3 Geraden und die Parallelen zu diesen Geraden durch P (siehe
Abb. L10/1). Dadurch entstehen 2 Dreiecke $\Delta 1$ und $\Delta 2$ mit den Höhen m
und l, die zu ABC ähnlich sind. Wir verschieben $\Delta 1$ „nach oben", bis es am
Eckpunkt C „anstößt". In $\Delta 1'$ und $\Delta 2$ zeichnen wir die kleinsten Höhen $h_1$
und $h_2$ ein, für die gilt $h_1 < l$ und $h_2 < m$. Dann verschieben wir $h_2$ parallel
unter $h_1$ und n unter $h_2$, so daß die 3 Strecken die Höhe h gerade ausfüllen.
So haben wir $h = h_1 + h_2 + n < l + m + n$. Dieser Beweis funktioniert ge-
ringfügig modifiziert auch für Randpunkte P des Dreiecks ABC.

(ii) P liege im Äußeren des Dreiecks ABC. Dann liegt P entweder im Inne-
ren eines der Innenwinkel $\alpha$, $\beta$ oder $\gamma$ oder in einem Scheitelwinkel eines Innenwinkels $\alpha'$, $\beta'$ oder $\gamma'$ (einschließlich der Schenkel).

P liege z. B. im Inneren von $\gamma$ wie in Abb. L10/2. Dann gibt es zu P einen
Punkt P' auf der Strecke AB, der durch eine zentrische Streckung mit dem
Zentrum C und einem Streckfaktor k mit k < 1 aus P hervorgeht. Die Lote
l und m von P auf die Geraden AC und BC gehen bei dieser Abbildung in
die Lote l' und m' von P' auf diese Geraden über. Wegen k < 1 gilt l' < l
und m' < m und für die Abstandssummen h < l' + m' < l + m.

P liege im Scheitelwinkel eines Innenwinkels, z. B. in $\alpha'$. Dann ist sein Abstand zur Geraden BC größer als die Höhe $h_a$, die größer als h vorausgesetzt
war. (Liegt P in $\gamma'$, so ist sein Abstand von der Geraden AB größer als $h_c$ =
h.) Daher ist die Abstandssumme von P größer als h.

b) Das Dreieck ABC sei gleichschenklig. Es möge gelten AC = BC.

(i) Der Winkel $\gamma$ an der Spitze möge größer als 60° sein. Dann ist die Höhe
$h_c$ die kleinste Höhe von ABC, und die Verhältnisse sind die gleichen wie in
3. C ist Min-As-Punkt mit der Abstandssumme h.

(ii) Der Winkel $\gamma$ sei kleiner als 60°. Dann sind die Höhen $h_a$ und $h_b$ die kür-

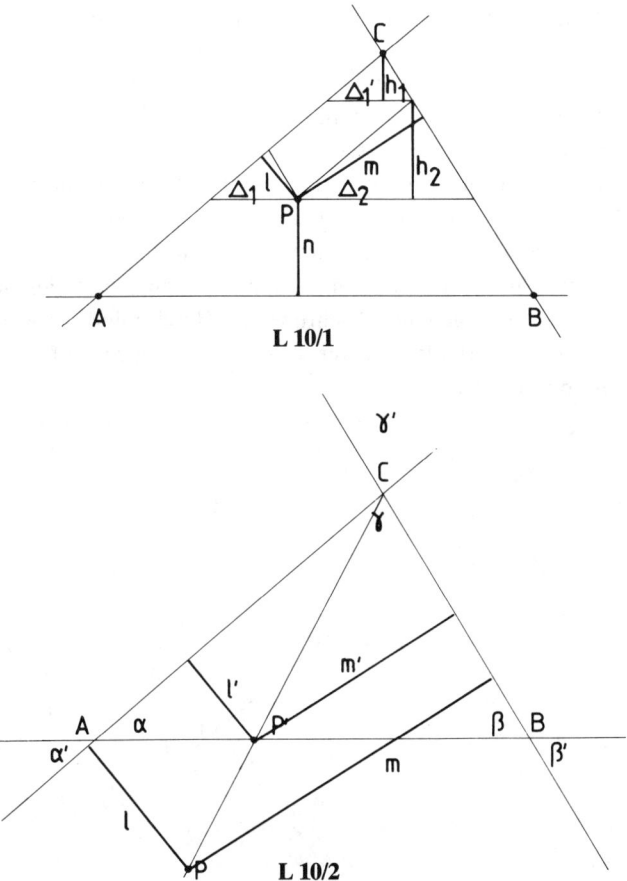

**L 10/1**

**L 10/2**

zesten Höhen, mit denen man die Beweise von 3 führen kann. Danach sind
die Eckpunkte A und B Min-As-Punkte. Aber auch alle Punkte der Strecke
AB haben minimale Abstandssumme $h = h_a = h_b$. Man sieht es, wenn man
eines der Lote von P auf die Schenkelseiten an der Basis c spiegelt.

(iii) Der Winkel $\gamma$ sei gleich 60°. Dann ist das Dreieck gleichseitig, und alle
Höhen sind gleich lang. Führen wir mit diesen Voraussetzungen die Beweise
von 3a, so ergibt sich: Jeder Punkt des Dreiecks ABC, die Randpunkte eingeschlossen, hat zu den Seiten die Abstandssumme h, jeder Punkt im Äußeren von ABC hat eine größere Abstandssumme. Min-As-Punkte sind die
Punkte von ABC.

## Gerade minimaler Abstandssumme zu gegebenen Punkten

**L11:** a) Nach Aufgabenstellung ist eine Gerade p vorgegebener Richtung gesucht, für die die gegebenen Punkte minimale Abstandssumme haben. Wir ziehen eine beliebige Senkrechte q zur vorgegebenen Richtung. Auf diese projizieren wir die Punkte A, B, C senkrecht. Wir erhalten auf q die Punkte A', B', C', die zusammenfallen können. Zu diesen Punkten suchen wir den Punkt minimaler Abstandssumme auf q nach A1 bzw. A2. Danach ist der mittlere Punkt Min-As-Punkt. Durch diesen Punkt ziehen wir die Gerade p in der vorgegebenen Richtung, die durch mindestens einen der gegebenen Punkte verläuft, und die Lote von den nicht auf p gelegenen Punkten auf p (Abb. L11a).

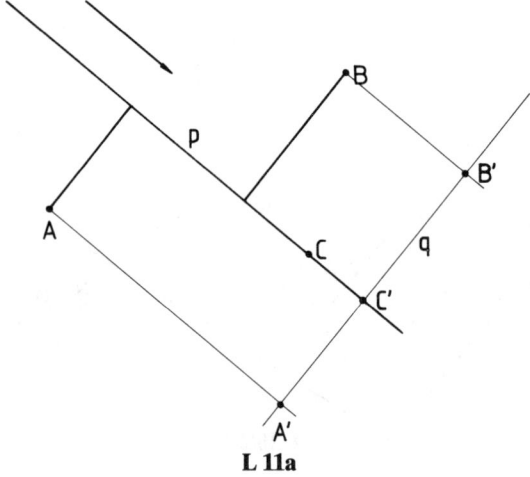

**L 11a**

b) Bei n (n > 3) gegebenen Punkten wenden wir A1 bzw. A2 in entsprechender Weise an. Hier kann es – falls n gerade ist – vorkommen, daß die Lage von p nicht eindeutig bestimmt ist und p nicht durch einen der gegebenen Punkte verlaufen muß.

c) Liegen die 3 gegebenen Punkte auf einer Geraden, so ist diese die gesuchte, und die Abstandssumme ist 0. Andernfalls bilden die 3 Punkte die Eckpunkte eines Dreiecks. Es liegt nahe, die Richtung einer Dreiecksseite zu wählen, durch die dann p verläuft. Die Abstandssumme ist gleich lang der Höhe auf dieser Seite. So wird man die längste Seite wählen, damit die Abstandssumme gleich der kürzesten Höhe wird. Entsprechend wird man

noch bei konvexen Vierecken die Richtung der längeren Diagonale wählen.
Für größere n gibt es kein allgemein anwendbares Verfahren.

## *Maximinaufgabe*

**L12:** a) Wir suchen 2 Punkte P und Q, so daß die Abstände zu den Seiten
und die Abstände zwischen den beiden Punkten ein möglichst großes Minimum haben. Es handelt sich um eine Maximinaufgabe, d. h., gesucht ist
das Maximum eines Minimums. Es liegt nahe, die Punkte P und Q wenn
möglich so zu wählen, daß die genannten Abstände alle gleich sind. Wenn
wir nämlich das erreichen, führt jede Verschiebung eines der Punkte P oder
Q zu einer Verkleinerung des Minimums. Damit ist dann allerdings nur ein
relatives Maximum, also ein Maximum in einer Umgebung, bewiesen. In unserem Fall gibt es im Inneren des Dreiecks nur einen Punkt, für den die Abstände zu den 3 Seiten gleich sind. Wir können daher nicht erreichen, daß
alle 7 Abstände gleich werden. Trotzdem läßt sich das „Gleichheitsprinzip"
anwenden, wie wir sehen werden. Nehmen wir z. B. P im Inneren des durch
die Winkelhalbierende $w_\gamma$ begrenzten Teildreiecks mit dem Eckpunkt A an.
Dann gilt stets Pa > Pb. (Pa sei der Abstand von P zur Seite a.) Pa beein-
flußt daher das Ergebnis nicht. So genügt es, die übrigen Abstände von P zu
den Seiten gleich zu machen, also Pb = Pc, und das bedeutet: P liegt auf der
Winkelhalbierenden $w_\alpha$. Läge Q in demselben Teildreieck wie P, so könnte
man die Abstände vergrößern. Q liegt daher in dem von $w_\gamma$ begrenzten Teildreieck mit dem Eckpunkt B, und eine entsprechende wie für P angestellte
Überlegung zeigt, daß Q auf $w_\beta$ liegt, damit Qa = Qc. Ferner sollen die 4
genannten Abstände untereinander und zu PQ gleich sein. Wegen Pc = Qc
= PQ ist das Viereck RSQP (siehe Abb. L12a/1) ein dem Dreieck ABM einbeschriebenes Quadrat. Wie man es eindeutig konstruiert, erläutern wir
später.
Jede Veränderung von P oder Q verkleinert das Minimum der 7 Abstände.
Unser Ergebnis hängt allerdings von der anfangs gewählten speziellen Lage
des Punkts P ab. Es gibt noch 2 weitere Möglichkeiten, die obige Überlegung zu beginnen und zu entsprechenden Quadraten zu gelangen, die auf
den Seiten a bzw. b des Dreiecks „stehen". Wir können aber zeigen, daß
unser Quadrat RSPQ das größte unter den 3 möglichen ist, wenn wie in
Abb. L12a/2 der Winkel γ der größte Innenwinkel ist. Spiegeln wir das Quadrat RSPQ an den Winkelhalbierenden $w_\alpha$ und $w_\beta$, so erweist sich, daß das

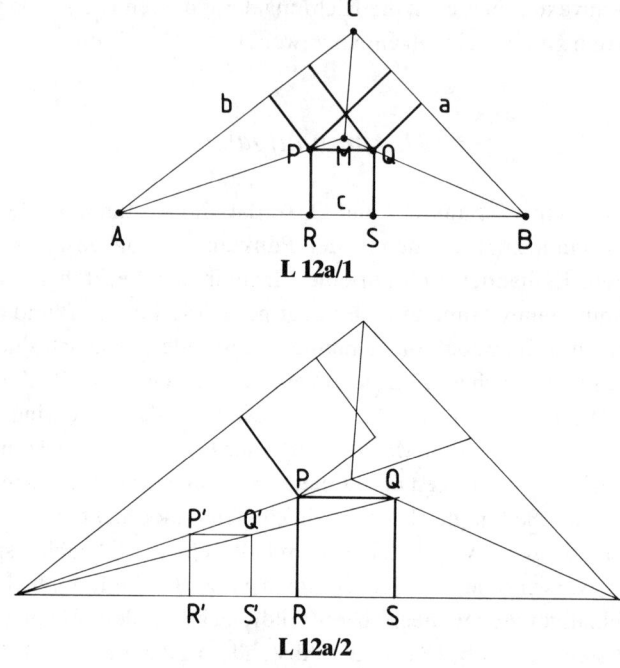

**L 12a/1**

**L 12a/2**

Bildquadrat nicht in die anderen Teildreiecke paßt. Es ist zu groß. Spiegeln wir RSQP z. B. an $w_\alpha$, so liegen die Bildpunkte R' und S' auf der Seite b, P ist Fixpunkt (P = P'), während Q' außerhalb des Dreiecks AMC liegt. Q liegt auf $w_\beta$. Die Winkelhalbierenden $w_\alpha$ und $w_\beta$ schneiden sich unter einem Winkel der Größe $\frac{\alpha}{2} + \frac{\beta}{2}$ (Außenwinkel in ABM). Die Winkelhalbierenden $w_\alpha$ und $w_\gamma$ bilden einen Winkel der Größe $\frac{\alpha}{2} + \frac{\gamma}{2}$ (Außenwinkel in ACM), der wegen $\beta < \gamma$ größer ist. So wird $w_\beta$ ins Innere des Winkels zwischen $w_\alpha$ und $w_\gamma$ gespiegelt und damit auch Q.

Wir haben nun noch die Konstruktion des Quadrats RSQP zu beschreiben. Wir zeichnen in das Dreieck ABM ein Quadrat R'S'Q'P' ein, das 2 der 3 Bedingungen erfüllt, die das gesuchte Quadrat charakterisieren. R' und S' sollen auf der Seite AB liegen und P' auf der Winkelhalbierenden $w_\alpha$. Auf dieses Quadrat üben wir diejenige zentrische Streckung mit dem Zentrum A aus, die Q' in den Punkt Q auf der Winkelhalbierenden $w_\beta$ überführt. Da bei jeder zentrischen Streckung die Bildfigur eines Quadrats wieder ein Quadrat ist, können wir von Q aus das Bildquadrat eindeutig konstruieren.

b) 2 Punkte P und Q im Inneren eines Quadrats (Seitenlänge 1) bestimmen 8 Abstände zu den Seiten des Quadrats, ein neunter Abstand ist die Länge der Strecke PQ. m(P, Q) sei das Minimum der 9 Abstände für das Punktepaar (P, Q). Wie sind die beiden Punkte zu wählen, damit m(P, Q) ein Maximum wird?

Nach einigem Probieren erkennen wir, daß die Punkte auf einer Diagonalen symmetrisch zum Mittelpunkt M liegen sollten. Dann aber kommt es nur auf die Abstände zu den nächstgelegenen Seiten an. In der Abb. L12b sind daher nur die 5 für die Aufgabe relevanten Abstände berücksichtigt und die zugehörigen Lote und die Verbindungsstrecke PQ eingetragen. Ihre Längen sind gleich. Bezeichnen wir sie mit a, so gilt die Gleichung $2a + \dfrac{a}{\sqrt{2}} = 1$ mit der Lösung $a = \dfrac{1}{7}(4 - \sqrt{2}) = 0{,}3694$.

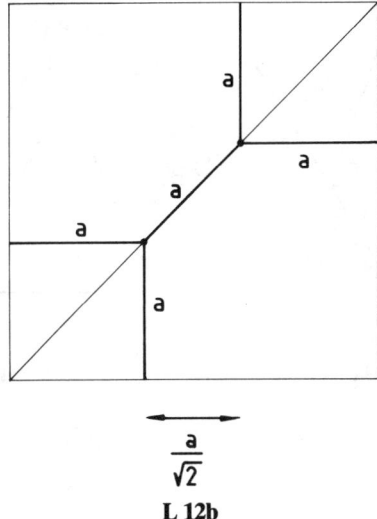

**L 12b**

L13: a) Wir spiegeln einen der beiden gegebenen Punkte, z. B. B, an der Geraden g und verbinden A geradlinig mit dem Bildpunkt B' (Abb. L13a). Die Verbindungsstrecke AB' schneidet die Gerade g im Punkt P. Jeder andere Streckenzug von A über irgendeinen anderen Punkt P' auf g nach B' ist nach der

Dreiecksungleichung länger als $\overline{APB'}$. Wir spiegeln $\overline{PB'}$ und $\overline{P'B'}$ an g und
erhalten die jeweils gleich langen Streckenzüge $\overline{APB}$ und $\overline{AP'B}$. Da P'
beliebig auf g gewählt war, ist P der gesuchte Punkt minimaler Abstandssumme.

b) Der Text der Lösung lautet gleich dem von L13a. Wir müssen lediglich
die Gerade g durch die Ebene ε ersetzen (Abb. L13b).

c) Wir drehen einen der beiden Punkte, z. B. B, um die Gerade g, so daß der
Bildpunkt B' in die durch A und g bestimmte Ebene fällt und nicht in der Seite
von g mit dem Punkt A liegt (Abb. L13c). Die Verbindungsstrecke AB' schneidet die Gerade g im Punkt P. Für jeden anderen Punkt P' von g ist der Strek-
kenzug von A über P' nach B' länger als der Streckenzug APB'. Wir drehen
nun B' zurück in B. Dabei ändern sich die Längen von P'B' und PB' nicht,
und der Streckenzug APB ist kürzer als der Streckenzug AP'B. Da P' beliebig auf g gewählt war, ist P der Punkt minimaler Abstandssumme auf g.

Wegen des Zusammenhangs der A13 mit der Reflexion des Lichts lese man
G(13) und M13i(i).

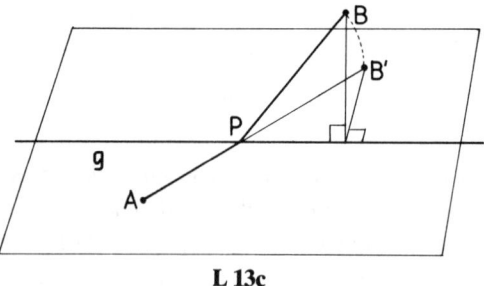

L 13a                        L 13b

L 13c

**L14:** a) (i) Der Streckenzug soll von Punkt P über die gegenüberliegenden Strecken CD und AB zum Punkt Q führen. Spiegle P an CD, Q an AB. Die Bildpunkte seien P' und Q'. Jeder Streckenzug von P über CD und AB nach Q kann durch Spiegelung zweier Strecken an CD bzw. AB in einen Streckenzug gleicher Länge zwischen P' und Q' überführt werden (Abb. L14a/1). Unter allen diesen Streckenzügen ist derjenige am kürzesten, der auf der Strecke P'Q' liegt (Abb. L14a/2). P'Q' schneidet CD in F, AB in E. So ist der Streckenzug PFEQ der kürzeste von P nach Q über die angegebenen Seiten. Seine Länge ist gleich P'Q'. Wegen A13a und M13i(i) erfüllt er in E und F das Reflexionsgesetz, weswegen eine von P in Richtung E gestoßene Billardkugel diesen kürzesten Weg nimmt. Man kann die Aufgabe noch auf 3 weitere Weisen lösen, nämlich durch kürzeste Streckenzüge über AB und CD, über BC und AD, über AD und BC. Bei der in den Abbildungen gezeichneten Lage von P und Q im gegebenen Rechteck ABCD ist die oben behandelte und in L14a/2 gezeichnete die kürzeste.

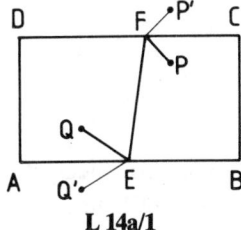 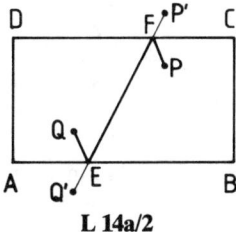

**L 14a/1**          **L 14a/2**

(ii) Der Streckenzug soll von P nach Q über die benachbarten Seiten CD und AD führen. Wir spiegeln Q an AD. Sonst entspricht der Gedankengang und die Konstruktion der in a.

b) Wir spiegeln O an CD in O', O' an BC in O'', O'' an AB in O''', O''' an AD in O'$^{\text{v}}$. OPQRSO sei ein beliebiger geschlossener Streckenzug, dessen von O verschiedene Eckpunkte auf aufeinanderfolgenden Seiten des Rechtecks ABCD liegen. Abb. L14b/1 zeigt, wie man diesen Streckenzug durch Geradenspiegelungen schrittweise aufbiegt, bis er in den gleichlangen Streckenzug O'$^{\text{v}}$P'''Q''R'SO übergegangen ist. Dieser ist am kürzesten, wenn alle seine Eckpunkte auf der Strecke O'$^{\text{v}}$O liegen. Wenn wir einen geschlossenen Streckenzug OPQRSO finden, der nach Aufbiegen auf der Strecke O'$^{\text{v}}$O liegt, dann haben wir den gesuchten kürzesten Streckenzug vor uns. Wir konstruieren ihn, indem wir von der Strecke O'$^{\text{v}}$O ausgehend den Aufbiegeprozeß umkehren. Wir nehmen an, daß O im Inneren des

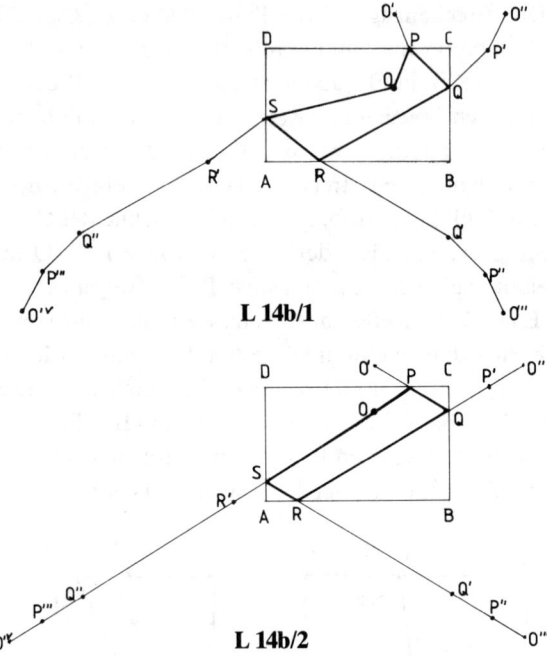

**L 14b/1**

**L 14b/2**

Dreiecks ACD liegt. Wenn O im Inneren von ABC liegt, drehen wir das Rechteck mit 180° um seinen Mittelpunkt. Auf der Diagonalen AC soll O zunächst nicht liegen. Dann schneidet O O$^{\prime V}$ AD in einem inneren Punkt S. Denken wir uns O$^{\prime V}$O als Faden, so können wir die Punkte O und S mit Nadeln fixieren und das freie Ende des Fadens nach O$^{\prime\prime\prime}$ ziehen. Das entspricht einer Geradenspiegelung von O$^{\prime V}$S an AD. Der Faden überquert AB in R, wo wir ihn mit einer Nadel festspießen. Dann spiegeln wir RO$^{\prime\prime\prime}$ an AB und setzen das Verfahren fort, bis wir schließlich mit dem freien Ende des Fadens zum Punkt O gelangen. Es ist klar, daß der so konstruierte Streckenzug genauso lang ist wie O$^{\prime V}$O. Wir können diese Länge genau angeben und außerdem zeigen, daß der Teilstreckenzug SOP auf einer Geraden liegt. Bei der obigen Konstruktion führten 4 Geradenspiegelungen O$^{\prime V}$ in O und P$^{\prime\prime\prime}$ in P über. Die erste und zweite Geradenspiegelung ergeben zusammen die Punktspiegelung an A, die dritte und vierte Geradenspiegelung die Punktspiegelung an C. In Zeichen: O$^{\prime V}$ $\xrightarrow[A]{}$ O$^{\prime\prime}$ $\xrightarrow[C]{}$ O. Die beiden Punktspiegelungen zusammen sind gleich der Translation $2\overrightarrow{AC}$. Daraus folgt: Die Strecke O$^{\prime V}$O und der Streckenzug OPQRSO sind beide doppelt so lang wie die Diagonale AC des Rechtecks. Bei einer Translation ist das Bild einer Strecke parallel zum Urbild. Daher gilt $O''^VP'''$ // OP. Da P''' auf der Geraden $O'^VO$ liegt, gehört auch P zu dieser Geraden. Die Punktspiegelung an A bildet R'Q'' auf RQ ab (R'Q'' $\xrightarrow{A}$ RQ). Daher ist RQ parallel zu SP.

Ferner ist SR parallel QP, denn die Gerade SR wird durch die Punktspiegelung an B auf die Gerade PQ abgebildet. Somit ist die Lösung ein dem Rechteck einbeschriebener Parallelogramm-Streckenzug, dessen Seiten zu den Diagonalen des Rechtecks parallel sind. SR und QP haben die Richtung der Diagonalen BD, denn eine Geradenspiegelung an AD führt jede Gerade der Richtung AC in eine Gerade der Richtung BD über. Aus diesem Grund gilt auch in P, Q, R, S das Reflexionsgesetz. Durch O gibt es 2 derartige Parallelogramm-Streckenzüge. Demnach gibt es 2 verschiedene Lösungen der Aufgabe. (Man erhält die zweite Lösung in unserem Fall, indem man O' nicht an BC, sondern an AD spiegelt.) Liegt O auf einer Diagonalen, so ist diese Diagonale doppelt durchlaufen eine Lösung.

**L15:** Wie in A14a erhält man den kürzesten Weg durch 2 Geradenspiegelungen. Man wird in dem gezeichneten Fall (Abb. L15/1) den Punkt I am Waldrand w, den Punkt Z am Seeufer u spiegeln. Die Bildpunkte sind I' bzw. Z'. Durch Konstruktion der Verbindungsstrecke I'Z' erhält man als Schnittpunkte die Punkte am Waldrand w und am Seeufer u, die der Indianer anlaufen muß, will er sein Vorhaben auf kürzestem Weg ausführen. Die Frage, wohin der Indianer zuerst gehen muß, zum Waldrand oder zum Seeufer, konnten wir im vorliegenden, gezeichneten Fall durch grobe Schätzung entscheiden. Eigentlich hätten wir auch den anderen Weg konstruieren und mit dem in der Abbildung gezeichneten vergleichen müssen. Hier steckt jedoch ein Problem, das wir allgemein zu lösen haben. Es ist in der Zusatzaufgabe formuliert.

*Lösung der Zusatzaufgabe:* Der Indianer I möge sich in derjenigen Halbebene der Geraden SZ befinden, in der der Waldrand w (Halbgerade) liegt. Wir spiegeln I und Z an u bzw. w und erhalten die Bildpunkte I'' bzw. Z'' (siehe Abb. L15/2). Wir müssen I'Z' und I''Z'' vergleichen. Dazu zeichnen wir die Dreiecke I'Z'S und I''Z''S. Die Seiten SZ' und SZ'' sowie SI' und SI'' sind jeweils gleich groß (Längentreue der Geradenspiegelung). Daher hängt die Länge der Seite I'Z' bzw. I''Z'' nur noch vom Innenwinkel σ' bzw. σ'' bei S ab (in der Abbildung nicht eingetragen).

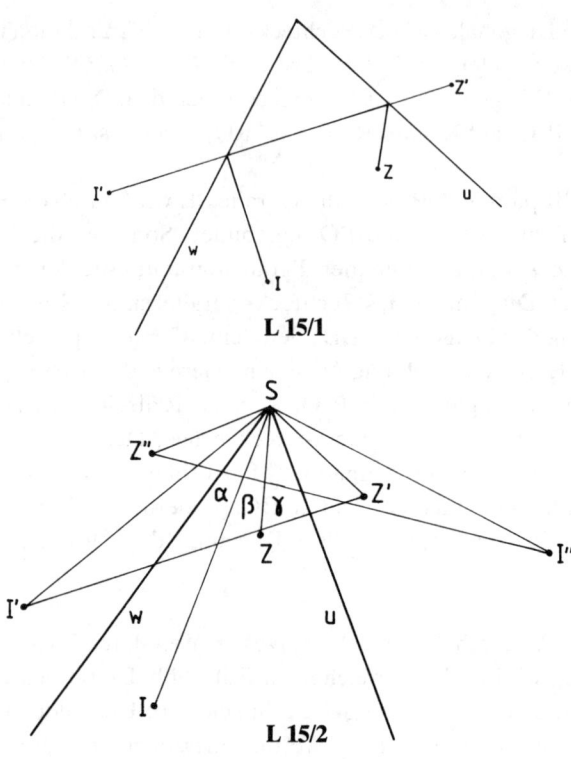

**L 15/1**

**L 15/2**

$$\sigma' = 2\alpha + \beta + 2\gamma$$
$$\sigma'' = 2\alpha + 3\beta + 2\gamma$$

Also gilt $\sigma' < \sigma''$ und $I'Z' < I''Z''$. Im angenommenen Fall ist derjenige Weg kürzer, der zuerst zum Waldrand und dann zum Seeufer führt. Befindet sich I in der anderen Seite von SZ, so ist es gerade umgekehrt. Gleichheit der Wege besteht genau dann, wenn I auf der Geraden SZ liegt.

**L16:** Diese Aufgabe ist der Sonderfall der Indianer-Aufgabe 15, bei dem der Indianer vom Zelt startet (I = Z) und auf kürzestem Weg über das Seeufer und den Waldrand dorthin zurückkehrt. Die Reihenfolge ist in diesem Fall gleichgültig (siehe Abb. L16). Wenn man die Schenkel des Winkels durch Spiegel ersetzt, so durchläuft ein von C in Richtung A laufender Lichtstrahl den in Abb. L16 gezeichneten geschlossenen Streckenzug.

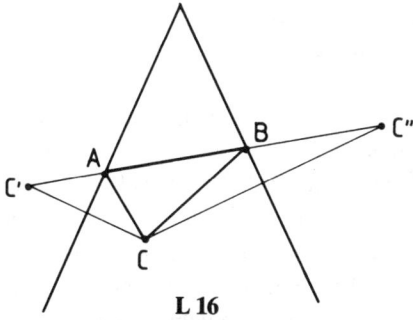

**L 16**

## Straßenbauaufgaben

**L17:** a) Länge und Richtung der Brücke liegen fest. Daher vergessen wir sie erst einmal. Denken wir uns das Land auf der Karte durch ausgeschnittene Pappstücke dargestellt und den Fluß durch den Zwischenraum in Form eines Parallelstreifens zwischen diesen Pappstücken. Dann beseitigen wir den Fluß, indem wir das untere Pappstück senkrecht zum Flußufer nach oben schieben, bis sich beide Ufer berühren. Der Punkt B liegt nun in B'. Wir ziehen die Strecke AB' und lassen den Fluß wieder erscheinen, indem wir die untere Pappe wieder in die alte Lage zurückschieben. Aus B'A sind nun 2 Strecken geworden, die von A bzw. B ausgehen und beide an einem Flußufer enden. Wir verbinden diese Endpunkte durch eine Strecke, die die Brücke darstellt. Selbstverständlich kann man die Aufgabe auch ohne Schere und Pappe zeichnerisch lösen. Man beginnt damit, B um den Verschiebungsvektor $\vec{b}$ in B' zu verschieben. Die Länge (Betrag) von $\vec{b}$ ist gleich der Breite des Flusses, seine Richtung steht auf dem Flußufer senkrecht.

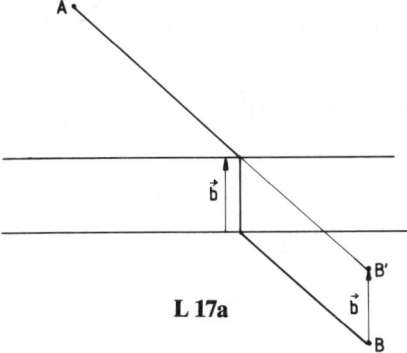

**L 17a**

b) Da zwei Flüsse zu überqueren sind, verschieben wir B um die Summe der Vektoren $\vec{a}$ und $\vec{b}$, die je senkrecht zu einem Flußufer stehen und die Breite des jeweiligen Flusses als Länge haben. Sonst läuft die Konstruktion entsprechend a). Allerdings überquert man nicht von jedem Punkt B der unteren Halbebene aus beide Flüsse. Wenn B weit links unterhalb der Mündung des Nebenflusses liegt, so führt der Weg nach A nur über den Hauptfluß, und wir haben es mit Aufgabe a) zu tun. Wir grenzen nun in der unteren Halbebene das Gebiet ab, von wo aus der kürzeste Weg über beide Flüsse geht (Gebiet I), und das Gebiet, wo man nach a) nur über den Hauptfluß nach A gelangt (Gebiet III). Dazu zeichnen wir die Grenzlagen der Brücken für beide Fälle ein: die „untersten" Brücken über beide Flüsse (DFG) und die „oberste" Brücke unterhalb der Mündung des Nebenflusses (CE).

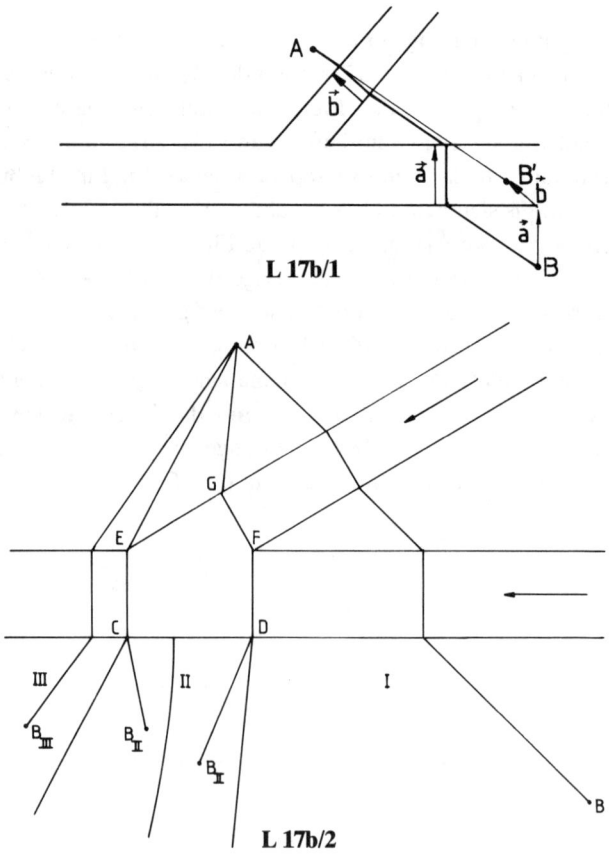

L 17b/1

L 17b/2

Wir können eindeutig bestimmte, aber in der unteren Halbebene unbe-
grenzte Wege über diese Brücken zeichnen, die die Grenzen der Gebiete I
und III bilden. Dazwischen liegt das Gebiet II, in dem unsere bisher bespro-
chenen Verfahren nicht anwendbar sind. Der kürzeste Weg von irgendeinem Punkt B dieses Gebiets muß über eine der Grenzbrücken führen, also
über CE oder DFG. Welches der kürzere Weg ist, kann man durch Abmessen entscheiden. Man kann aber auch das Gebiet II unterteilen in die zwei
Teilgebiete derjenigen Punkte, für die der kürzeste Weg über CE bzw. DFG
führt. Im Original der Zeichnung L17b/2 (hier verkleinert) beträgt der Weg
von E nach A 6,2 cm, der von F nach A 5,7 cm. Der Wegunterschied ist also
0,5 cm. Wir suchen in II Punkte, für die die Entfernung nach C 0,5 cm kleiner ist als die Entfernung nach D. Für solche Punkte ist der Weg über C
ebenso lang wie der über D nach A. Man kann die Linie aller dieser Punkte
mit einem Zirkel konstruieren und erhält einen Hyperbelbogen. Er trennt
diejenigen Punkte von II, für die der kürzeste Weg über C führt, von den
anderen.

c) Auf dem Parkplatz stehen mehrere parallele Reihen von Wagen, durch
die man nur senkrecht (zwischen 2 Autos) hindurchgehen kann. Man ver-
schiebt den Zielpunkt C senkrecht zu den Reihen um so viele Autolängen
nach vorne, wie es Reihen gibt. Zwischen den Reihen geht man stets in
Richtung AC′, wobei C′ der Bildpunkt von C ist (s. Abb. L17c).

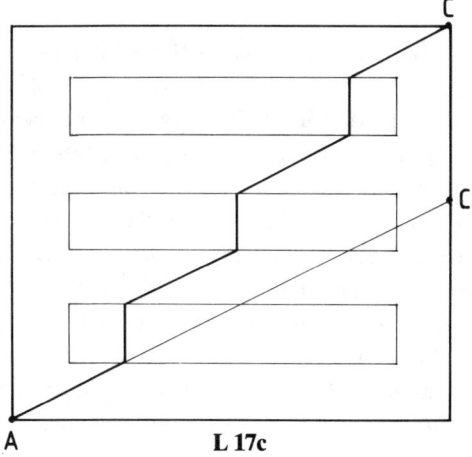

L 17c

d) Die Konstruktion des Weges entspricht der in b. Nur haben die Vektoren
$\vec{a}$ und $\vec{b}$ andere Richtungen und Längen. Man findet sie, indem man die

Amphibienfahrzeuge die Flüsse an beliebigen Stellen überqueren läßt – natürlich nur in Gedanken. Man zeichnet die Routen der Flußüberquerungen, die mit den Flußufern Winkel von 70° einschließen. Mit diesen hat man auch die Vektoren $\vec{a}$ und $\vec{b}$.

**L18:** Wählt man das Grundstück C, so ist die Wegesumme AC + BC = 2AC = 2a; falls man D wählt, beträgt sie AB + DC = c + h.
Das Grundstück C liegt günstiger, wenn 2a < c + h. Das ist äquivalent zu

$$2\sqrt{\left(\frac{c}{2}\right)^2 + h^2} < c + h \text{ und}$$

$$4h^2 < 2ch + h^2,$$

$$\frac{3}{2} < 2\frac{\frac{c}{2}}{h},$$

$$\frac{3}{4} < \tan\frac{\gamma}{2},$$

$$73{,}74° < \gamma.$$

Gilt die umgekehrte Ungleichung, liegt D günstiger, und wenn Gleichheit besteht, sind beide Grundstücke bezüglich der Lage gleichwertig.

## Kürzeste Linien auf Körpern

**L19:** a) Der Raum ist quaderförmig. Wir denken uns diesen Quader aufgeschnitten und in eine Ebene gelegt (Abb. L19a/1). Dabei haben wir wegen der Symmetrie nur eine der beiden Seitenflächen S gezeichnet. Außerdem erkennen wir in der Zeichnung die Grundfläche G und die Decke D. Das Quadrat, auf dem die Fliege F sitzt, ist entweder mit G, S oder D durch eine gemeinsame Kante verbunden, und alle 3 Möglichkeiten sind in Abb. L19a/1 dargestellt. So erscheint die Fliege an 3 verschiedenen Punkten $F_1$, $F_2$, $F_3$ der Zeichnung, während die Spinne S nur einmal abgebildet ist. Den eingetragenen Verbindungsstrecken $SF_1$, $SF_2$ und $SF_3$ entsprechen Wege der Spinne im Raum, die man sich vorstellen kann, wenn man sich den Quader wieder zusammengeklappt denkt (Abb. L19a/2). $SF_1$ führt nur über die Grundfläche, $SF_2$ über Grund- und Seitenfläche, $SF_3$ über Grund- und Seitenfläche und über die Decke. Wir berechnen die Längen dieser Wege mit dem Satz des Pythagoras, um unter diesen Wegen den kürzesten zu ermitteln:

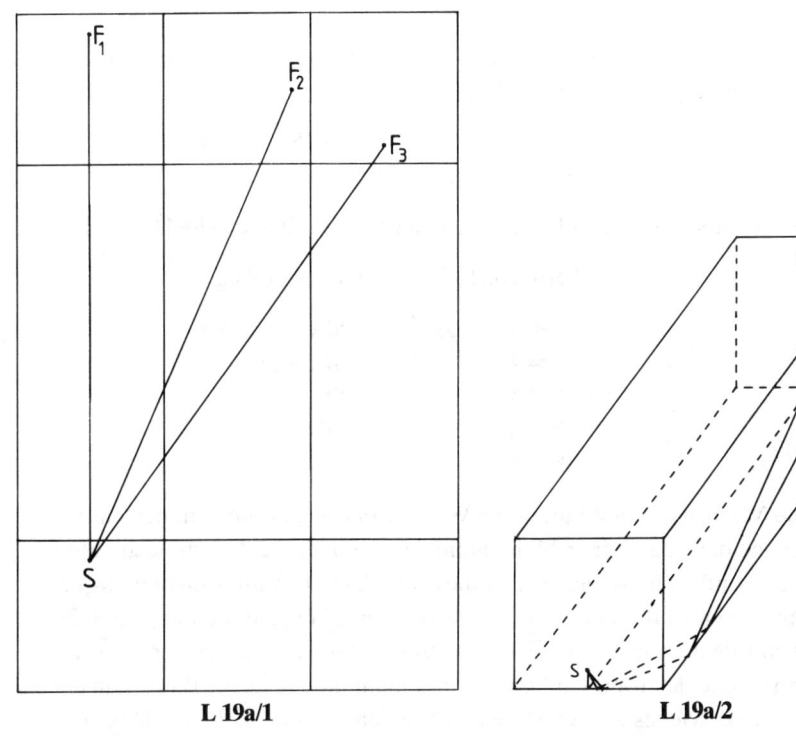

L 19a/1                                                    L 19a/2

$$SF_1 = 14\ m$$
$$SF_2 = \sqrt{12,5^2 + 5,5^2}\ m = \sqrt{186,5}\ m = 13,66\ m$$
$$SF_3 = \sqrt{11^2 + 8^2}\ m = \sqrt{185}\ m = 13,60\ m$$

Der kürzeste Weg ist also $SF_3$.

b) Wir erhalten für die Wege folgende Ausdrücke:

$$SF_1 = 14\ m$$
$$SF_2 = \sqrt{12,5^2 + (\frac{b}{2} + 3,5)^2}\ m$$
$$SF_3 = \sqrt{11^2 + (b + 4)^2}\ m$$

Wir stellen nun zwischen $SF_2$ und $SF_3$ die Ungleichungen und die Gleichung auf und lösen sie:

$$SF_2 > SF_3 \Leftrightarrow 0 < b < 4{,}14 \quad (\sqrt{51} - 3 \text{ m})$$
$$SF_2 = SF_3 \Leftrightarrow \quad\quad b = 4{,}14$$
$$SF_2 < SF_3 \Leftrightarrow \quad\quad b > 4{,}14$$

Schon eine grobe Skizze zeigt, daß für große Werte von b $SF_1$ der kürzeste Weg ist. Wir vergleichen daher $SF_1$ mit $SF_2$:

$$SF_1 = SF_2 \Leftrightarrow \quad\quad b = 5{,}61 \quad (\sqrt{159} - 7 \text{ m})$$
$$SF_1 < SF_2 \Leftrightarrow \quad\quad b > 5{,}61$$

Alle Ergebnisse zusammenfassend, geben wir eine tabellarische Übersicht:

| Werte von b | kürzester Weg |
|---|---|
| $0 \;\; < b < 4{,}14$ | $SF_3$ |
| $b = 4{,}14$ | $SF_3 = SF_2$ |
| $4{,}14 < b < 5{,}61$ | $SF_2$ |
| $b = 5{,}61$ | $SF_2 = SF_1$ |
| $b > 5{,}61$ | $SF_1$ |

c) Eine Möglichkeit, auf kürzestem Weg zur Fliege zu gelangen, besteht für die Spinne darin, auf einer Mantellinie des Zylinders senkrecht nach unten auf die Grundfläche zu laufen und diese auf dem Durchmesser zu überqueren, an dessen Endpunkt die Fliege sitzt. Dieser Weg hat die Länge h + 2r. Er ist mit dem anderen möglichen kürzesten Weg zu vergleichen, der auf der Innenseite des Topfes auf einer Schraubenlinie zur Fliege führt. Um die Länge dieses Weges zu berechnen, schneiden wir den Zylinder längs der Mantellinie auf, an dessen oberem Endpunkt die Spinne sitzt. Die Länge

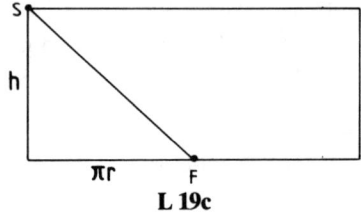

**L 19c**

dieses Weges ist $\sqrt{(\pi r)^2 + h^2}$. Der kürzere der beiden möglichen Wege ist zu wählen. Der erste Weg ist kürzer, wenn die Ungleichung

$$h + 2r < \sqrt{(\pi r)^2 + h^2}$$

erfüllt ist, d. h., wenn

$$\frac{h}{r} < \frac{\pi^2 - 4}{4} \qquad (= 1{,}467).$$

Gilt das umgekehrte Zeichen, ist der zweite Weg der kürzeste. Beide Wege sind gleich lange kürzeste Wege, wenn das Gleichheitszeichen steht.

**L20:** Denken wir uns den Faden gewichtlos und reibungsfrei auf der Kegeloberfläche gleitend und den Ring durch einen Massenpunkt ersetzt. Dann legt sich der Faden so um den Kegel, daß der Massenpunkt m möglichst tief hängt. Um diese Lage des Massenpunkts zu bestimmen, schneiden wir den Kegel längs der Mantellinie s durch m auf (Abb. L20/1) oder längs der diametral liegenden Mantellinie d (Abb. L20/2). In der ersten Abbildung müssen $m_1$ und $m_2$ auf $s_1$ bzw. $s_2$ gleich weit von der Spitze des Kegels entfernt sein. (Man kann $m_1$ und $m_2$ als „Hälften" von m auffassen.) Man kann die beiden Teile des Massenpunkts m so weit nach unten schieben, bis der Faden straff gespannt ist, d. h., bis ihr Abstand in der Abbildung gleich l ist. Legen wir in der

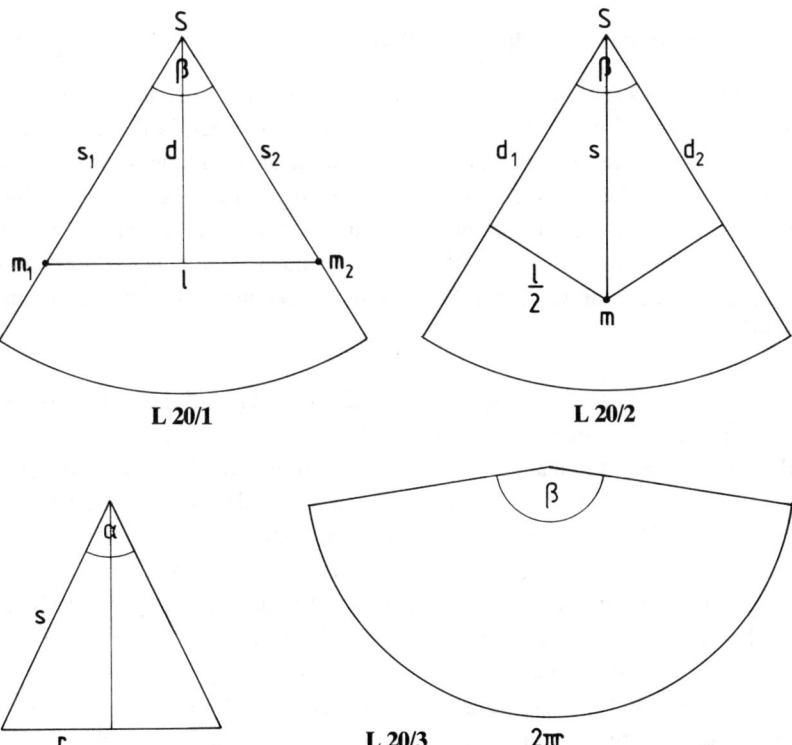

L 20/1                    L 20/2

L 20/3

zweiten Abbildung die Mantellinie s als Symmetrieachse in die Mitte des Kreissektors, dann erreicht m auf s den tiefsten Punkt, wenn der Abstand von m zu den Mantellinien $d_1$ und $d_2$ gleich $\frac{1}{2}$ ist. Man kann die Aufgabe zeichnerisch lösen, wenn der Winkel $\beta$ des Kreissektors bekannt und kleiner als 180° ist. Im allgemeinen ist aber $\beta$ nicht gegeben. Man muß diesen Winkel aus dem Öffnungswinkel $\alpha$ des Kegels berechnen. Es gilt $r = s \cdot \sin\frac{\alpha}{2}$. Man kann den Grundkreisumfang des Kegels auf 2 Arten ausdrücken: $s\beta = 2\pi r = 2\pi s \cdot \sin\frac{\alpha}{2}$, $\beta = 2\pi \sin\frac{\alpha}{2}$. Darin sind die Winkel im Bogenmaß anzugeben. Wir nehmen zunächst an: $\beta < \pi$. Daraus folgt $\sin\frac{\alpha}{2} < \frac{1}{2}$ und wegen $\alpha < \pi$: $\alpha < \frac{\pi}{3}$ ($= 60°$). Sei nun $s = s_1 = s_2$ die Länge der Strecke Sm, so entnehmen wir einer der beiden Abbildungen $\frac{1}{2\,s} = \sin\frac{\beta}{2} = \sin(\pi\sin\frac{\alpha}{2})$ und folglich $s = \dfrac{1}{2\sin(\pi\sin\alpha/2)}$.

Zu beantworten ist noch die Frage: Was geschieht, wenn $\frac{\pi}{3} \leq \alpha < \pi$, wenn also der Kegel so stumpf ist, daß wir die Konstruktion nicht mehr ausführen können. Wie in beiden Abbildungen zu sehen, muß der Faden im Gleichgewicht die Mantellinie d senkrecht schneiden. Andernfalls wirkt auf den Faden eine Kraftkomponente in Richtung d, die ihn bewegt. Diese Bedingung ist bei einem „zu stumpfen" Kegel nicht erfüllbar. In diesem Fall wirkt auf den Faden in d eine Kraftkomponente nach oben, die ihn über die Spitze des Kegels hinwegzieht. Man kann das an einem Papiermodell beobachten.

**L21:** Wir berechnen zunächst die Kraft, die der Wind auf das Boot ausübt. Die Kraft auf das Segel sei K, wenn der Wind senkrecht auf das Segel trifft, das wir als ebenes Flächenstück ansehen. Beträgt der Winkel zwischen Segel und Wind $\alpha$ ($0° < \alpha < 90°$), so bietet das Segel dem Wind nur eine kleinere Fläche. Der Verkleinerungsfaktor ist $\sin\alpha$. Dementsprechend wirkt auf das Segel nur die Kraft $K_s = K \cdot \sin\alpha$ senkrecht auf das Segel. Sie wird über den Segelbaum auf das Boot übertragen. In Richtung der Bootsachse liegt die Kraftkomponente $K_B = K_s \cdot \cos(90° - \beta) = K_s \cdot \sin\beta = K \cdot \sin\alpha \cdot \sin\beta$ ($0 < \beta < 90°$). Die zu $K_B$ senkrechte Kraftkomponente drückt das Boot zur Seite und hat nur geringen Einfluß auf die Fahrt des Bootes. Die Geschwindigkeit des Bootes v ist proportional zu $K_B$. Folglich kann man schreiben

$$v = c \cdot \sin\alpha \cdot \sin\beta$$

mit konstantem c. Uns interessiert nicht diese Geschwindigkeit des Bootes, sondern wir wollen wissen, wie schnell es in Nordrichtung vorankommt. Dazu berechnen wir die Nordkomponente $v_N$ von v: $v_N = v \cdot \cos(\alpha + \beta)$. Damit wir es bei der folgenden Rechnung nur mit der Sinusfunktion zu tun haben, schreiben wir $v_N = c \cdot \sin\alpha \cdot \sin\beta \cdot \sin(90° - \alpha - \beta)$ und setzen $\gamma = 90° - \alpha - \beta$, so daß wir eine Funktion dreier Veränderlicher zu maximieren haben, nämlich

$$v_N(\alpha, \beta, \gamma) = c \cdot \sin\alpha \cdot \sin\beta \cdot \sin\gamma \text{ mit } 0 \leq \alpha, \beta, \gamma \text{ und } \alpha + \beta + \gamma = 90°.$$

*Berechnung des Maximums von $v_N$ mit 4 Methoden:*
*1. Festhalten einer Variablen:* Wir geben einer Variablen einen konstanten Wert. Zum Beispiel setzt man $\gamma = \gamma_0$ und sucht unter dieser Bedingung das Maximum. So hat man es nur noch mit einer Funktion $v_n(\alpha, \beta, \gamma_0)$ zweier Veränderlicher zu tun. Es genügt sogar, die Funktion $\sin\alpha \cdot \sin\beta$ zu untersuchen. Dabei ist die Nebenbedingung $\alpha + \beta = 90° - \gamma_0 = \delta_0$ zu beachten.

Setzen wir $\alpha = \dfrac{\delta_0}{2} - \xi$, dann ist $\beta = \dfrac{\delta_0}{2} + \xi$, so gelangen wir zu einer Funktion einer Veränderlichen $\xi$. Durch Anwendung der Additionstheoreme für die Sinusfunktion erhalten wir

$$\sin(\frac{\delta_0}{2} - \xi) \cdot \sin(\frac{\delta_0}{2} + \xi)$$

$$= (\sin\frac{\delta_0}{2} \cdot \cos\xi - \sin\xi \cdot \cos\frac{\delta_0}{2})(\sin\frac{\delta_0}{2} \cdot \cos\xi + \sin\xi \cdot \cos\frac{\delta_0}{2})$$

$$= \sin^2\frac{\delta_0}{2} \cdot \cos^2\xi - \sin^2\xi \cdot \cos^2\frac{\delta_0}{2}.$$

Nun gilt die Ungleichung

$$\sin^2\frac{\delta_0}{2}\cos^2\xi - \sin^2\xi \cdot \cos^2\frac{\delta_0}{2} \leq \sin^2\frac{\delta_0}{2}\cos^2\xi.$$

Gleichheit gilt genau dann, wenn $\xi = 0$. Außerdem nimmt in diesem Fall die rechte Seite ihren größten Wert an. So hat auch unsere Funktion für $\xi = 0$ ihr Maximum, d. h. für $\alpha = \beta = \dfrac{\delta_0}{2}$. Da $v_N$ symmetrisch in $\alpha$, $\beta$ und $\gamma$ ist, kann man dieselbe Überlegung für konstantes $\beta = \beta_0$ anstellen und behaupten, daß man das Maximum für $\alpha = \gamma$ erhält. Daraus schließt man:

$v_N$ nimmt seinen größten Wert an, wenn alle 3 Variablen gleich sind, wenn also $\alpha = \beta = \gamma = 30°$ ist.

2. *Variante von 1 mit anderer trigonometrischer Berechnung:* Wieder setzen wir $\gamma = \gamma_0$ konstant und $\alpha + \beta = \delta_0$, wenden aber eine andere trigonometrische Formel an:

$$\sin\alpha \cdot \sin\beta = \frac{1}{2} \cdot [\cos(\alpha - \beta) - \cos(\alpha + \beta)] = \frac{1}{2} \cdot [\cos(\alpha - \beta) - \cos\delta_0]$$

mit $- 90° < \alpha - \beta < 90°$. Es kommt also nur darauf an, $\cos(\alpha - \beta)$ möglichst groß zu machen. Das erreicht man, wenn $\alpha = \beta$. Wie oben schließt man weiter: $v_N$ nimmt seinen größten Wert an für $\alpha = \beta = \gamma = 30°$.

3. *Mittels der arithmetisch-geometrischen Ungleichung und der Konkavität der Sinusfunktion im Intervall* $]0°; 90°[$: Wir setzen wieder $\gamma = \gamma_0$, so daß $\alpha + \beta = \delta_0 = 90° - \gamma_0$ ist. Dann ist das Maximum von $\sin\alpha \cdot \sin\beta$ zu berechnen. Im offenen Intervall $]0°; 90°[$ ist die Sinusfunktion positiv. Daher gilt $\sqrt{\sin\alpha \sin\beta} \leq \dfrac{\sin\alpha + \sin\beta}{2}$ (arithmetisch-geometrische Un-

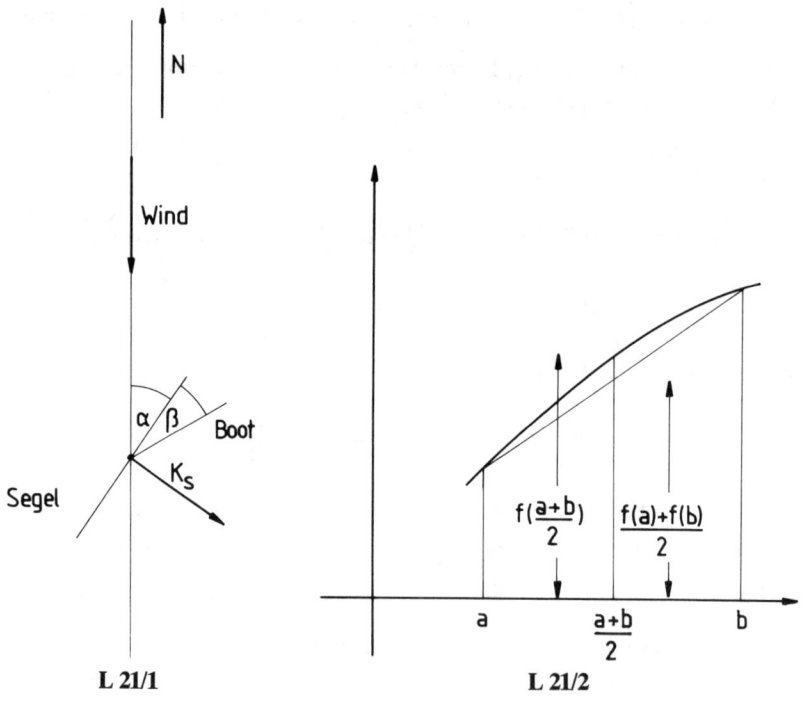

L 21/1                                    L 21/2

gleichung, M4) für jedes zulässige Paar α, β. Gleichheit gilt genau dann, wenn sinα = sinβ, also wenn α = β, denn beide Winkel liegen in $]0°; \delta_0[$, und in diesem Intervall ist die Sinusfunktion streng monoton wachsend. Sie ist hier auch konkav nach unten (M14). Die Abb. L21/2 zeigt, daß daher die Ungleichung

$$\frac{\sin\alpha + \sin\beta}{2} \leq \sin\frac{\alpha + \beta}{2}$$

gilt. Ist nämlich α verschieden von β, so liegt der Punkt $\left(\dfrac{\alpha + \beta}{2}, \dfrac{\sin\alpha + \sin\beta}{2}\right)$

unterhalb von $\left(\dfrac{\alpha + \beta}{2}, \sin\dfrac{\alpha + \beta}{2}\right)$. Genau für α = β gilt die Gleichheit.[7]

Insgesamt erhalten wir die Ungleichung

$$\sqrt{\sin\alpha \cdot \sin\beta} \leq \sin\delta_0.$$

Gleichheit besteht genau für α = β, und da die rechte Seite konstant ist, nimmt in diesem Fall die linke Seite ihren größten Wert an. Wie oben schließen wir weiter, daß $v_N$ sein Maximum hat, wenn α = β = γ = 30°.

*4. Mittels der Jensenschen Ungleichung:* In 3. haben wir die Ungleichung

$$\frac{\sin\alpha + \sin\beta}{2} \leqq \sin\frac{\alpha + \beta}{2}$$

mit der Gleichheitsbedingung α = β für α, β aus $]0°, 90°[$ hergeleitet. Das ist die Voraussetzung des Jensenschen Satzes (M5, hier mit Kleinerzeichen). Nach der arithmetisch-geometrischen Ungleichung gilt

$$\sqrt[3]{\sin\alpha \; \sin\beta \; \sin\gamma} \leqq \frac{\sin\alpha + \sin\beta + \sin\gamma}{3}$$

und nach der Jensenschen Ungleichung

$$\frac{\sin\alpha + \sin\beta + \sin\gamma}{3} \leqq \sin\frac{\alpha + \beta + \gamma}{3},$$

---

[7] Das Ergebnis folgt auch aus der Formel

$$\sin\alpha + \sin\beta = 2\sin\frac{\alpha + \beta}{2} \cos\frac{\alpha - \beta}{2},$$

denn im Intervall $]-90°, 90°[$ liegen die Werte der Kosinusfunktion zwischen 0 und 1.

insgesamt also

$$\sqrt[3]{\sin\alpha\ \sin\beta\ \sin\gamma} \leqq \sin\frac{\alpha + \beta + \gamma}{3}.$$

Gleichheit besteht genau für $\alpha = \beta = \gamma$. Wegen $\alpha + \beta + \gamma = 90°$ hat die rechte Seite den Wert $\sin 30°$, und somit hat die linke Seite ihren größten Wert, wenn $\alpha = \beta = \gamma$, d. h., wenn $\alpha = \beta = \gamma = 30°$.

*Vergleich der Geschwindigkeiten:* Die größte Geschwindigkeit erreicht das Segelboot bei dem herrschenden Nordwind, wenn es genau nach Süden fährt und die Segel senkrecht zur Windrichtung stehen. Dann ist die Geschwindigkeit $v_S = c$. In Nordrichtung ist die durch Kreuzen erreichbare maximale Geschwindigkeit

$$v_N = c \cdot \sin^3 30° = \frac{1}{8} \cdot v_s.$$

Dabei hat das Boot die Geschwindigkeit $v_B = \frac{1}{4}c = \frac{1}{4}v_s$. Es fährt also

doppelt so schnell, wie es in Nordrichtung vorankommt. Beispiel: Ein Segler gelangt bei Nordwind in einer Viertelstunde von Nordstrand zur südlich gelegenen Südinsel. Für den Rückweg muß er mit 2 Stunden rechnen.

**L22:** Wir berechnen zunächst d(2) und d(3). In der Entfernung $\frac{1}{3}$ vom Start-

punkt S legen wir das Depot D an, wo wir die Menge $\frac{1}{3}$ zurücklassen und

wenden. In S angekommen, ist der Tank leer. Wir nehmen die zweite Füllung

auf und fahren wieder nach D. Dort haben wir noch $\frac{2}{3}$ im Tank. Mit dem in

D gelagerten $\frac{1}{3}$ können wir den Tank auffüllen und die Strecke 1 weiterfah-

ren. Auf diese Weise kommen wir bis $1\frac{1}{3}$. Wir werden später zeigen, daß man

auf keine andere Weise weiter kommen kann. Es gilt also $d(2) = 1\frac{1}{3} = 1 + \frac{1}{3}$.

Steht die Treibstoffmenge f = 3 zur Verfügung, legen wir das erste Depot D

in der Entfernung $\frac{1}{5}$ vom Startpunkt S an, wo wir $\frac{3}{5}$ deponieren können.

(Hinfahrt + Depot + Rückfahrt = $\frac{1}{5} + \frac{3}{5} + \frac{1}{5}$ = 1). Das können wir wie-

derholen. Dann nehmen wir am Startpunkt S die letzte Füllung auf und

fahren zum Depot D, wo $2 \cdot \frac{3}{5} = \frac{6}{5}$ gelagert sind. $\frac{4}{5}$ befinden sich noch im

Tank. Insgesamt haben wir nun in D die Benzinmenge 2 zur Verfügung, mit

der wir die Strecke $1\frac{1}{3}$ zurücklegen. So erreichen wir d(3) = $1 + \frac{1}{3} + \frac{1}{5}$. Die

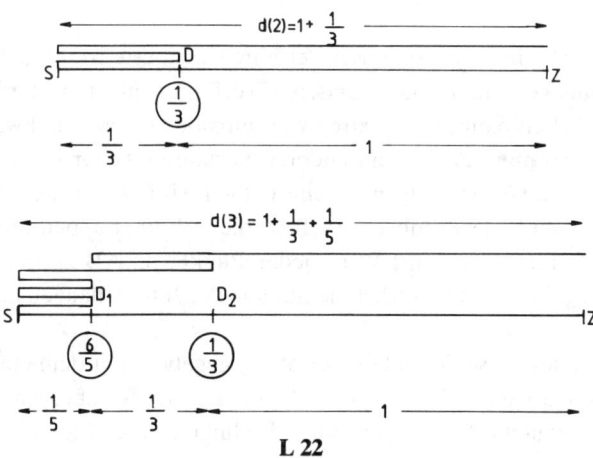

**L 22**

Vermutung d(f) = $1 + \frac{1}{3} + \frac{1}{5} + \ldots + \frac{1}{2f-1}$ beweisen wir durch vollstän-

dige Induktion. d(1) = 1 erfüllt obige Formel. Wir nehmen ihre Gültigkeit

für f an und beweisen sie für f + 1. Das erste Depot D legen wir in der Ent-

fernung $\frac{1}{2f+1}$ von S an. Bei einer Fahrt von S nach D und zurück verbrauchen

wir $\frac{2}{2f+1}$ und können wir in D $1 - \frac{2}{2f+1} = \frac{2f-1}{2f+1}$ deponieren, also bei f

Fahrten $f \cdot \frac{2f-1}{2f+1}$. Danach stehen wir am Startpunkt S, nehmen die letzte

Füllung auf und fahren nach D. Dort kommen wir mit $1 - \frac{1}{2f+1} = \frac{2f}{2f+1}$ im

Tank an. Zusammen mit dem deponierten Treibstoff stehen uns für die

Weiterfahrt $\frac{2f}{2f+1} + f \cdot \frac{2f-1}{2f+1} = f$ zur Verfügung, so daß wir nach Induktionsvoraussetzung von D aus die Strecke d(f) weiter kommen. Insgesamt schaffen wir die Strecke

$$d(f + 1) = d(f) + \frac{1}{2f + 1} = 1 + \frac{1}{3} + \frac{1}{5} + \ldots + \frac{1}{2f - 1} + \frac{1}{2f + 1}.$$

Die unendliche Reihe $1 + \frac{1}{3} + \frac{1}{5} + \ldots + \frac{1}{2f - 1} + \ldots$ divergiert. Das bedeutet, daß man mit dem geschilderten Verfahren jede beliebige Distanz überwinden kann, wenn nur am Startpunkt genügend Treibstoff zur Verfügung steht.

Hier stellt sich die Frage, ob unser Verfahren das beste ist, ob man mit der Treibstoffmenge f und einem anderen Verfahren nicht weiter kommen kann. Wir haben damit eine Extremwertaufgabe vor uns, und wir werden beweisen, daß man mit keinem anderen Verfahren weiter kommen kann. Dazu brauchen wir den folgenden einsichtigen Hilfssatz: Eine Strecke AB der Länge r sei bedeckt mit Intervallen, die sich überlappen dürfen. (Sie dürfen auch identisch sein.) Wenn jeder Punkt von AB zu mindestens s Intervallen gehört, dann beträgt die Summe der Intervallängen mindestens r · s.

Wir nehmen an, es sei irgendein Verfahren gegeben, mit dem ein Jeep mit der gegebenen Treibstoffmenge f (f $\in$ N) die Distanz SZ überwindet, wobei die in der Aufgabenstellung genannten Bedingungen und Regeln a bis e erfüllt sind. $X_k$ sei derjenige Punkt von SZ, von dem aus man den Zielpunkt Z genau mit der Benzinmenge k erreicht (k = 1, ..., f). Somit gilt $X_o$ = Z, $X_f$ = S. Es sei P ein Punkt der Strecke $X_{k+1}X_k$ und P $\neq$ $X_k$. Da mindestens die Benzinmenge k nach $X_k$ gebracht werden muß, überfährt der Jeep den Punkt P mindestens k + 1mal von links nach rechts. (Beachte: Auch für die Fahrt von P nach $X_k$ verbraucht er Treibstoff.) Mindestens kmal überfährt der Jeep P in umgekehrter Richtung bei den Rückfahrten. Betrachten wir jeden Weg einer Einzelfahrt als Intervall, so liegt jeder Punkt der Strecke $X_{k+1}X_k$ ohne $X_k$ in mindestens 2k + 1 Intervallen, und der Jeep hat mindestens den Weg (2k + 1) $(X_{k+1}X_k)$ zurückgelegt. Der Weg zwischen $X_{k+1}$ und $X_k$ erfordert aber (nach Definition) gerade die Treibstoffmenge 1. So erhalten wir die Ungleichung (2k + 1) · $X_{k+1}X_k$ $\leq$ 1 und folglich $X_{k+1}X_k$ $\leq$ $\frac{1}{2k + 1}$.

Am weitesten kommt man, wenn für alle k Gleichheit gilt, d. h., wenn alle Strecken $X_{k+1}X_k$ die größtmögliche Länge haben. Das ist bei unserem Verfahren erfüllt.

# Das Niveaulinienprinzip

**L23:** a) Der höchste Punkt des Weges ist da, wo die Höhenlinie 275 den Weg berührt.

b) Der niedrigste Druck an der Küste k herrscht da, wo die Linie konstanten Drucks (Isobare) 720 mm Hg die Küstenlinie k berührt. Entsprechend findet man im Hoch den Küstenpunkt höchsten Drucks 760 mm Hg.

c) Wo auf der gegebenen Linie ein (relatives) Maximum oder Minimum liegt, berührt sie eine Niveaulinie. Zum Aufsuchen der Maxima und Minima auf der gegebenen Linie brauchen wir die Umkehrung dieser Aussage. Diese gilt aber nur eingeschränkt, wie die Abb. L23 zeigt. Im Punkt P

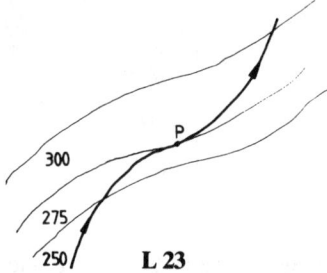

berührt die Höhenlinie 275 den Weg durchsetzend. Hier ist die Steigung 0, während es an allen anderen Stellen bergauf geht, wenn man den Weg wie eingezeichnet durchläuft.

**L24:** a) In Abb. L24a ist die Niveaulinie 1 eingezeichnet. Alle Punkte auf dieser aus 4 Teilen bestehenden Linie bringen den Gewinn 1. Alle anderen Niveaulinien erhält man durch zentrische Streckung dieser Niveaulinie mit dem Koordinatenursprung als Zentrum. Um für das eingezeichnete Gebiet G den Punkt mit dem höchsten Gewinn einzutragen, strecken wir die Niveaulinie 1 so weit, daß sie mit G gerade noch einen Punkt P gemeinsam hat. P bringt den maximalen Gewinn.

Mache dir klar: Das Gebiet G kann so liegen, daß

 (i) die Niveaulinie den Rand des Gebietes nicht gerade mit dem Eckpunkt berührt wie in unserem Beispiel,

(ii) daß es mehrere Lösungen gibt.

Bei einer anderen Gewinnfunktion kann der Lösungspunkt im Inneren von G liegen.

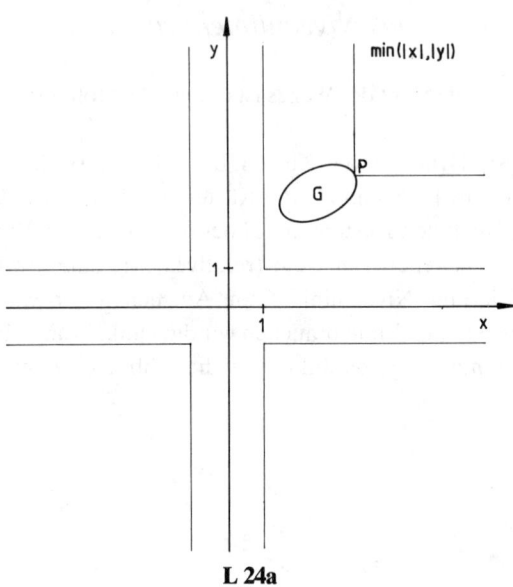

**L 24a**

b) Die Abb. L24b/1–5 zeigen jeweils die Niveaulinie 1 und für ein Gebiet G
den Punkt P mit höchstem Gewinn und die Niveaulinie durch diesen Punkt.
Pfeile zeigen die Richtung wachsenden Niveaus. Man erhält aus der Niveaulinie 1 alle anderen Niveaulinien durch Streckungen, Parallelverschiebungen bzw. Drehungen.

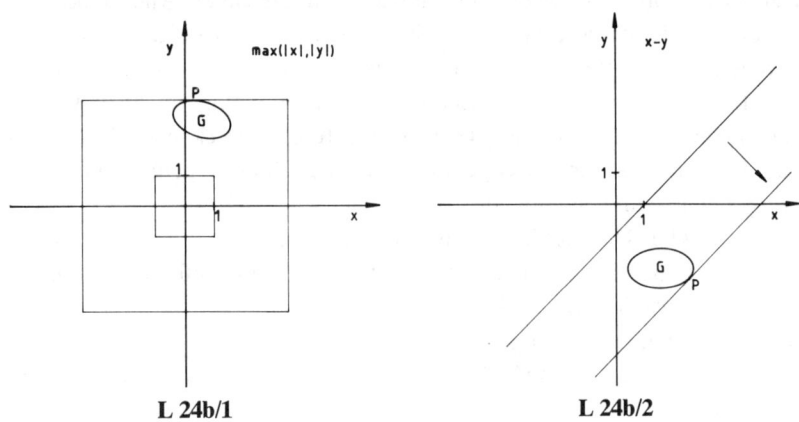

**L 24b/1**                                    **L 24b/2**

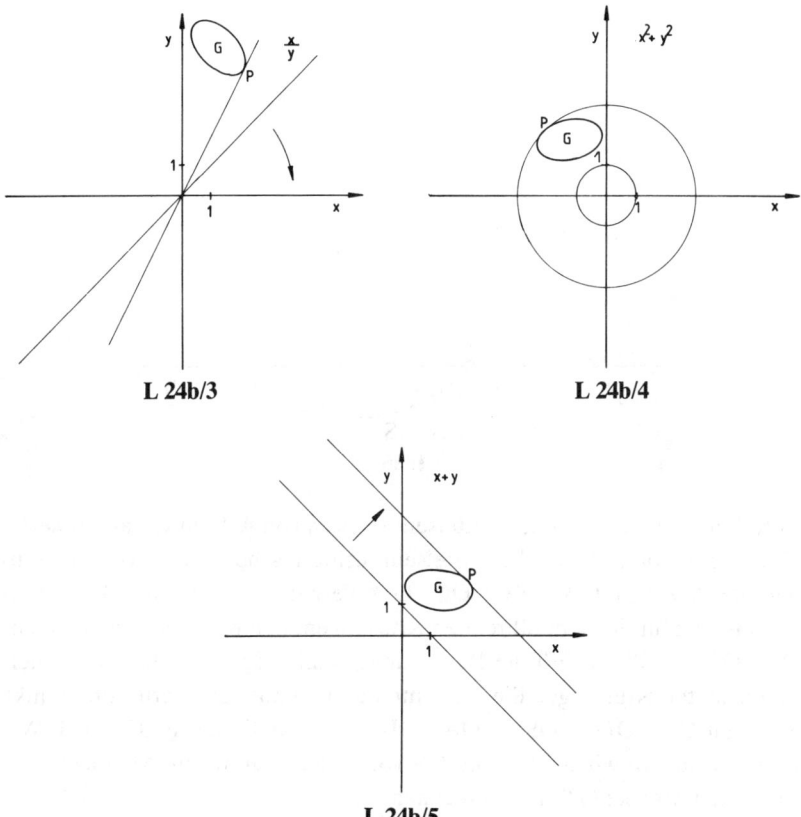

**L 24b/3**               **L 24b/4**

**L 24b/5**

**L25:** In diesem Fall sind Niveaulinien diejenigen Punktmengen, von denen aus die Strecke AB unter gleichen Sehwinkeln erscheint. Es sind also die Kreisbögen, die AB zur Sehne haben. (Außerdem sind die Gerade AB ohne die Strecke AB sowie die Strecke AB ohne die Endpunkte Niveaulinien; M9a). Gesucht ist daher ein Kreisbogen, der AB zur Sehne hat und dessen Umfangswinkel möglichst groß ist, der also die Gerade g berührt. Abgesehen vom trivialen Sonderfall AB ∥ g erfüllen zwei Kreisbögen diese Bedingung. Steht AB senkrecht auf g, sind beide g berührenden Kreisbögen Lösungen. Andernfalls ist derjenige mit dem kleineren Radius (und dem größeren Sehwinkel) der gesuchte. Wie erhalten wir diesen Kreisbogen? Wir konstruieren auf der „richtigen" Seite von AB einen Kreisbogen, der AB zur Sehne hat und g in zwei Punkten C und D schneidet (Abb. L25). Sein

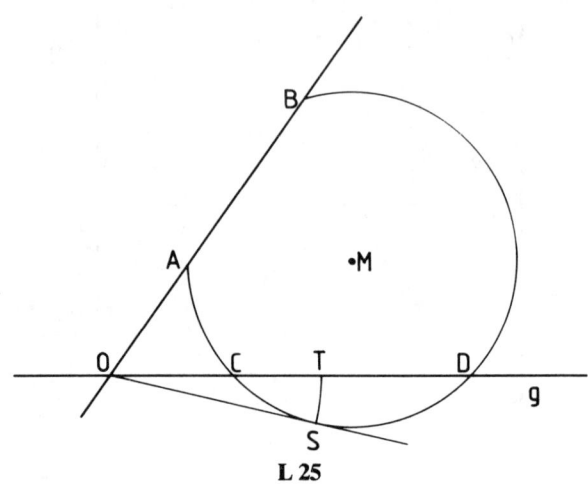

**L 25**

Mittelpunkt M liegt auf der Mittelsenkrechten von AB, und zwar auf derjenigen Seite von AB, wo die Mittelsenkrechte g schneidet. Nach dem Sehnensatz (M9b) gilt OA · OB = OC · OD. Ferner gilt nach dem Sehnen-Tangenten-Satz für den g berührenden Kreisbogen, den wir noch nicht kennen, OA · OB = OT², worin T der Berührungspunkt auf g ist. Ziehen wir an den gezeichneten Kreisbogen die Tangente durch O mit dem Berührungspunkt S, so gilt OC · OD = OS² = OA · OB = OT² und folglich OS = OT. Wir finden T, indem wir die Strecke OS von O auf g abtragen. Man kann die Länge der Strecke OT auch berechnen:

$$b\,(a + b) = x^2 = OT^2 \ (a = AB, b = OA, \text{Sehnen-Tangenten-Satz}).$$

Die Formel von Regiomontanus (G(25)) gilt also nicht nur für den Sonderfall, daß AB senkrecht auf g steht, sondern allgemein.

**L26:** a) Niveaulinien sind die Punktmengen, deren Elemente gleichen Abstand von P haben, also die Kreise um P. Die berührende Niveaulinie bestimmt mit dem Berührungspunkt B den Punkt minimalen Abstands von P auf g.

b) Im Fall der Absolutbetragsmetrik sind die quadratförmigen Absolutbetragskreise um P Niveaulinien (M8). Die berührende Niveaulinie hat mit der Geraden g eine Quadratseite gemeinsam, wenn der Betrag der Steigung 1 ist. Alle Punkte dieser Seite sind gleich weit von P entfernte und zu P nächstgelegene Punkte von g. Andernfalls berührt der Absolutbetragskreis

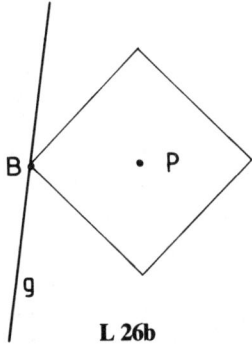

**L 26b**

die Gerade in einem Eckpunkt B, der nächstgelegener Punkt von g ist (Abb. L26b).

**L27:** a) Alle Punkte einer Niveaulinie haben dieselbe Abstandssumme zu A und B. Wir nehmen daher einen Faden, dessen Länge gleich der Abstandssumme der zu konstruierenden Niveaulinie ist, und befestigen die Enden in A und B. Wir spannen den Faden mit einem Bleistift, der dann einen Punkt der Niveaulinie markiert. Fährt man mit dem vom gespannten Faden geführten Bleistift alle möglichen Punkte ab, so konstruiert man mittels der sog. Gärtnerkonstruktion eine Ellipse mit den Brennpunkten A und B. Solche Ellipsen sind Niveaulinien. Die die Gerade g berührende Niveaulinie bestimmen wir durch Probieren, indem wir versuchen, dem Faden die richtige Länge zu geben. Der Berührungspunkt P hat die minimale Abstandssumme zu A und

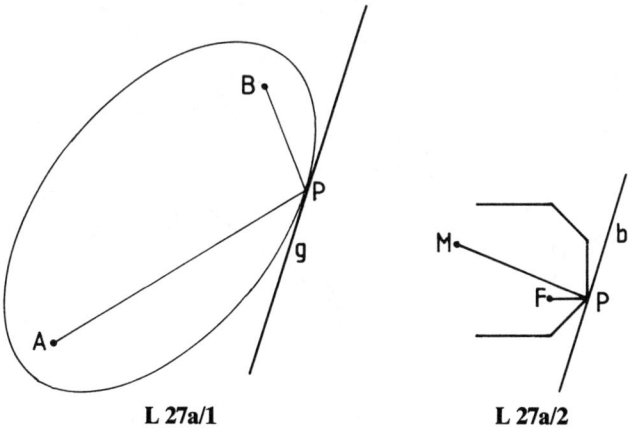

**L 27a/1**          **L 27a/2**

B (Abb. L27a/1). In M13i(iii) zeigen wir, daß hier das Lot auf g den Winkel APB halbiert. Für die Absolutbetragsmetrik sind entsprechend Absolut-betragsellipsen mit den Brennpunkten A und B Niveaulinien. Wie in L26b können alle Punkte einer Strecke Berührungspunkte sein (Abb. L27a/2).

b) Wir bestimmen mittels Gärtnerkonstruktion durch Probieren die beiden den Kreis berührenden Ellipsen mit den Brennpunkten A und B (Niveau-linien). Eine der beiden Ellipsen umfaßt den Kreis. Die andere berührt den Kreis im Min-As-Punkt, wo das Strandbad hinkommt (Abb. L27b).

c) FC soll die Länge r haben. F liegt also im Inneren des Dreiecks und auf dem Kreis mit dem Radius r um C. Wir fragen: Wo befindet sich auf diesem Kreis der Punkt F, für den die Abstandssumme FA + FB ein Minimum ist. (Wir sind also von einem Problem mit 3 Veränderlichen zu einem mit 2 Ver-änderlichen übergegangen.) Wie man sieht, haben wir das Problem A27a vor uns. Wir bestimmen den Min-As-Punkt F ebenso wie in A27a mittels der berührenden Niveaulinie (Ellipse mit den Brennpunkten A und B). Die gemeinsame Tangente t von Kreis und Ellipse steht auf FC senkrecht. Da alle auf t gelegenen Punkte mit Ausnahme von F außerhalb der Ellipse lie-gen, ist F nicht nur auf dem Kreis, sondern auch auf t Min-As-Punkt. Daher bildet die Tangente t mit AF und BF gleich große Winkel (siehe M13i(i)). Somit sind die Winkel AFC und BFC gleich groß. Nun kann man etwa FA einen bestimmten Wert s geben. Die entsprechende Überlegung führt zum Ergebnis: Die Winkel AFC und AFB sind gleich groß. Falls es einen Punkt

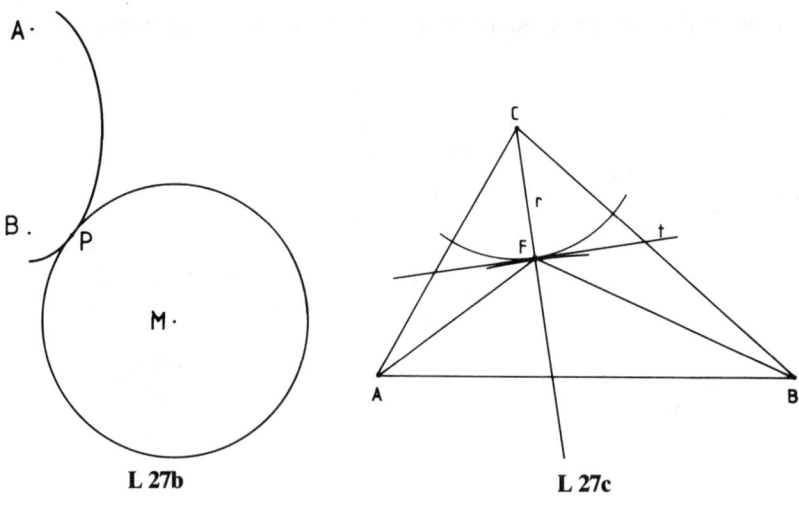

L 27b                    L 27c

minimaler Abstandssumme zu A, B und C gibt, dann müssen alle Winkel bei F gleich groß sein und 120° betragen. Einen solchen Punkt F gibt es nur dann, wenn die Innenwinkel des gegebenen Dreiecks kleiner als 120° sind, und er ist eindeutig bestimmt (Lösung des *Fermat*-Problems durch J. Steiner).

**L28:** *Lösung mittels Niveaulinienprinzips:* Wir untersuchen zunächst, welche Lagen das Gewicht bei gespanntem Faden überhaupt einnehmen kann. Wir bewegen das Gewicht in der zur Erdoberfläche senkrechten Ebene durch A und B durch alle diese Lagen. Es durchläuft dann eine Ellipse mit den Brennpunkten A und B. Überlassen wir das Seil mit Gewicht sich selbst, so gleitet G auf dieser Ellipse in die tiefste mögliche Lage (M(13a)). Niveaulinien sind hier die horizontalen Geraden in der Ellipsenebene. Der tiefste Punkt der Ellipse befindet sich da, wo sie eine Niveaulinie berührt, und im Berührungspunkt liegt im Gleichgewicht das Gewicht G. Wir wollen diese Gleichgewichtslage noch auf andere Weise charakterisieren, um sie auch berechnen zu können. Experimente zeigen, daß im Gleichgewicht stets der *Winkel,* den das Seil bildet (Scheitelpunkt G), von der Senkrechten zur Erdoberfläche durch G *halbiert* wird (Abb. A28). Für diese Tatsache bringen wir im folgenden 4 Beweise:

(i) *Beweis mit Hilfe der berührenden Niveaulinie:* Die berührende Niveaulinie ist eine horizontale Tangente an die oben beschriebene Ellipse mit den Brennpunkten A und B. Die Normale in G steht senkrecht auf der Tangente und damit auf der Erdoberfläche und halbiert den Winkel AGB (nach M13i(iii)).

(ii) *Beweis mit Hilfe der Seilkräfte:* In einem gespannten Seil wirken in jedem Punkt 2 gleich große Kräfte in den beiden Richtungen, in die das Seil von diesem Punkt aus läuft. Im Gleichgewicht ist die Summe der Kräfte $\vec{G}$ und der im Seil wirkenden gleich großen Kräfte $\vec{a}$ und $\vec{b}$ gleich Null, d. h., es gilt $\vec{a} + \vec{b} + \vec{G} = \vec{0}$. Wie Abb. L28/1 zeigt, bilden die Vektoren $\vec{a}$ und $\vec{b}$ die Seiten, $-\vec{G}$ die Diagonale einer Raute. Daher halbiert die Diagonale $-\vec{G}$ den Winkel zwischen $\vec{a}$ und $\vec{b}$, und sie steht senkrecht auf der Erdoberfläche, da $\vec{G}$ Gewichtskraft ist.

(iii) *Beweis mit Hilfe des Min-As-Punkts auf der berührenden Niveaulinie g zu A und B:* Da Gleichgewicht herrscht, ist g die tiefste Gerade, die G erreichen kann. P sei der nach A13a eindeutig bestimmte Min-As-Punkt auf der Geraden g zu A und B. Wir nehmen an, es sei P ≠ G. Dann gilt AP + BP < AG + BG (= 1). Wenn wir G horizontal in den Punkt P verschieben, ist das Seil nicht mehr gespannt, und wenn ich da G loslasse, fällt es auf eine

Niveaulinie unterhalb g. Das ist ein Widerspruch zur Voraussetzung, daß g die tiefste für G erreichbare Niveaulinie ist. Also ist G der Min-As-Punkt auf g, und nach M13i(iii) steht hier die Winkelhalbierende von AGB auf g senkrecht. Sie steht damit auch senkrecht auf der Erdoberfläche.

(iv) *Beweis mittels Seilverkürzung:* Jeder weiß, wie das Seil aussieht, wenn A und B auf gleicher Höhe liegen: Das Dreieck AGB ist dann gleichschenklig, und die Winkelhalbierende von AGB ist eine Senkrechte zur Erdoberfläche. Liegen A und B nicht auf einer Horizontalen, liegt z. B. der Punkt B höher als A, so bestimmen wir auf GB den Punkt B', der in gleicher Höhe wie A liegt. Wir trennen das Seil in B' durch und halten den Punkt B' fest, d. h., wir lassen in B' diejenige Kraft auf das Seil wirken, die zuvor das Seilstück B'B ausübte. Diese Veränderung ist möglich, ohne daß

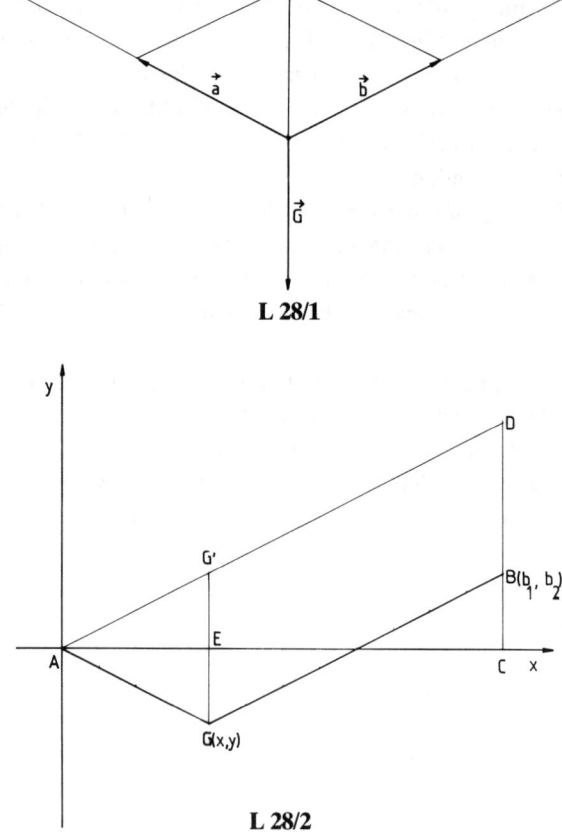

L 28/1

L 28/2

ein Punkt des Seilstücks AGB' verrückt wird. An der Form und den Kräften des Seilstücks AGB hat sich nichts geändert, und das verkürzte Seil hat die eingangs beschriebenen Eigenschaften. Die Winkelhalbierende von AGB' steht auf der Erdoberfläche senkrecht, sie ist identisch mit der Winkelhalbierenden von AGB.

(v) *Berechnung der Lage von G:* Wir legen in die durch A, B und G bestimmte Ebene ein kartesisches Koordinatensystem mit dem Ursprung A, horizontaler x-Achse und senkrecht zur Erdoberfläche verlaufender y-Achse. Es sei B = $(b_1, b_2)$ mit $b_1 > 0$ und G = $(x, y)$. Zu berechnen sind x und y. Die Seillänge bezeichnen wir mit l, und wir setzen voraus $l > \sqrt{b_1^2 + b_2^2}$, damit das Seil überhaupt A und B verbinden kann bzw. damit es nicht schon ohne Gewicht gespannt ist. In jedem Fall gilt $y < 0$.

Zunächst ergänzen wir die Figur (Abb. L28/2), indem wir die Parallele zu GB durch A ziehen. Sie schneidet die Gerade CB in D. Auf AD liegt das Spiegelbild G' von G bei der Geradenspiegelung an der x-Achse. G' teilt AD in 2 Teilstrecken der Länge AG (= AG') und GB (= G'D). Daher ist AD gleich lang wie das Seil (= l). (Hier haben wir den Satz über die Winkelhalbierende angewendet.) Wegen CD = CB + BD = $b_2 - 2y$ gilt nach dem Satz des Pythagoras die Gleichung $(-2y + b_2)^2 + b_1^2 = l^2$, aus der wir y berechnen:

$$y = \frac{1}{2}(b_2 - \sqrt{l^2 - b_1^2}).$$

(Mit der Ungleichung für l kann man bestätigen, daß $y < 0$.) Zur Berechnung von x verwenden wir die Ähnlichkeit der Dreiecke AEG' und ACD:

$$\frac{x}{-y} = \frac{b_1}{-2y + b_2}.$$

Auflösung dieser Gleichung nach x und Einsetzen des Ausdrucks für y ergibt:

$$x = \frac{1}{2}b_1\left(1 - \frac{b_2}{\sqrt{l^2 - b_1^2}}\right).$$

Zur Probe kann man in den Ausdrücken für x und y $b_2$ gleich 0 setzen.

# LII FLÄCHENINHALT UND UMFANG

## *Das isoperimetrische Problem für Rechtecke*

**L29:** Das Maximum des Umfangs erhält man, wenn man die n Quadrate in eine Reihe hintereinander legt, und es gilt $\bar{U}(n) = 2n + 2 = 2 \cdot (n + 1)$. $\underline{U}(n)$ bildet man für eine Quadratzahl $n = m^2$, indem man ein Quadrat legt. Dann ist $\underline{U}(n) = 4\sqrt{n}$. Für die auf $m^2$ folgenden Zahlen müssen wir an das Quadrat eine Reihe anbauen, um das Minimum des Umfangs zu erreichen. Für die Anzahlen $n = m^2 + 1$ bis $n = m^2 + m$ erhalten wir $\underline{U}(n) = 4m + 2 = 4[\sqrt{n}] + 2$ und für die Anzahlen $n = m^2 + m + 1$ bis $m^2 + 2m + 1$ ($= (m + 1)^2$) $4m + 4 = 4[\sqrt{n}] + 4$.[8]

**L30:** a) In Abb. A30a/1 vergleichen wir das Quadrat ABCD und das Rechteck AEFG. Das Quadrat hat den Umfang 4a. Die Seiten des Rechtecks betragen $AE = FG = a + x$ und $AG = EF = a - x$. Also hat auch das Rechteck den Umfang 4a.

Wir zerlegen das Quadrat in die Rechtecke ABHG und GHCD und das Rechteck in die Rechtecke ABHG und BEFH. Man sieht unmittelbar, daß BEFH < GHCD. Beide Rechtecke haben nämlich eine Seite der Länge x, und es ist BH < GH. Also hat das Quadrat den größeren Flächeninhalt. Jedes zum Quadrat umfangsgleiche Rechteck können wir entsprechend legen wie AEFG. Die Strecke x kann Werte zwischen 0 und a annehmen ($0 < x < a$). Damit ist Satz I geometrisch bewiesen.

In Abb. A30a/2 ist außer dem zum Quadrat ABCD umfangsgleichen Rechteck AEFG noch das zu ihm flächengleiche Rechteck AKLG gezeichnet. Da der Flächeninhalt von AEFG – wie wir oben sahen – kleiner als der des Quadrats ist, muß AK > AE gelten. Folglich ist der Umfang von AKLG größer als der des Quadrats ABCD. Da wir zu jedem dem Quadrat ABCD flächengleichen Rechteck AKLG das zum Quadrat umfangsgleiche Rechteck mit einer Seite AG konstruieren und wir beide Rechtecke in die Lage der Abb. A30a/2 bringen können, ist damit Satz II allgemein bewiesen.

---

[8] $[\sqrt{n}]$ ist diejenige ganze Zahl, die kleiner oder gleich $\sqrt{n}$ ist (Gaußklammer).

In Abb. A30a/3 sind rechts 4 Quadrate Q der Seitenlänge $\dfrac{a+b}{2}$ zu einem

Quadrat der Seitenlänge a + b zusammengesetzt. Links sind in ein Quadrat der Seitenlänge a + b vier Rechtecke R mit den Seitenlängen a und b gelegt. Diese füllen das Quadrat nicht ganz aus. In der Mitte bleibt ein Quadrat der Seitenlänge a − b unbedeckt. Das Rechteck R und das Quadrat Q haben den gleichen Umfang 2a + 2b, und es gilt R < Q. Da wir stets 4 kongruente Exemplare eines Rechtecks R und eines umfangsgleichen Quadrats Q in der gezeichneten Weise zusammenlegen können, ist Satz I noch einmal allgemein, geometrisch bewiesen.

b) *Lösung mit Niveaulinienprinzip:* Die Abbildung L30b zeigt ein Rechteck mit den Seitenlängen x und y in einem kartesischen Koordinatensystem. Die Koordinaten des rechten oberen Eckpunkts geben die Seitenlängen x, y an. Der Umfang des gezeichneten Rechtecks beträgt

$$2x + 2y = 2 \cdot 3 + 2 \cdot 5 = 16.$$

Alle anderen Rechtecke mit dem Umfang 16 haben den rechten oberen Eckpunkt auf der Geraden x + y = 8; allgemein gilt: die Rechtecke mit dem

Umfang u haben den rechten oberen Eckpunkt auf der Geraden $x + y = \dfrac{u}{2}$.

(Sie liegen nur auf dem Teil der Geraden, für den gilt x > 0 und y > 0.) Un-

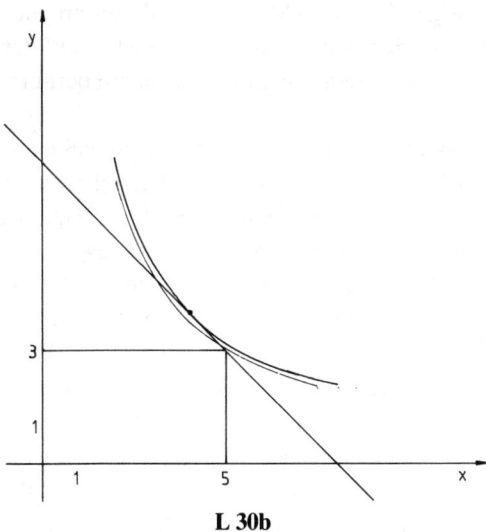

**L 30b**

ter allen diesen Rechtecken suchen wir dasjenige mit dem größten Flächeninhalt. Niveaulinien bilden die rechten oberen Eckpunkte derjenigen Rechtecke, die alle denselben Flächeninhalt haben. Das sind die Funktionsgraphen mit der Gleichung x · y = c, also Hyperbeln. Die Konstante c gibt den Flächeninhalt an. Wir suchen die berührende Niveaulinie. Dazu überlegen wir: Sowohl die Gleichung der Geraden, die die zulässigen Punkte angibt, als auch die Gleichungen der Niveaulinien sind symmetrisch in x und y, d. h., vertauscht man x und y, so wird ein Punkt des jeweiligen Graphen auf einen Punkt desselben Graphen abgebildet. Geometrisch bedeutet das: Die Funktionsgraphen liegen alle symmetrisch zu der Geraden y = x. Hat eine Niveaulinie mit der Geraden den Punkt (x, y) gemeinsam, so auch den Punkt (y, x). (Z. B. liegt mit (5, 3) auch der Punkt (3, 5) auf der Geraden x + y = 8, und beide Punkte liegen auch auf der Niveaulinie x · y = 15.) Das sind 2 verschiedene Punkte, außer wenn x = y. In diesem Fall berührt die Niveaulinie die Gerade, das zugehörige Rechteck ist das Quadrat mit den Seiten x = y = 4 bzw. allgemein mit $x = y = \frac{u}{4}$. Nach dem Niveaulinienprinzip liegt ein Extremum vor, und zwar ein Maximum für den Flächeninhalt, da alle die Gerade schneidenden Niveaulinien c-Werte besitzen, die höchstens den Wert 4 bzw. $\frac{u}{4}$ annehmen.

Entsprechend können wir auch den Satz II mit dem Niveaulinienprinzip beweisen. Die zulässigen Punkte bilden den Funktionsgraphen von x · y = F, Niveaulinien sind die Geraden x + y = c. Wir suchen auf der Hyperbel x · y = F denjenigen Punkt, in dem sie eine Niveaulinie berührt, wie man sieht ein Minimum.

Für diese leitet man ähnlich wie oben ab x = y, so daß man als Lösung das Quadrat mit dem Flächeninhalt $x^2 = F$ und den Seiten $x = y = \sqrt{F}$ erhält.

c) *Arithmetischer Beweis von Satz I nach Abb. A30a/1:* Das Rechteck AEFG hat den Flächeninhalt $(a - x)(a + x) = a^2 - x^2$. Es gilt aber $a^2 - x^2 \leq a^2$. Nur dann besteht Gleichheit, wenn x = 0. Die Rechteckfläche hat also dann ihren größten Wert, wenn das Rechteck ein Quadrat ist.

*Arithmetischer Beweis von Satz II nach Abb. A30a/2:* Die Flächeninhalte von Quadrat und Rechteck sind gleich. So gilt (setze in Abb. A30a/2 CH = x, BK = y): $a^2 = (a - x)(a + y) = a^2 + (y - x)a - xy$. Daraus folgt (y − x)a = xy und y ≧ x. (Mache dir diese Ungleichung auch geometrisch klar.) Gleichheit besteht genau dann, wenn x = y = 0. Für den Umfang des Rechtecks gilt u = 2(a − x) + 2(a + y) = 4a − 2x + 2y. Wegen x ≦ y ist danach der Umfang des Rechtecks größer als 4a, außer wenn x = y = 0. Er ist minimal für diesen Sonderfall, wenn also das Rechteck ein Quadrat ist.

d) *Beweis durch Anwendung der arithmetisch-geometrischen Ungleichung:* Zunächst leiten wir diese Ungleichung aus der Ungleichung $(a - b)^2 \geqq 0$ her. Es soll $a \geqq 0$ und $b \geqq 0$ sein. Dann gilt $a^2 + b^2 \geqq 2ab$ und $\dfrac{a^2 + b^2}{2} \geqq ab$.

Ersetzen wir hierin a und b durch $\sqrt{a}$ und $\sqrt{b}$, so erhalten wir die arithmetisch-geometrische Ungleichung

$$\sqrt{ab} \leqq \frac{a + b}{2}.$$

Gleichheit gilt genau dann, wenn a = b ist.

Wir deuten a und b als Seiten eines Rechtecks. Dann ist dessen Flächeninhalt F = ab, sein Umfang u = 2a + 2b, und aus der arithmetisch-geometrischen Ungleichung folgt

$$\sqrt{F} \leqq \frac{u}{4},$$

eine Ungleichung, die für jedes Rechteck gilt. Gleichheit besteht genau für das Quadrat.

Zum Beweis von Satz I geben wir dem Umfang einen festen Wert $u_0$. Für alle Rechtecke mit diesem Umfang gilt

$$\sqrt{F} \leqq \frac{u_0}{4}.$$

Der Flächeninhalt nimmt den größten Wert an, wenn Gleichheit gilt, d. h., wenn das Rechteck das Quadrat mit dem Umfang $u_0$ ist.

Zum Beweis von Satz II geben wir F den konstanten Wert $F_0$. Aus der Ungleichung

$$\sqrt{F_0} \leqq \frac{u}{4}$$

folgt, daß der Umfang u für das Quadrat seinen kleinsten Wert annimmt.

e) *Funktional-elementare Methode:* Zum Beweis von Satz I betrachten wir alle Rechtecke mit dem Umfang $u_0$. Für diese gilt $u_0 = 2x + 2y$ und folglich $y = -x + \dfrac{u_0}{2}$. Einsetzen ergibt $F = x \cdot y = x \cdot (-x + \dfrac{u_0}{2})$. Nach M6a nimmt die quadratische Funktion F ihr Maximum für $x = \dfrac{u_0}{4}$ an. Dann gilt auch

$y = \dfrac{u_0}{4}$. Der Flächeninhalt wird maximal, wenn das Rechteck ein Quadrat ist.

Zum Beweis von Satz II betrachten wir alle Rechtecke mit dem konstanten Flächeninhalt $F_0$. Es gilt $F_0 = xy$ und $u = 2x + 2y$. Wir eliminieren y und erhalten $u = 2x + 2y = 2(x + \dfrac{F_0}{x})$. Es soll $x + \dfrac{F_0}{x}$ ein Minimum werden. Nach M6f nimmt die Funktion u ihr Minimum für $x = \sqrt{F_0}$ an. Dann ist auch $y = \sqrt{F_0}$, und das Rechteck mit minimalem Umfang ist folglich ein Quadrat.

## *Das isoperimetrische Problem für Dreiecke und Vierecke*

**L31:** a) Das gleichschenklige Dreieck vom gegebenen Umfang sei ABC. Ein beliebiges anderes umfangsgleiches Dreieck sei $ABC_1$. Wir ziehen die Parallele g zu AB durch C und beweisen, daß $C_1$ im Inneren der Seite von g liegt, die den Punkt B enthält.

Wir spiegeln B an g und erhalten den Bildpunkt $B'$. Es gilt:

$$AB' = AC + CB' = AC + CB = u - AB = AC_1 + C_1B.[9]$$

Nach der Dreiecksungleichung gilt

$$AB' < AC_1 + C_1B',$$

denn $C_1$ kann nicht auf $AB'$ liegen. Wir haben demnach

$$AC_1 + C_1B < AC_1 + C_1B'$$

und

$$C_1B < C_1B'.$$

Danach liegt $C_1$ in derselben Seite von g wie B (M3b(ii)). Die Höhe auf AB in ABC ist folglich länger als die entsprechende Höhe in $ABC_1'$, und ABC hat einen größeren Flächeninhalt als $ABC_1$. $C_1$ sollte mit A und B ein Dreieck vom Umfang u bestimmen, war sonst beliebig gewählt. Daher ist das gleichschenklige Dreieck ABC unter allen umfangsgleichen mit der Seite AB das größte.

Eine andere Argumentation geht davon aus, daß die Eckpunkte $C_1$ aller Dreiecke $ABC_1$ vom Umfang u auf einer Ellipse mit den Brennpunkten A

---

[9] A, C, und $B'$ liegen auf einer Geraden. Die Gerade g teilt nämlich als Achse der Geradenspiegelung den Winkel $\sphericalangle BCB'$ in 2 gleich große Winkel, die gleich den Basiswinkeln ($\alpha = \beta$) sind. Zusammen mit dem Innenwinkel $\gamma$ ergeben sie $\sphericalangle ACB' = 180°$.

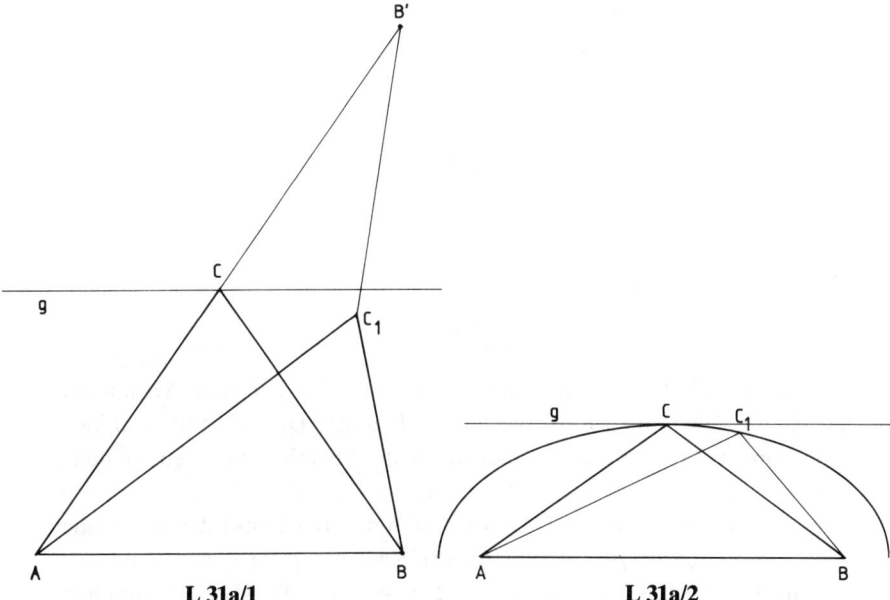

**L 31a/1**                    **L 31a/2**

und B liegen. Diese berührt die Gerade g nur in C. Alle anderen Ellipsen-
punkte $C_1$ liegen im Inneren der Seite von g mit A und B. Daher sind die
Flächeninhalte $ABC_1$ kleiner als ABC.
Eine dritte, arithmetische Methode löst die Aufgabe mit der Heronschen
Formel (M10). Wir setzen AB = c. Die Längen der Schenkelseiten des
gleichschenkligen Dreiecks vom Umfang u bezeichnen wir mit a. Dann hat
jedes umfangsgleiche Dreieck über AB Seiten der Längen a + x und a − x.
Der Flächeninhalt ist nach M10

$$F = \sqrt{\frac{u}{2} \cdot (\frac{u}{2} - a - x) \cdot (\frac{u}{2} - a + x) \cdot (\frac{u}{2} - c)} \text{ mit } 0 \leqq x < \frac{c}{2}.$$

Das Produkt der konstanten Faktoren $\frac{u}{2}$ und $\frac{u}{2} - c$ sei C. Dann ist

$$F = \sqrt{C ((\frac{u}{2} - a)^2 - x^2)} \leqq \sqrt{C} (\frac{u}{2} - a),$$

denn $\frac{u}{2} - a$ ist größer als 0. Der Flächeninhalt nimmt daher seinen größten
Wert für x = 0 an, also für das gleichschenklige Dreieck.

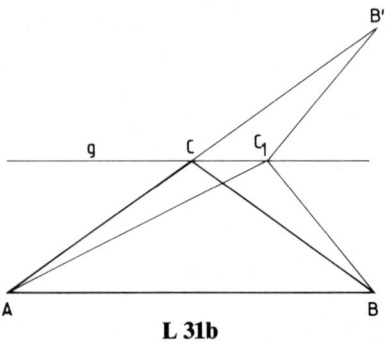

**L 31b**

b) Das duale Problem: Unter allen Dreiecken über der Seite AB mit dem gleichen Flächeninhalt F hat das gleichschenklige Dreieck ABC den kleinsten Umfang. Alle Dreiecke über der Seite AB mit dem Flächeninhalt F haben einen Eckpunkt $C_1$ auf der Geraden g (Bezeichnungen entsprechend denen in a), und umgekehrt bestimmt jeder Punkt dieser Geraden ein solches Dreieck (Abb. L31b). $C_1$ sei ein von C verschiedener Punkt auf g. Es gilt $AB' = AC + CB < AC_1 + C_1B' = AC_1 + C_1B$. Also hat unter allen flächengleichen Dreiecken das gleichschenklige Dreieck ABC den kleinsten Umfang.

**L32:** a) Nach A31a muß das Dreieck vom Umfang u mit maximalem Flächeninhalt gleichschenklig sein. ABC sei ein gleichschenkliges Dreieck vom Umfang u mit der Basis AB, es sei aber nicht gleichseitig. Wir konstruieren das gleichschenklige Dreieck A'BC vom Umfang u mit der Basis BC. Sein Flächeninhalt ist nach A31a größer als der von ABC. So ist nachgewiesen, daß ABC nicht das gesuchte Dreieck ist. Wir haben ein Vergrößerungsverfahren für die gleichschenkligen Dreiecke vom Umfang u angegeben, das nur dann versagt, wenn ABC gleichseitig ist. Wenn es also unter den Dreiecken vom Umfang u eines mit größtem Flächeninhalt gibt, dann ist es das gleichseitige (M1) (Abb. L32a/1, H. J. Claus 1980).
Will man den Beweis ohne die genannte Voraussetzung führen, so kann man nach M2 in folgender Weise verfahren. Der Flächeninhalt ist eine stetige Funktion der Seitenlängen a, b, c des Dreiecks. (Kleine Veränderungen der Seiten haben kleine Veränderungen des Flächeninhalts zur Folge.) Da für alle zulässigen Dreiecke gilt a + b + c = u, liegen alle Punkte (a, b, c), die zu den Seitenlängen eines zulässigen Dreiecks gehören, in einem abgeschlossenen Gebiet des $R^3$. (Dieses Gebiet ist ein gleichseitiges Dreieck.)

Daher hat der Flächeninhalt ein Maximum. Also ist das gleichseitige Dreieck vom Umfang u das gesuchte mit dem größten Flächeninhalt.

Man kann das Vergrößerungsverfahren auch zu einem unmittelbaren Beweis umgestalten, indem wir von jedem Dreieck vom Umfang u zeigen, daß sein Flächeninhalt kleiner ist als der des gleichseitigen Dreiecks vom Umfang u.

Gegeben sei ein nicht gleichseitiges Dreieck ABC. Die kleinste Seite sei a.

Dann gilt $a < \frac{u}{3}$. Nun halten wir die Seite AB fest und vergrößern a und verkleinern b unter Beibehaltung des Umfangs u, bis $a' = \frac{u}{3}$ ist. Wir können den Vorgang experimentell mit einem Faden veranschaulichen. Der Punkt C wandert dabei auf einem Ellipsenbogen (Brennpunkte A und B) nach C', wobei sich der Abstand zu AB vergrößert und demgemäß der Flächeninhalt zunimmt. Gilt auch $b' = \frac{u}{3}$, so ist überdies $c = c' = \frac{u}{3}$, und das Dreieck ABC' ist gleichseitig. Wir haben für diesen Fall gezeigt, daß das gegebene Dreieck ABC kleineren Flächeninhalt als das gleichseitige vom Umfang u hat (Abb. L32a/2). Ist $b' \neq \frac{u}{3}$, so halten wir die Seite BC' fest und setzen das Verfahren mit der Veränderung von b' und c' fort. Da diese beiden Seiten verschieden lang sind, kann man die kleinere wie oben vergrößern, bis sie die Länge $\frac{u}{3}$ hat. Dann ist die andere Seite ebenso lang, und das Dreieck ist gleichseitig. Auch bei dieser Veränderung ist eine Vergrößerung des Flächeninhalts eingetreten, und wir haben gezeigt, daß das gegebene Dreieck ABC kleiner als das gleichseitige Dreieck vom Umfang u ist (Abb. L32a/3; A. Kirsch 1990).

Auch im folgenden arithmetischen Beweis verwenden wir das Ergebnis von L31a, daß das gesuchte Dreieck gleichschenklig ist. Wir gehen vom gleichseitigen Dreieck der Seitenlänge a aus und verändern eine Seitenlänge um 2x, so daß ein umfangsgleiches gleichschenkliges Dreieck entsteht. Dessen Seitenlängen betragen a + 2x, a − x, a − x mit $-\frac{a}{2} < x < \frac{a}{4}$ (x kann also auch negativ sein; siehe Abb. L32a/4). Für die Höhe h auf der Basis gilt

$$h^2 = (a - x)^2 - (\frac{a}{2} + x)^2 = 3a\,(\frac{a}{4} - x),$$

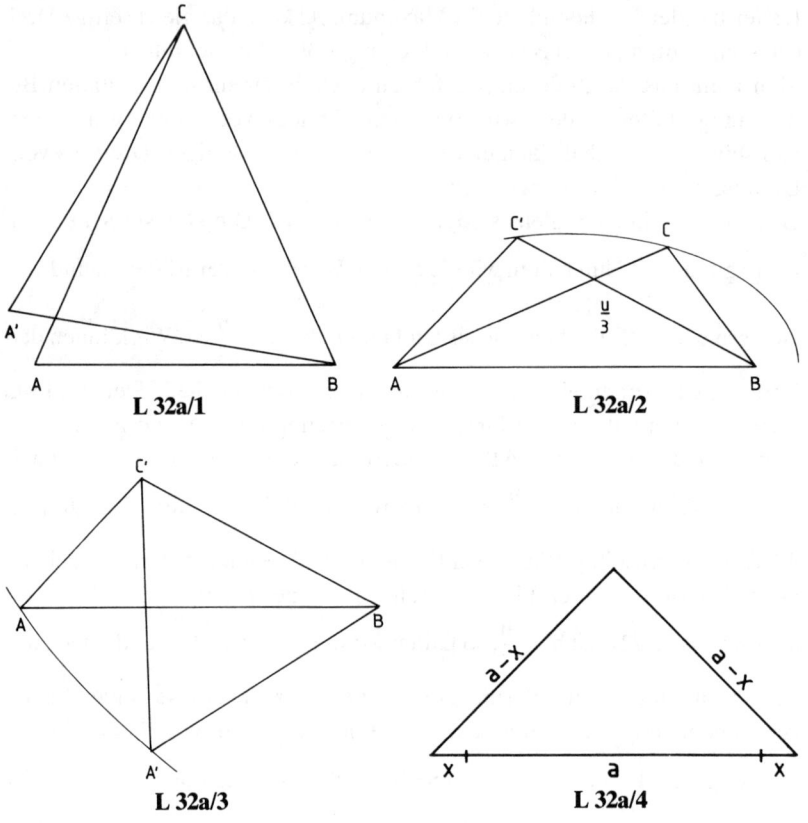

L 32a/1  L 32a/2  L 32a/3  L 32a/4

für den Flächeninhalt

$$F = \frac{1}{2}(a + 2x)\sqrt{3a}\sqrt{(\frac{a}{4} - x)} = \frac{1}{2}\sqrt{3a}\sqrt{(a + 2x)^2(\frac{a}{4} - x)}.$$

Es genügt, das Maximum des Radikanden zu berechnen, so daß die Extremwertaufgabe lautet

$$(a + 2x)^2(\frac{a}{4} - x) \to max$$

oder nach Ausmultiplizieren des Terms

$$\frac{a^3}{4} - x^2(3a + 4x) \to max.$$

Wenn wir für x die untere Grenze $-\frac{a}{2}$ einsetzen, erkennen wir, daß der Ausdruck in der Klammer für die zulässigen x-Werte stets positiv ist. Daher wird der gesamte Ausdruck am größten, für x = 0. Der Flächeninhalt nimmt sein Maximum für das gleichseitige Dreieck an (H. Schupp 1981).

b) Nach L31b ist das gesuchte Dreieck vom Flächeninhalt F gleichschenklig, und wir können unsere Untersuchung auf gleichschenklige Dreiecke beschränken. ABC sei ein gleichschenkliges, aber nicht gleichseitiges Dreieck vom Flächeninhalt F mit der Basis AB. Wir ziehen die Parallele g zu BC durch A und konstruieren denjenigen Punkt A′ von g, für den das Dreieck BCA′ gleichschenklig mit der Basis BC ist. Nach L31b ist der Umfang des neuen Dreiecks kleiner als der des gegebenen. ABC ist daher nicht das Dreieck mit minimalem Umfang. Damit haben wir ein Verkleinerungsverfahren für flächengleiche, gleichschenklige Dreiecke gefunden, das nur für das gleichseitige Dreieck versagt. Falls wir voraussetzen, daß es unter allen flächengleichen Dreiecken eines mit minimalem Umfang gibt, haben wir bewiesen, daß es das gleichseitige ist. Wollen wir auf diese Voraussetzung verzichten, müssen wir den Existenzbeweis entsprechend dem in a) führen. Beim arithmetischen Beweis gehen wir aus von der Heronschen Formel für den Flächeninhalt eines Dreiecks

$$F = \sqrt{\frac{u}{2}\left(\frac{u}{2} - a\right)\left(\frac{u}{2} - b\right)\left(\frac{u}{2} - c\right)} \quad \text{(M10).}$$

Darin sind a, b, c die Seitenlängen eines Dreiecks vom Umfang u. Der Flächeninhalt soll den konstanten Wert $F_0$ haben. Wir quadrieren und formen um zu

$$\frac{F_0^2}{\frac{u}{2}} = \left(\frac{u}{2} - a\right)\left(\frac{u}{2} - b\right)\left(\frac{u}{2} - c\right) \quad \text{und}$$

$$\sqrt[3]{\frac{F_0^2}{\frac{u}{2}}} = \sqrt[3]{\left(\frac{u}{2} - a\right)\left(\frac{u}{2} - b\right)\left(\frac{u}{2} - c\right)} \leqq \frac{\left(\frac{u}{2} - a\right) + \left(\frac{u}{2} - b\right) + \left(\frac{u}{2} - c\right)}{3}$$

(arihmetisch-geometrische Ungleichung M4). Gleichheit besteht genau dann, wenn $\frac{u}{2} - a = \frac{u}{2} - b = \frac{u}{2} - c$ gilt, d. h., wenn a = b = c und das Dreieck gleichseitig ist. Da die rechte Seite $\dfrac{3 \cdot \frac{u}{2} - a - b - c}{3}$ und somit $\frac{u}{6}$ ist, gilt in diesem Fall

$$\sqrt[3]{\frac{F_0^2}{\frac{u}{2}}} = \frac{u}{6}$$

und

$$\sqrt[3]{F_0^2} = \frac{u}{6} \cdot \sqrt[3]{\frac{u}{2}},$$

während in jedem anderen Fall das Gleichheitszeichen durch < zu ersetzen ist. Also ist der Umfang des gleichseitigen Dreiecks minimal.

**L33:** Satz I und Satz II sind äquivalent. Satz I möge gelten, und Satz II möge nicht gelten. Dann gibt es ein Quadrat Q und ein flächengleiches echtes Rechteck R [10] mit $F_Q = F_R$ und $u_Q \geqq u_R$. Gilt Gleichheit, so liegt ein Widerspruch gegen Satz I vor. Gilt das Größerzeichen, so verwandeln wir das Rechteck R z. B. durch eine zentrische Streckung in ein größeres Rechteck R', so daß gilt $u_Q = u_{R'}$, und $F_Q < F_{R'}$. Das widerspricht aber Satz I. Umgekehrt soll nun Satz II gelten und Satz I nicht gelten. Dann gibt es ein Quadrat Q und ein umfangsgleiches echtes Rechteck mit $u_Q = u_R$ und $F_Q \leqq F_R$. Bei Gleichheit hätten wir einen Widerspruch gegen Satz II. Gilt das Kleinerzeichen, so verwandeln wir das Rechteck R z. B. durch eine zentrische Streckung in ein kleineres R', so daß $F_Q = F_{R'}$ und $u_Q > u_{R'}$. Das widerspricht Satz II. Dieser Beweis gilt auch, wenn man die Sätze I und II nicht für Rechtecke, sondern für andere Figurenmengen ausspricht, etwa für Dreiecke, Vierecke, n-Ecke oder sogar für alle Figuren mit Umfang und Flächeninhalt. Man spricht von isoperimetrischen Problemen bzw. Sätzen (isoperimetrisch bedeutet: von gleichem Umfang).

**L34:** Die beiden gegebenen Seiten seien AB und AC, und die Seite AB sei fest. Dann liegen die Eckpunkte C aller zulässigen Dreiecke auf dem Kreis um A mit dem Radius AC. Die jeweilige Höhe auf AB bezeichnen wir mit h, so daß wir für den Flächeninhalt $\frac{1}{2}$ AB · h erhalten, dessen Wert nur von h abhängt. Die Höhe h hat ihren größten Wert AC, wenn AC senkrecht auf AB steht. Das größte Dreieck hat daher bei A einen rechten Winkel.

---

[10] Ein Rechteck, das kein Quadrat ist.

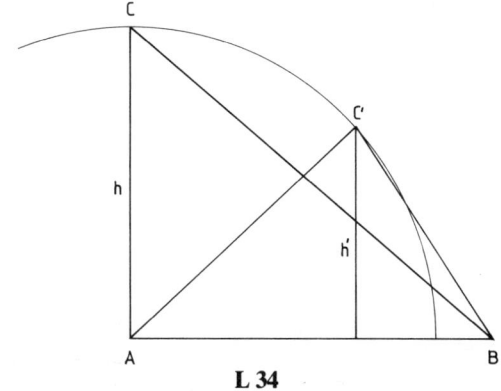

**L 34**

**L35:** a) Gegeben sei ein Viereck ABCD, das kein Quadrat ist. Wir vergrößern es unter Beibehaltung des Umfangs schrittweise, bis es ein Quadrat
geworden ist. Wir zerlegen das Viereck durch eine Diagonale, etwa AC, in
2 Teildreiecke (Abb. L35a/1). Wenn diese nicht beide gleichschenklig mit
der Basis AC sind, können wir sie (mindestens eines) in umfangsgleiche,
gleichschenklige Dreiecke verwandeln. Dabei wird nach A31 der Flächeninhalt größer. In jedem Fall liegt nun ein Drachenviereck vor. Dieses zerlegen
wir durch die Diagonale DB in 2 Teildreiecke (Abb. L35a/2). Sind nicht
beide gleichschenklig, so können wir sie wieder wie in A31a unter Beibehaltung des Umfangs und Vergrößerung des Flächeninhalts in gleichschenklige
Dreiecke verwandeln. In jedem Fall liegt nun eine Raute vor. Unter Beibehaltung der Seitenlängen verändern wir, wenn möglich, die Innenwinkel der
Raute zu rechten Winkeln (Abb. L35a/3). War die Raute noch kein Quadrat,
so bedeutet dieser Schritt zum Quadrat nach A34 eine Vergrößerung des Flächeninhalts. Da das Ausgangsviereck kein Quadrat war, ist bei mindestens
einem Schritt eine Vergrößerung eingetreten. Das gegebene Viereck ABCD
hat somit kleineren Flächeninhalt als das umfangsgleiche Quadrat. Da ABCD
ein beliebiges Viereck der Ebene ist, haben wir bewiesen: Unter allen umfangsgleichen Vierecken hat das Quadrat den größten Flächeninhalt.
Bemerkung: Ist ABCD ein nichtkonvexes, ebenes Viereck, so hat man
beim ersten Schritt nur darauf zu achten, daß die Diagonale AC diejenige
im Inneren von ABCD ist.
b) Gegeben sei ein beliebiges Viereck der Ebene, das kein Quadrat ist. Wir
verwandeln es nach L31b in ein flächengleiches, indem wir durch die Eckpunkte B und D die Parallelen zur Diagonalen AC ziehen und B und D auf

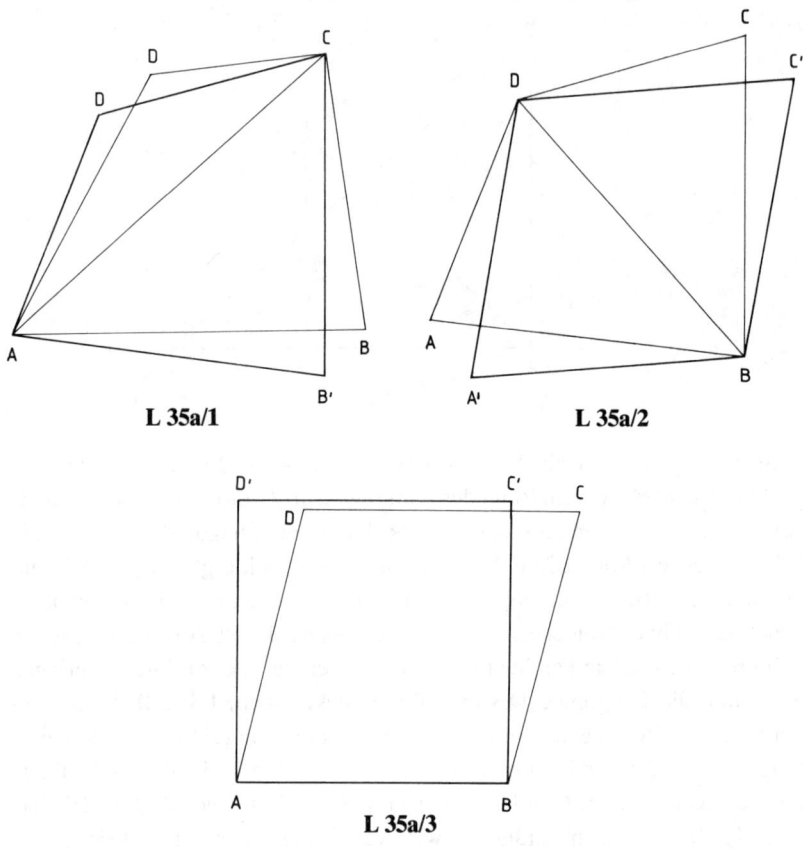

L 35a/1                 L 35a/2

L 35a/3

„ihrer" Parallelen so verschieben, daß gleichschenklige Teildreiecke ABC und ACD entstehen (Abb. L35b/1). Dieser Schritt führt zu einem Drachenviereck von kleinerem Umfang, falls dieses vom Ausgangsviereck verschieden ist. Die entsprechende Verschiebung der Eckpunkte A und C parallel zur Diagonalen BD erzeugt eine flächengleiche Raute, deren Umfang kleiner als der des Drachenvierecks ist, falls diese Raute von dem Drachenviereck verschieden ist (Abb. L35b/2). Die Raute kann man durch Scherung in ein flächengleiches Rechteck verwandeln, dessen Umfang kleiner ist, wenn die Raute nicht schon ein Quadrat war (Abb. L35b/3). Nach L30 hat das Rechteck größeren Umfang als das flächengleiche Quadrat. Da das gegebene Viereck kein Quadrat ist, muß bei mindestens einem Schritt der Um-

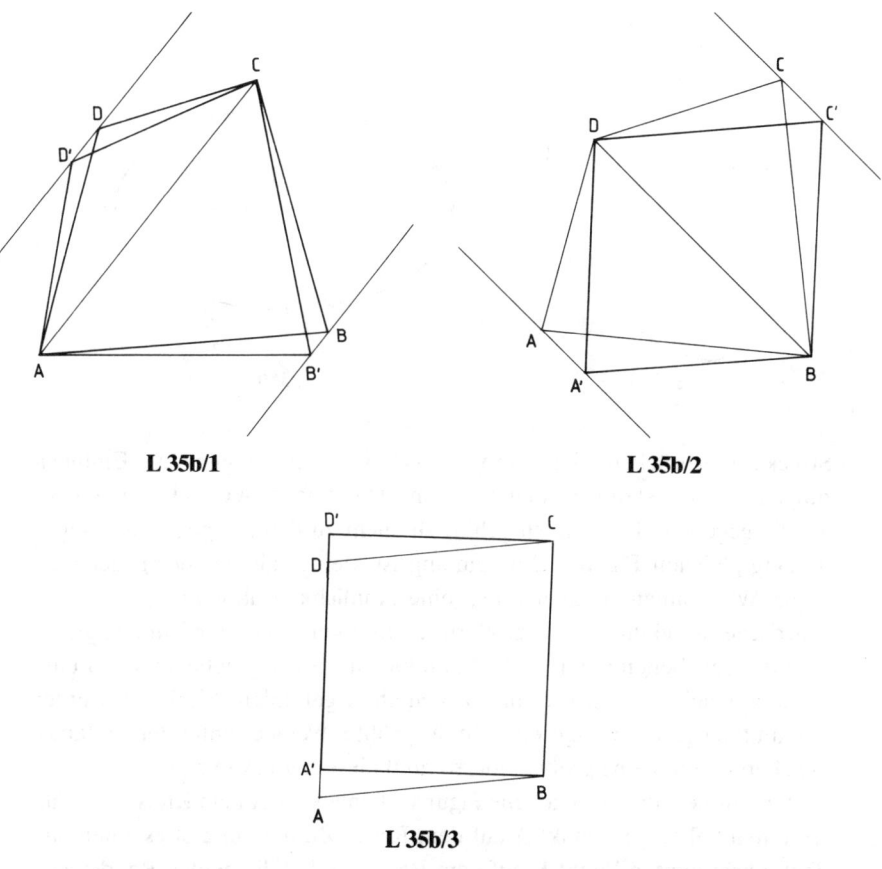

**L 35b/1**

**L 35b/2**

**L 35b/3**

fang verkleinert worden sein. Ferner ist das Viereck beliebig gewählt, so daß gilt: Unter allen ebenen Vierecken von gegebenem Flächeninhalt hat das Quadrat den kleinsten Umfang.

Bemerkung: Siehe Bemerkung zu a). Die Abb. L35a/1–3 und L35b/1–3 zeigen einen Fall, bei dem in jedem Schritt Vergrößerungen des Flächeninhalts bzw. Verkleinerungen des Umfangs eintreten.

## Das isoperimetrische Problem der Ebene

**L36:** a) Ist die Figur nicht konvex, so ist in ihrem Rand mindestens eine Einbuchtung vorhanden. Jede solche Einbuchtung kann man durch eine

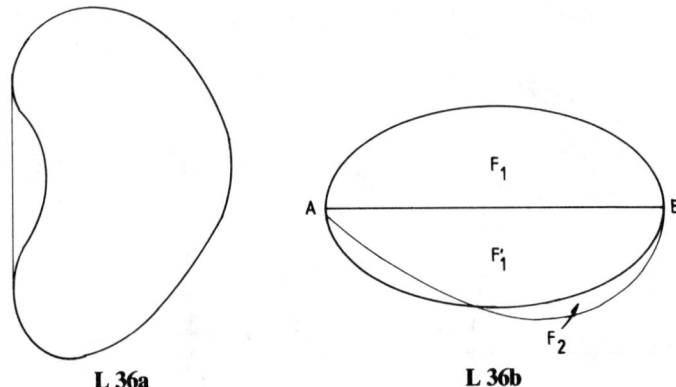

**L 36a**                    **L 36b**

Strecke überbrücken (siehe Abb. L36a), so daß eine Figur ohne Einbuch-tungen, also eine konvexe Figur entsteht. Diese hat größeren Flächeninhalt als die gegebene Figur, doch gehört sie nicht zu den zur gegebenen Figur umfangsgleichen Figuren. Ihr Umfang ist kleiner als der der gegebenen Figur. Wir können sie aber durch eine Ähnlichkeitsabbildung, z. B. eine zentrische Streckung, so vergrößern („aufblasen"), daß ihr Umfang gleich dem der gegebenen Figur wird. Damit haben wir zur gegebenen Figur eine umfangsgleiche von größerem Flächeninhalt gefunden. Sie ist also unter den umfangsgleichen Figuren nicht die größte. Wenn es unter den umfangs-gleichen Figuren eine größte gibt, so muß diese konvex sein.

b) Wir nehmen an, die gegebene Figur sei konvex, aber kein Kreis. Wir wäh-len einen beliebigen Punkt A auf dem Rand. Zu diesem gibt es einen ein-deutig bestimmten Punkt B auf dem Rand, so daß die beiden Randstücke zwischen A und B gleich lang sind. Die Sehne AB halbiert also den Umfang und teilt die konvexe Figur in 2 Flächenstücke $F_1$ und $F_2$, für die ohne Be-schränkung der Allgemeinheit gelten möge $F_1 \geqq F_2$. Ersetzen wir $F_2$ durch das Bild $F_1'$ von $F_1$ bei der Spiegelung an AB, so ist die Figur entweder grö-ßer geworden, oder ihr Flächeninhalt hat sich nicht verändert.

Ist $F_1$ ein Halbkreis und war $F_2 < F_1$, so ergibt die Vereinigung von $F_1$ und $F_1'$ einen Kreis, und der Beweis ist geführt. Ist $F_1$ ein Halbkreis und $F_2 = F_1$, so ist $F_2$ kein Halbkreis, da die Gesamtfigur nach Voraussetzung kein Kreis ist. (So etwas ist zwar nach dem zu beweisenden Satz unmöglich, bei sei-nem Beweis aber dürfen wir diese Möglichkeit nicht außer acht lassen.) In die-sem Fall fahren wir fort mit der aus $F_2$ und $F_2'$ zusammengesetzten Figur.

Wir gelangen in jedem Fall zu einer achsensymmetrischen Figur, deren symmetrisch gelegene Teilfiguren konvex sind. Die Gesamtfigur braucht nicht konvex zu sein. Einbuchtungen des Randes können vorhanden sein, wo die Achse den Rand durchstößt. Wir beseitigen diese wie in a). Die erhaltene konvexe Figur ist achsensymmetrisch, hat den gleichen Umfang und gleichen oder größeren Flächeninhalt wie oder als die gegebene Figur.

**L37:** Nach L36 können wir von einer konvexen, achsensymmetrischen Figur ausgehen, die kein Kreis ist. Auf diese wenden wir ein von J. Steiner angegebenes Vergrößerungsverfahren an, das wir nur an einer der beiden zueinander symmetrisch gelegenen Hälften demonstrieren (siehe Abb. L37). Auf dem Rand gibt es zwischen A und B einen Punkt C, so daß der Winkel ∢ ACB von 90° verschieden ist. Gäbe es nämlich keinen solchen Punkt auf dem Rand, so wäre die Figur im Widerspruch zur Voraussetzung ein Kreis. Nach L34 können wir das Dreieck ABC vergrößern, indem wir diesen Winkel ∢ ACB zu 90° machen. Dabei lassen wir die Seiten AC und BC des Dreiecks und die darüberliegenden Teile der Figur (in der Abb. schraffiert) unverändert. (Man kann sich an den Eckpunkten des Dreiecks Gelenke und etwa B verschieblich auf der Achse vorstellen. Daher der Name: *„Steinersches Viergelenkverfahren".*) Bei unverändertem Umfang haben wir damit den Flächeninhalt der Figur vergrößert. Dieses Verfahren versagt nur beim Kreis. Steiner schloß daraus: Der Kreis ist unter allen Figuren von gegebenem Umfang diejenige mit dem größten Flächeninhalt. Wenn auch die Aussage unbestreitbar richtig ist, aus dem Steinerschen Viergelenkverfahren alleine folgt sie nicht (siehe M1).

In G(29–49) sind mehrere Autoren von vollständigen Beweisen des isoperi-

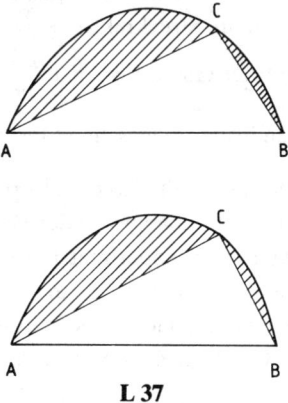

**L 37**

metrischen Satzes genannt. Der Beweis von Caratheodory und Study (1909) kann als Weiterführung des Steinerschen Viergelenkverfahrens angesehen werden. Wir bringen in den folgenden Aufgaben einen besonders einfachen Beweis von I. Niven (1981, 226–233).

**L38:** a) *Äquivalenz von isoperimetrischer Ungleichung und isoperimetrischem Satz:* Der isoperimetrische Satz möge gelten. Der Kreis hat unter allen umfangsgleichen Figuren den größten Flächeninhalt. Sei $F_k$ der Flächeninhalt des Kreises vom Umfang u. Dann gilt

$$4\pi F_k = 4\pi^2 r^2 = (2\pi r)^2 = u^2.$$

Für jede andere Figur vom Umfang u ist der Flächeninhalt F kleiner als $F_k$, und daher gilt die isoperimetrische Ungleichung

$$4\pi F < 4\pi F_k = u^2.$$

Umgekehrt möge die isoperimetrische Ungleichung gelten. Es sei wieder $F_k$ der Flächeninhalt des Kreises vom Umfang u und F der Flächeninhalt einer anderen Figur ebenfalls vom Umfang u. Es ist also $4\pi F < u^2$ und $4\pi F_k = u^2$. Folglich gilt $F < F_k$.

Bemerkung: Auch die zum isoperimetrischen Satz duale Aussage ist zur isoperimetrischen Ungleichung äquivalent. Der Beweis ist ebenso einfach wie der obige.

b) Gegeben sei eine Figur mit dem Umfang u und dem Flächeninhalt F. Eine andere Figur sei zu dieser ähnlich. Dann gibt es eine positive, reelle Zahl k, so daß der Umfang dieser zweiten Figur k · u und der Flächeninhalt $k^2 F$ beträgt. (Denke an den Fall, daß die zweite Figur aus der ersten durch eine zentrische Streckung mit dem Streckfaktor k (k > 0) hervorgeht.) Der isoperimetrische Quotient der ersten Figur ist $\dfrac{4\pi F}{u^2}$, der der zweiten Figur beträgt $\dfrac{4\pi k^2 F}{(ku)^2}$. Die beiden isoperimetrischen Quotienten sind daher gleich.

Der isoperimetrische Quotient mißt also die „isoperimetrische Güte" aller Figuren einer Ähnlichkeitsklasse, hängt von der Form, nicht von der Größe der Figur ab. So kann man vom isoperimetrischen Quotienten z. B. „des Quadrats" sprechen und die Berechnung an einem beliebigen Quadrat vornehmen, am einfachsten am Quadrat der Seitenlänge 1.

c) Tabelle der nach der Größe des isoperimetrischen Quotienten geordneten Figuren:

| Figur | isoperimetrischer Quotient $\dfrac{4\pi F}{u^2}$ |
|---|---|
| Kreis | 1 |
| regelmäßiges Achteck | $\dfrac{\pi}{8\cdot\tan 22{,}5°} = 0{,}948$ |
| regelmäßiges Sechseck | $\dfrac{\pi\sqrt{3}}{6} = 0{,}907$ |
| regelmäßiges Fünfeck | $\dfrac{\pi}{5\tan 36°} = 0{,}865$ |
| Quadrat | $\dfrac{\pi}{4} = 0{,}785$ |
| Viertelkreis | $\dfrac{1}{(\frac{1}{2} + \frac{2}{\pi})^2} = 0{,}774$ |
| Rechteck 2 × 3 | $\dfrac{24\pi}{100} = 0{,}754$ |
| Halbkreis | $\dfrac{2}{(1 + \frac{2}{\pi})^2} = 0{,}747$ |
| Rechteck 2 × 1 | $\dfrac{2\pi}{9} = 0{,}698$ |
| Rechteck 3 × 1 | $\dfrac{3\pi}{16} = 0{,}589$ |

d) Vorausgeschickt sei die Bemerkung, daß der Kreis nicht Sonderfall eines Kreisausschnittes mit $\alpha = 2\pi$ ist, da die einen Kreisausschnitt begrenzenden Strecken (Radien) beim Kreis fehlen. Für den Kreisausschnitt mit dem Mittelpunktswinkel $\alpha$, gemessen im Bogenmaß, erhält man den isoperimetrischen Quotienten

$$\frac{2\pi}{4 + \dfrac{4}{\alpha} + \alpha} \quad (0 < \alpha < 2\pi).$$

Wir können unsere Aufgabe umformulieren in $\dfrac{4}{\alpha} + \alpha \to$ min (M6b). Lösung ist nach M6f $\alpha = 2$, im Gradmaß 114,59°. Für diesen Wert des

Winkels hat der isoperimetrische Quotient seinen maximalen Wert $\frac{\pi}{4}$. Er ist also genau so groß wie der des Quadrats.

**L39:** a) Alle Drachenvierecke haben 2 benachbarte Seiten der Länge r, so daß man sie an diesen Seiten aneinanderlegen kann. Dann liegen die anderen Seiten zweier benachbarter Drachenvierecke auf einer Geraden, da beide senkrecht auf der Seite der Länge r stehen. Wir müssen zeigen, daß alle Winkel, die die Seiten der Länge r in den einzelnen Drachenvierecken bilden, zusammen einen Winkel von 360° bilden. Jedem dieser Winkel liegt in seinem Drachenviereck ein Winkel gegenüber, der zugleich Innenwinkel des Polygons P ist. Dieser sei in einem Drachenviereck z. B. $\alpha$. Dann gilt für den gegenüberliegenden Winkel $\alpha'$ der Länge r

$$\alpha' = 360° - 90° - 90° - \alpha = 180° - \alpha.$$

$\alpha'$ ist also ebenso groß wie der Außenwinkel von $\alpha$. Die Summe aller dieser Winkel ist gleich der Summe der Außenwinkel des Polygons P, also 360°. Haben wir alle Drachenvierecke in der angegebenen Weise zu einem Polygon P* zusammengelegt, so ist ihnen ein Eckpunkt gemeinsam, den wir mit M bezeichnen (siehe Abb. A39a). Der Kreis um M mit dem Radius r berührt alle Seiten von P*. Wir teilen, wie in der Aufgabenstellung beschrieben, das Polygon in das innere Parallelenpolygon $P_1$, in m Rechtecke (3 < m < n) und n Drachenvierecke ein. Die Drachenvierecke bilden zusammen das Polygon P*. Jedes Rechteck hat mit $P_1$ eine Seite gemeinsam. Bezeichnen wir die Seiten von $P_1$ mit $s_1, s_2, \ldots, s_m$, so hat das i-te Rechteck den Flächeninhalt $r \cdot s_i$. Alle Rechtecke zusammen ergeben $r(s_1 + s_2 + \ldots + s_m) = ru_1$. Daher gilt $P = P_1 + P* + ru_1$.

Den Umfang von P teilen wir in 2 Stücke. Das erste besteht aus den Strekken auf dem Umfang, die zugleich Seiten eines Rechtecks sind. Diese sind ebenso lang wie die Seiten des inneren Parallelenpolygons $P_1$. Zusammen ergeben sie den Umfang $u_1$ von $P_1$. Das zweite Stück besteht aus den Strekken auf u, die zugleich Seiten eines Drachenvierecks sind. Diese zusammen ergeben den Umfang u* von P*. So erhalten wir die Formel $u = u_1 + u*$.

b) Vom Punkt $P_1$ müssen alle Seiten des Polygons P den gleichen Abstand r haben. P besitzt daher einen Inkreis. Umgekehrt gilt: Wenn das Polygon P einen Inkreis besitzt, dann liegt Fall (iii) vor (Abb. L39b).

c) Der beschriebene Prozeß endet mit einer Strecke $P_1Q_1$ der Länge d. Dann sind 2 Seiten von P parallel zu $P_1Q_1$ und haben beide den gleichen Abstand r von $P_1Q_1$. Die anderen Seiten müssen entweder von $P_1$ oder von $Q_1$ den Ab-

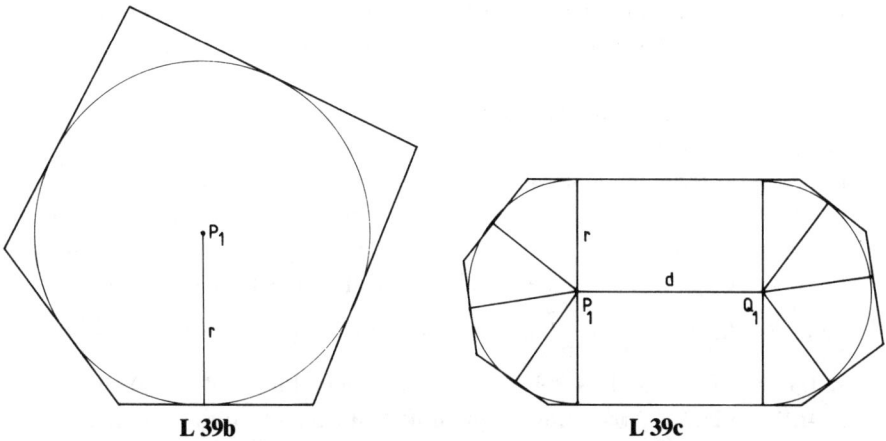

**L 39b**                              **L 39c**

stand r haben. Wir ziehen in $P_1$ und $Q_1$ die Senkrechten auf $P_1Q_1$. Sie bilden mit Teilen der beiden parallelen Seiten von P ein Rechteck mit den Seitenlängen 2r und d. Führen wir nun die beiden Seiten der Länge 2r auf eine Strecke zusammen, so daß die Punkte $P_1$ und $Q_1$ zu einem Punkt M verschmelzen, so bleibt ein Polygon P* übrig, dem man nach b) einen Inkreis einbeschreiben kann. Es gibt also zu P Halbkreise um $P_1$ und $Q_1$, die die beiden parallelen Seiten und alle Seiten berühren, die von $P_1$ bzw. $Q_1$ den Abstand r haben (siehe Abb. L39c). Wir können das Polygon P einteilen in das Polygon P* und ein Rechteck mit den Seitenlängen 2r und d. Somit gilt P = 2rd + P*. Der Umfang von P hat mit dem Rechteck eine Seite der Länge d gemeinsam. Der übrige Teil des Umfangs bildet den Umfang von P*. So gilt u = 2d + u*.

**L40:** a) Ist der Radius des einbeschriebenen Kreises r und hat das Polygon die Seiten $s_1, s_2, \ldots, s_n$, so ist der Flächeninhalt des Polygons

$$P = \frac{1}{2} r (s_1 + s_2 + \ldots + s_n) = \frac{1}{2} ru.$$ Der Flächeninhalt des Inkreises beträgt $\pi r^2$. Er ist kleiner als P, so daß gilt

$$\pi r^2 < P.$$

Nach der obigen Gleichung haben wir $r = \dfrac{2P}{u}$. Das setzen wir in die Ungleichung ein: $\pi \cdot \dfrac{4P^2}{u^2} < P$ und folglich

$$\frac{4\pi P}{u^2} < 1.$$

Damit ist die Behauptung für diesen Sonderfall bewiesen. Da sowohl der einbeschriebene Kreis als auch das Polygon P konvex sind, ist der Umfang u größer als der Umfang des Kreises $2\pi r$ (M14).

b) Wir nehmen zuerst an, daß das konvexe Polygon P ein inneres Parallelenpolygon $P_1$ besitzt (Fall 1). Wir beweisen durch vollständige Induktion, daß der isoperimetrische Quotient von P kleiner als 1 ist. Die Behauptung gilt für n = 3, da man jedem Dreieck einen Kreis einbeschreiben kann, also der Fall von a) vorliegt. Nach Induktionsannahme möge die Behauptung für konvexe Polygone mit weniger als n Seiten gelten. P habe n Seiten. Sein inneres Parallelenpolygon $P_1$ hat dann weniger als n Seiten. Folglich gilt $\dfrac{4\pi P_1}{u_1^2}$ < 1, d. h. $4\pi P_1 < u_1^2$. Das Polygon P* besitzt einen Inkreis. Nach a) gilt $u^{*2}$ > 4πP* und u* > 2πr. Daraus folgt $2u_1 u^* > 4\pi r u_1$. Alle diese Ungleichungen verwenden wir zur Herleitung der Ungleichung zwischen $u^2$ und P:

$$u^2 = (u_1 + u^*)^2 = u_1^2 + 2u_1 u^* + u^{*2} > 4\pi P_1 + 4\pi r u_1 + 4\pi P^* = 4\pi P$$

(siehe L39a). Damit ist die Behauptung für alle konvexen Polygone bewiesen, für die Fall 1 vorliegt.

Im Fall 2 führen wir den Beweis direkt. Nach a) gilt $u^{*2} > 4\pi P^*$ und u* > 2πr. Damit erhalten wir

$$u^2 = (u^* + 2d)^2 = u^{*2} + 4u^* d + 4d^2 > 4\pi P^* + 8\pi r d + 4d^2$$
$$> 4\pi(P^* + 2rd) = 4\pi P,$$

und die Behauptung ist auch für den Fall 2 bewiesen.

c) Das Polygon P ist nicht konvex und hat daher Einbuchtungen, die man wie in L39a durch übergelegte Strecken beseitigen kann. Der Umfang des entstandenen konvexen Polygons $\overline{P}$ ist kleiner, sein Flächeninhalt größer als der von P, so daß wir schreiben können $\bar{u} < u$, $P < \overline{P}$. $\overline{P}$ hat also einen größeren isoperimetrischen Quotienten. Nach b) gilt

$$\frac{4\pi P}{u^2} < \frac{4\pi \overline{P}}{\bar{u}^2} < 1.$$

Damit ist die Behauptung auch für nichtkonvexe Polygone bewiesen.

d) Wir führen den Beweis indirekt und nehmen im Widerspruch zur Behauptung an

$$1 \leq \frac{4\pi F}{u^2}.$$

Gilt $u^2 = 4\pi F$, so können wir nach L37 das Steinersche Viergelenkverfahren anwenden, denn F ist kein Kreis. Dabei bleibt der Umfang unverändert, der Flächeninhalt wird größer, das Gleichheitszeichen wird durch das Zeichen < ersetzt. Es genügt daher, einen Widerspruch für den Fall herzuleiten, daß das Kleinerzeichen steht. Das bedeutet aber

$$0 < 4\pi F - u^2.$$

Die positive Zahl auf der rechten Seite der Ungleichung nennen wir β,

$$\beta: = 4\pi F - u^2.$$

Wir wählen n Punkte $Q_i$ (i = 1, ..., n) auf dem Umfang von F als Ecken eines einbeschriebenen Polygons P. Wir können n so groß wählen und die n Punkte so auf dem Umfang von F verteilen, daß die positive Zahl F–P beliebig klein wird. Wir richten es so ein, daß F–P < $\dfrac{\beta}{4\pi}$ ist. Mindestens zwischen 2 benachbarten Punkten $Q_i$ ist der Umfang keine Strecke, ist er länger als die Polygonseite. Daher ist der Umfang $u_P$ des Polygons kleiner als der Umfang u der Figur F:

$$u_P < u.$$

Nach obiger Ungleichung gilt

$$F - P < F - \frac{u^2}{4\pi}$$

oder

$$u^2 < 4\pi P.$$

Damit erhalten wir für den isoperimetrischen Quotienten des Polygons P

$$1 < \frac{4\pi P}{u_P^2}.$$

Dieses Ergebnis widerspricht aber b) und c). Der isoperimetrische Quotient eines Polygons ist stets kleiner. Die Annahme ist falsch. Der isoperimetrische Quotient der Figur F ist kleiner als 1. Danach ist der Kreis die einzige Figur, für die der isoperimetrische Quotient den Wert 1 hat, alle anderen Figuren haben einen kleineren isoperimetrischen Quotienten.

## *Anwendungen des isoperimetrischen Satzes*

**L41:**

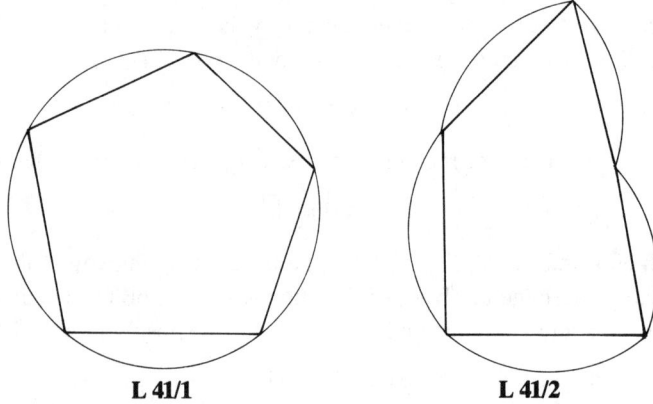

**L 41/1**                    **L 41/2**

**L42:** a) Ein vorgegebenes n-Eck sei nicht regelmäßig. Entweder sind nicht alle Seiten gleich lang, oder es sind alle Seiten gleich lang, aber das n-Eck hat keinen Umkreis. Im zweiten Fall ist nach L41 das regelmäßige n-Eck größer. Für den ersten Fall geben wir ein Vergrößerungsverfahren an. In diesem Fall gibt es 2 benachbarte Seiten verschiedener Länge. Wir nennen sie AC und CB. Das Dreieck ABC ist nicht gleichschenklig mit der Basis AB. Nach L31 können wir seinen Flächeninhalt vergrößern, indem wir das gleichschenklige Dreieck ABC′ vom gleichen Umfang konstruieren. Ersetzen wir in dem gegebenen n-Eck den Punkt C durch C′, so haben wir ein größeres n-Eck erhalten; sein Umfang ist unverändert geblieben. Das Vergrößerungsverfahren versagt für ein gleichseitiges n-Eck. Wenn wir voraussetzen oder noch zeigen, daß es unter den n-Ecken von gegebenem Umfang eines mit maximalem Flächeninhalt gibt, so muß es gleichseitig sein. Da aber unter den gleichseitigen n-Ecken das regelmäßige den größten Flächeninhalt besitzt, ist das regelmäßige n-Eck vom gegebenen Umfang die Lösung.

b) Das regelmäßige n-Eck hat den isoperimetrischen Quotienten $\dfrac{4\pi F}{u^2} = \dfrac{\pi}{n \cdot \tan \dfrac{\pi}{n}}$. Jedes andere n-Eck hat einen kleineren isoperimetrischen Quotienten. Also gilt für jedes n-Eck

$$\frac{4\pi F}{u^2} \lesseqgtr \frac{\pi}{n \cdot \tan \dfrac{\pi}{n}}.$$

Gleichheit gilt genau für das regelmäßige n-Eck.

**L43:** Lege die Schnur auf den durch l und a eindeutig bestimmten Kreisbogen, und ergänze diesen zu einer vollen Kreislinie. Nach dem isoperimetrischen Satz hat die Gesamtfigur bei jeder anderen Lage der Schnur kleineren Flächeninhalt. Indem wir den angesetzten Kreisabschnitt wieder wegnehmen, erhalten wir das Ergebnis: Der durch die Schnur der Länge l und die Strecke a bestimmte Kreisabschnitt hat den größten Flächeninhalt. Versuche auch, das zu A43 duale Problem zu formulieren und zu lösen. Wir wenden es in L68 an.

**L44:** Wir stellen uns vor, daß an dem freien Ende der Schnur ein Ring angebracht ist, der auf einer geradlinigen Stange laufen kann. Wir führen dieses Problem auf das isoperimetrische zurück, indem wir die Schnur an der Geraden g spiegeln. Dann ist diejenige Figur des Umfangs 2l gesucht, die die größte Fläche einschließt. Dies ist der Kreis vom Umfang 2l. Lösungen unseres Problems sind folglich die beiden Halbkreise durch B, deren Durchmesser auf g liegen und deren Kreisbögen die Länge l haben. Ihr Radius beträgt $r = \dfrac{l}{\pi}$. Folgerung für Seifenblasen: siehe L49.

## Weitere elementar lösbare isoperimetrische Probleme

**L45:** a) Die Seite des Rechtecks, der der Halbkreis anliegt, sei 2x, die andere y (Abb. L45a). Dann beträgt der Umfang des Querschnitts

$$u_0 = 2x + 2y + \pi x = (2 + \pi)x + 2y.$$

Für y erhalten wir daraus $y = \dfrac{1}{2} u_0 - (1 + \dfrac{\pi}{2})$ x. Der Flächeninhalt des Querschnitts ist

$$F(x, y) = 2xy + \frac{1}{2} \pi x^2.$$

Wir eliminieren y:

$$F(x) = x(u_0 - (2 + \frac{\pi}{2}) x).$$

Diese quadratische Funktion nimmt ihr Maximum an für $x_m = \dfrac{u_0}{4 + \pi}$ (M6a).

Für diesen Wert von x hat y denselben Wert, d. h., $y_m = x_m$. Der Querschnitt des Tunnels ist bei gegebenem Umfang dann von maximalem Flächeninhalt, wenn das Rechteck doppelt so breit wie hoch ist. Der maximale Flächeninhalt ist $F_m = \dfrac{u_0^2}{2(4 + \pi)}$.

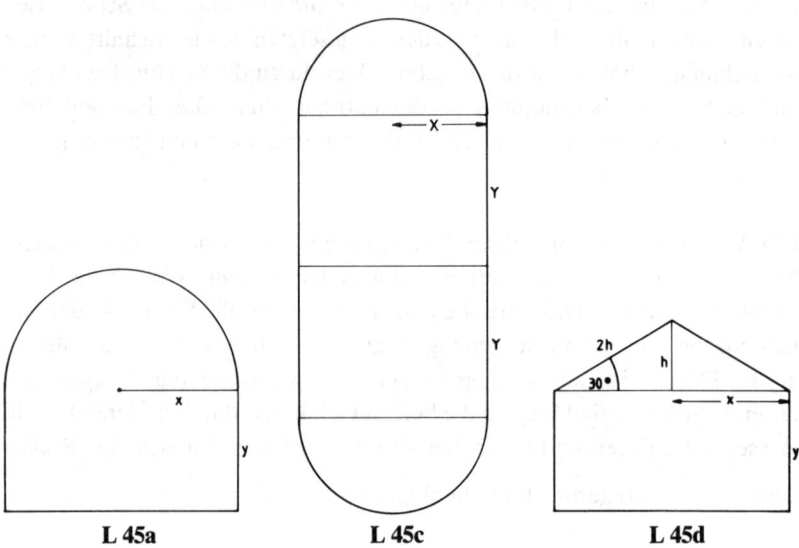

L 45a                    L 45c                    L 45d

b) Das zu a) duale Problem lautet: Gegeben sei der Flächeninhalt $F_0$ des in der Aufgabenstellung beschriebenen Querschnitts. Bei welchen Abmessungen ist der Umfang des Querschnitts minimal? Es gilt $F_0 = 2xy + \dfrac{1}{2}\pi x^2$.

Daraus berechnen wir y : $y = \dfrac{F_0}{2x} - \dfrac{1}{4}\pi x$. Das setzen wir in den Funktionsterm von u ein, der lautet

$$u(x, y) = 2x + 2y + \pi x.$$

Nach Elimination von y erhalten wir

$$u(x) = \left(2 + \frac{\pi}{2}\right) x + \frac{F_0}{x}.$$

Nach M6f berechnen wir das Minimum dieser Funktion mit Hilfe der arithmetisch-geometrischen Ungleichung zu

$$x_m = \sqrt{\frac{2 F_0}{4 + \pi}}.$$

Für y ergibt sich nach Einsetzen von $x_m$ derselbe Wert, d. h., es gilt wieder $y_m = x_m$. Bei gegebenem Flächeninhalt $F_0$ ist der Umfang des Querschnitts minimal, wenn das Rechteck doppelt so breit wie hoch ist. Der minimale Umfang ist $u_m = \sqrt{2 (4 + \pi) F_0}$.

c) Der Umfang, also die Länge der Laufbahn, ist $u_0 = 4y + 2\pi x$ (Abb. L45c).

Daraus folgt $y = \dfrac{u_0}{4} - \dfrac{\pi}{2} x$. Das rechteckige Spielfeld F soll möglichst groß werden:

$$F = 2x \cdot 2y = 2x \cdot 2 \left(\frac{u_0}{4} - \frac{\pi}{2} x\right) \to \max.$$

$$x_m = \frac{u_0}{4\pi}, \; y_m = \frac{u_0}{8} \; \text{(M6a)}.$$

Da die Länge der Laufbahn 400 m beträgt, erhalten wir $x_m = \dfrac{100}{\pi}$ m $= 31{,}83$ m,

$y = 50$ m. Das Spielfeld ist also 100 m lang und 63,66 m breit. Das entspricht etwa den Abmessungen eines Fußballfeldes. Diese sollen nach Brockhaus zwischen $100 \times 64$ und $110 \times 75$ liegen. Allgemein üblich ist $105 \times 70$. Eine 400 m-Bahn mit Halbkreisbögen ist bei den gefundenen Abmessungen gerade noch möglich. Bei den größeren Feldern müssen Bögen gebaut werden, die kürzer als die angesetzten Halbkreisbögen sind.

d)
$$x_m = \frac{u_0}{2 \cdot (2 + \sqrt{3})}, \; y_m = \frac{u_0 \left(1 + \frac{1}{3}\sqrt{3}\right)}{2 (2 + \sqrt{3})}$$

$$F_m = \frac{u_0^2}{4 \cdot (2 + \sqrt{3})}$$

e)
$$F_0 = 2 xy + \frac{1}{3}\sqrt{3}\, x^2$$

$$y = \frac{F_0}{2 x} - \frac{1}{6}\sqrt{3}\, x$$

$$u = 2x + 2y + 4h = \left(2 + \frac{4}{3}\sqrt{3}\right) x + 2y = \frac{F_0}{x} + (2 + \sqrt{3})\, x$$

Nach (M 6f) erhalten wir

$$x_m = \sqrt{\frac{F_0}{2 + \sqrt{3}}}, \quad y_m = \sqrt{\frac{F_0}{2 + \sqrt{3}}} \cdot (1 + \frac{1}{3}\sqrt{3}).$$

Mit diesen Werten berechnen wir den minimalen Umfang

$$u_m = 2\sqrt{F_0(2 + \sqrt{3})}.$$

## Einfache räumliche isoperimetrische Probleme

**L46:** a) Die gegebene Kantensumme sei $k_0 = a + b + c$. Das Volumen $V = a \cdot b \cdot c$ soll ein Maximum werden. Die arithmetisch-geometrische Ungleichung besagt (M4)

$$\frac{k_0}{3} = \frac{a + b + c}{3} \geq \sqrt[3]{abc} = \sqrt[3]{V}.$$

Das Volumen wird am größten, wenn Gleichheit besteht. Dann gilt $a = b = c$, und das Volumen ist $V = (\frac{k_0}{3})^3$. Der gesuchte Quader ist also der Würfel mit der Kante $\frac{k_0}{3}$.

b) Gegeben ist das Volumen $V_0$ eines Quaders. Welcher von diesen Quadern hat die minimale Kantensumme?

$$\frac{k}{3} = \frac{a + b + c}{3} \geq \sqrt[3]{abc} = \sqrt[3]{V_0}.$$

Die Kantensumme hat ihren kleinsten Wert, wenn Gleichheit besteht. Dann gilt $a = b = c$, der gesuchte Quader ist der Würfel, und die Kantensumme beträgt $3\sqrt[3]{V_0}$.

**L47:** a) Die gegebene Oberfläche ist $O_0 = 2(ab + ac + bc)$. Die arithmetisch-geometrische Ungleichung ergibt

$$\frac{O_0}{6} = \frac{ab + ac + bc}{3} \geq \sqrt[3]{a^2b^2c^2} = \sqrt[3]{V^2}.$$

$V$ ist am größten im Fall der Gleichheit. Dann gilt $ab = ac = bc$, also $a = b = c$. Der Würfel ist der Quader mit gegebener Oberfläche $O_0$ mit dem größten Volumen. Es beträgt $\sqrt{(\frac{O_0}{6})^3}$, und die Würfelkante hat die Länge $\sqrt{\frac{O_0}{6}}$.

b) Bei gegebenem Volumen $V_0$ ergibt die arithmetisch-geometrische Ungleichung

$$\frac{O}{6} = \frac{ab + ac + bc}{3} \geq \sqrt[3]{a^2 b^2 c^2} = \sqrt[3]{V_0^2}.$$

Die Oberfläche erreicht ihren kleinsten Wert, wenn $ab = ac = bc$, d. h., wenn $a = b = c$. Der Quader von gegebenem Volumen $V_0$ ist der Würfel mit der Kantenlänge $\sqrt[3]{V_0}$. Seine Oberfläche beträgt $6 \sqrt[3]{V_0^2}$.

**L48:** a) Die vorgegebene (äußere) Oberfläche $O_0$ der Schachtel ist

$$O_0 = ab + 2ac + 2bc.$$

Die arithmetisch-geometrische Ungleichung besagt

$$\frac{O_0}{3} = \frac{ab + 2ac + 2bc}{3} \geq \sqrt[3]{4a^2 b^2 c^2} = \sqrt[3]{4\,V^2}.$$

Das Volumen V wird bei Gleichheit am größten. Das ist genau dann der Fall, wenn $ab = 2ac = 2bc$, d. h., wenn $a = b = 2c$. Die Schachtel hat also quadratischen Grundriß, die Höhe ist halb so groß wie die Kante des Quadrats.

Man kann das Problem auch lösen, indem man es auf die vorige A47 zurückführt. Wir spiegeln jede zulässige Schachtel an der Ebene der „offenen Seite" (oben). Dann entsteht ein Quader von doppeltem Volumen und doppelter Oberfläche. Unter allen diesen Quadern hat der Würfel das größte Volumen. Man erhält die gesuchte Schachtel durch Halbieren dieses Würfels.

b) Eine oben offene Schachtel vom Volumen $V_0$ soll mit möglichst geringem Materialverbrauch (Blech) hergestellt werden. Nach der arithmetisch-geometrischen Ungleichung gilt

$$\frac{O}{3} = \frac{ab + 2ac + 2bc}{3} \geq \sqrt[3]{4a^2 b^2 c^2} = \sqrt[3]{4V_0^2}.$$

Die Oberfläche O nimmt ihren kleinsten Wert an, wenn Gleichheit besteht. Dann gilt $ab = 2ac = 2bc$, d. h., $a = b = 2c$. Die Schachtel hat quadratischen Grundriß, die Höhe ist halb so groß wie die Kante des Quadrats. Ebenso wie in a) kann man das Problem auf A47 zurückführen.

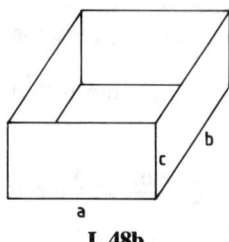

**L 48b**

## Der isoperimetrische Satz in Natur und Alltag

**L49:** Warum sind Teekannen nahezu kugelförmig, Atomreaktoren fast halb-kugelförmig? In beiden Fällen ist es der gleiche Grund: In einen Behälter ist eine Substanz eingeschlossen, im ersten Fall Tee, im zweiten radioaktives Material, die durch Strahlung etwas nach außen in die Umgebung abgibt: der Tee Wärme, das Innere des Reaktors radioaktive Strahlung (Neutronen- und γ-Strahlung). Diese Verluste, der Wärmeverlust bzw. die Gefährdung durch entweichende, radioaktive Strahlung, können durch gute Isolation klein gehalten werden, aber auch, indem man die Oberfläche möglichst klein gestaltet. Nach dem isoperimetrischen Satz sollten die Behälter kugel-förmig sein. Abweichungen sind aus statischen Gründen nötig.

Für die Abstrahlung etwa von Wärme ist außer der Isolation und der Form des Behälters noch weiteres zu beachten: die Masse der Substanz. Wie je-der weiß, erkaltet Tee schneller in einer Tasse als in einer Kanne, in einer kleinen Kanne schneller als in einer großen Kanne. Dazu führen wir folgen-des kleine Gedanken- und Rechenexperiment aus. Wir denken uns eine exakt kugelförmige Teekanne. Sie hat einen Radius r, ihre Oberfläche ist

$$O = 4\pi r^2 \text{ und das Volumen } V = \frac{4}{3}\pi r^3.$$ Nun teilen wir das Volumen V in 2

gleich große Teile $V_1$ und $V_2$ (mit $V = V_1 + V_2$ und $V_1 = V_2$) und füllen $V_1$ und $V_2$ in 2 kugelförmige kleinere Teekannen. Welche Radien $r_1$ und $r_2$ (mit $r_1 = r_2$) müssen diese besitzen, damit sie durch $V_1$ und $V_2$ gerade ausgefüllt

werden? Es gilt $\frac{4}{3}\pi r^3 = \frac{4}{3}\pi r_1^3 + \frac{4}{3}\pi r_2^3$, also $r_1^3 = \frac{r^3}{2} = r_2^3$ und $r_1 = \frac{r}{\sqrt[3]{2}} = r_2$.

Für die Oberflächen erhalten wir $O_1 = O_2 = 4\pi \left(\frac{r}{\sqrt[3]{2}}\right)^2 = \frac{O}{\sqrt[3]{2^2}}$. Beide Kan-nen zusammen haben die Oberfläche

$$O_1 + O_2 = 2O_1 = \sqrt[3]{2} \cdot O = 1{,}260 \cdot O.$$

Hätten wir den Tee in n Kugelteekannen gegossen, wäre die Gesamtoberfläche $O_1 + \ldots + O_n = \sqrt[3]{n}\ O$. Die Vergrößerung der Gesamtoberfläche durch Zerteilung hat schnellere Abkühlung zur Folge. Oder: Körper gleicher Form und gleicher Temperatur kühlen verschieden schnell ab (bzw. erwärmen sich verschieden schnell). Der kleinere schneller als der größere. Beide Gesetze, das von der Form und das von der Größe, beachtet die Natur bei den Warmblütern, Säugetieren oder Vögeln, deren Körpertemperatur unabhängig von der Außentemperatur gleich bleibt. Polartiere, der Eisbär, der Polarhase, der Polarfuchs, sind rundlicher (kugeliger) und größer als ihre südlicher lebenden Artgenossen. Die größten Säugetiere, die Wale, leben zumindest zeitweise in arktischen Regionen. Unter den Vögeln hat der Pinguin eine stattliche Größe, wegen seiner kugeligen Gestalt kann er nicht fliegen, sondern nur drollig herumhopsen. Schlanke, lange Tiere wie der Vogel Strauß mit langem Hals und sperrigen Beinen, die Giraffe, die Gazelle und die Schlangen leben in wärmeren Regionen ebenso wie der kleine Kolibri und großflügelige Schmetterlinge. Ihre Körperform bzw. ihre Kleinheit erleichtert es ihnen, überschüssige Wärme abzustrahlen.

Während man bei der Teekanne großes Volumen und kleine (kugelige) Oberfläche anstrebt, um das Abstrahlen von Wärme zu behindern, laufen andere Vorgänge in Natur und Technik besser ab, wenn das Material fein zerteilt ist und dadurch einem angreifenden Stoff eine große Oberfläche darbietet. So mahlen wir Kaffeebohnen, damit kochendes Wasser Aromastoffe und Koffein herausziehen kann. Fein in der Luft verteilter Staub, etwa Kohlenstaub, kann durch einen Funken leicht entzündet werden, da die Gesamtoberfläche der Staubteilchen dem Feuer eine riesige Angriffsfläche bietet. Eine ungeheure Explosion kann so entstehen. Gebändigte Staubexplosionen nutzt man im Zylinder des Otto-Motors, in dem der Vergaser den Kraftstoff zerstäubt. Das Blut des Menschen enthält in 5l etwa 25 Billionen ($25 \cdot 10^{12}$) rote Blutkörperchen, die sich an den Lungenbläschen mit Sauerstoff beladen. Es sind Scheibchen, also Zylinder mit etwas eingedellten Grundflächen. Ihr Durchmesser beträgt etwa 8/1000 mm, die Höhe 2/1000 mm. Aus gutem Grund sind sie nicht kugelförmig. Berechnet man nämlich die Oberflächen des Zylinders und der Kugel von gleichem Volumen, so erhält man $O_z = 1{,}5\ 10^{-4}\ mm^2$ und $O_k = 1{,}04\ 10^{-4}\ mm^2$. Die Oberfläche des Zylinders beträgt also etwa das 1½fache der Kugeloberfläche, kann daher mehr Sauerstoff binden.

Zum Schluß erwähnen wir noch experimentelle Nachweise der isoperimetrischen Sätze; zunächst des räumlichen isoperimetrischen Satzes. Jedes

Kind weist ihn nach, das Seifenblasen fliegen läßt. (Genaugenommen ist es der dazu duale Satz.) Die Seifenblase schließt ein bestimmtes Volumen Luft ein und sucht ihre Oberfläche (innere und äußere zusammen) wegen der Oberflächenspannung (M13d) zu minimieren. So kommt die Kugelform zustande. Eine genaue Überlegung über den Innendruck der Seifenblase zeigt folgendes: Wir nehmen an, Innen- und Außendruck wären gleich. Dann kann sich die Seifenblase noch weiter verkleinern. Dabei steigt der Innendruck, und die Seifenhaut leistet Arbeit an dem eingeschlossenen Volumen. Der Prozeß der Verkleinerung läuft so lange, bis die geleistete Arbeit ebenso groß ist wie die Verminderung der Oberflächenenergie (innen und außen zusammen). Die Seifenblase drückt die eingeschlossene Luft ebenso zusammen wie eine Hand einen Tennisball. Eine genaue Rechnung zeigt, daß der Unterschied zwischen Innen- und Außendruck umgekehrt proportional zum Radius ist; d. h., bei einer kleinen Seifenblase ist er größer als bei einer großen.

Pusten wir Luft in eine Seifenlösung, so bilden sich auf der Oberfläche halbkugelförmige Seifenbläschen. Wir können sie als Lösungen des räumlichen Problems der Dido auffassen (eigentlich des dualen Problems; A44). Auch hier ist ein Druckunterschied zwischen Innen- und Außenluft vorhanden, den wir an der Wasseroberfläche im Inneren der Seifenblase erkennen: Sie ist ein wenig eingedellt. Guckt man hindurch, so wirkt die Delle wie eine Zerstreuungslinse: Gegenstände im Wasser unter der Blase erscheinen verkleinert.

Der isoperimetrische Satz in der Ebene läßt sich durch ein schönes Experiment nachweisen. Wir spannen eine ebene Seifenhaut in einen (z. B. rechteckigen) Rahmen. Hinein legen wir einen an den Enden zusammengeknoteten Faden, so daß er eine geschlossene, sich nicht überschneidende Kurve bildet. Wir beseitigen durch einen Nadelstich die Seifenhaut im Inneren der Kurve. Sofort zieht die Seifenhaut außen an jedem Punkt des Fadens, da sie wegen der Oberflächenspannung bestrebt ist, ihre Oberfläche zu minimieren. Sie macht also die Fläche zwischen Faden und Rahmen so klein wie möglich, das Innere des Fadens möglichst groß. Daher nimmt der Faden die Form eines Kreises an.

# LIII EINBESCHRIEBENE
# UND UMBESCHRIEBENE FIGUREN

**L50:** a) (i) *Funktional-elementare Lösung:* Wir wählen eine Höhe h des Dreiecks, die die gegenüberliegende Seite trifft, und nennen diese Seite c = AB. Nach dem Strahlensatz gilt mit den Bezeichnungen der Abb. L50a/1

$$\frac{x}{c} = \frac{CG}{CA} = \frac{CH}{CI} = \frac{h-y}{h}.$$

Für y erhalten wir daraus $y = h \cdot (1 - \frac{x}{c})$.

Das eingezeichnete Rechteck mit den Seiten x und y hat daher den Flächeninhalt

$$F = xh(1 - \frac{x}{c}).$$

Dieser ist also eine quadratische Funktion von x, die nach M6a ihr Maximum für $x_m = \frac{c}{2}$ annimmt. Dann ergibt sich $y_m = \frac{h}{2}$. Der Flächeninhalt des maximalen Rechtecks ist also gleich der Hälfte vom Flächeninhalt des Dreiecks. Zu jeder Höhe, die die gegenüberliegende Seite des Dreiecks trifft, kann man ein solches Rechteck konstruieren. Die Aufgabe hat eine, zwei oder drei gleich große Lösungen, je nachdem, ob das Dreieck stumpfwinklig, rechtwinklig oder spitzwinklig ist.

(ii) *Geometrische Lösung:* Wir lösen das Problem zunächst für ein rechtwinkliges Dreieck ABC mit dem rechten Winkel α bei A (Abb. L50a/2). Diesem beschreiben wir ein Rechteck ADEF ein, von dem 2 Seiten auf den Katheten liegen sollen. Wir spiegeln die Gerade BC an den Rechteckseiten ED und EF und erhalten als Bildgerade beide Male die Gerade g durch E. Den Beweis dafür tragen wir unten nach. Ist E Mittelpunkt der Strecke BC, so sind die Geraden ED und EF Mittelsenkrechten der Katheten, und die Eckpunkte B und C werden auf A abgebildet. Also geht die Gerade g genau dann durch A, wenn E der Mittelpunkt von BC ist. In diesem Fall wird das Dreieck BDE auf ADE, das Dreieck EFC auf AEF abgebildet, und das Rechteck ADEF

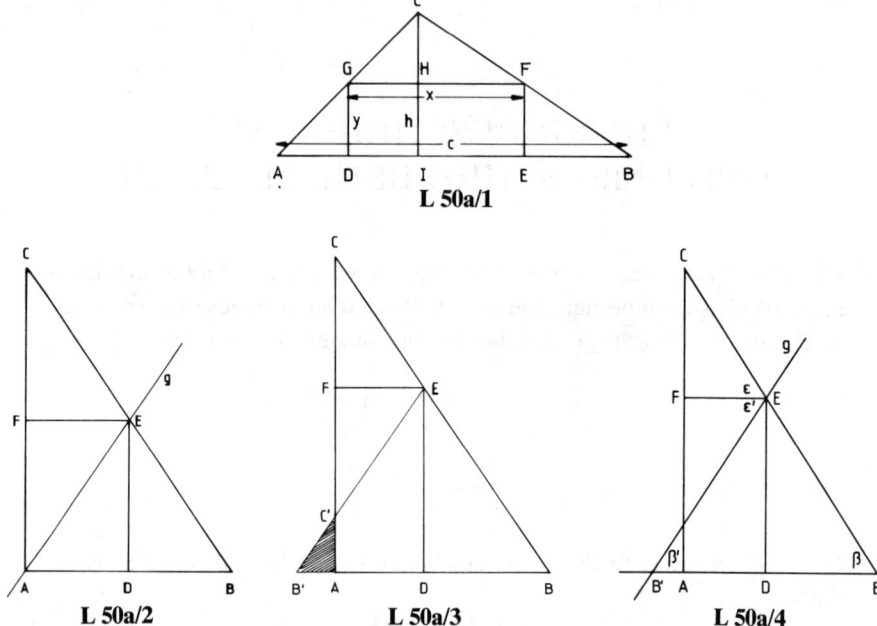

**L 50a/1**

**L 50a/2**          **L 50a/3**          **L 50a/4**

ist halb so groß wie das Dreieck ABC. In jedem anderen Fall geht g nicht durch A, sondern schneidet eine der Katheten. Die Spiegelbilder der Dreiecke BDE und CEF überdecken das Rechteck, doch erstreckt sich eines ins Äußere des Rechtecks (in der Abb. L50a/3 schraffiert). Das Rechteck ist also kleiner als die Hälfte des Dreiecks ABC. In jedem Fall gilt

$$ADEF \leqq \frac{1}{2} ABC.$$

Gleichheit gilt genau dann, wenn E Mittelpunkt von BC ist. Dann nimmt der Flächeninhalt des Rechtecks das Maximum an. Ist das Dreieck nicht rechtwinklig, so können wir es durch eine Höhe in zwei rechtwinklige Teildreiecke einteilen und auf diese unser Ergebnis anwenden. Die maximalen Rechtecke beider rechtwinkligen Dreiecke bilden zusammen ein maximales Rechteck für das gegebene Dreieck. Sein Flächeninhalt ist halb so groß wie der des Dreiecks.

Wir haben noch zu beweisen, daß die Gerade BC sowohl bei Spiegelung an ED als auch bei der Spiegelung an EF auf dieselbe Gerade g abgebildet wird. g sei die Bildgerade von BC bei Spiegelung an ED. Bei dieser Spiegelung wird der Winkel β in den gleich großen Winkel β' überführt (siehe Abb. L50a/4). Ebenso groß ist der Winkel ε' als Wechselwinkel von β' und ε als Stufenwinkel von β. Also gilt ε = ε'. Daher wird BC auch durch die Geradenspiegelung an EF auf g abgebildet.

b) Bei beiden vorstehenden Beweisen sind wir von einem einbeschriebenen Rechteck ausgegangen, bei dem zwei Eckpunkte auf einer Seite, die beiden anderen auf den anderen Dreieckseiten liegen.

Wir haben noch zu zeigen, daß wir uns auf diese einbeschriebenen Rechtecke beschränken dürfen. Für alle anderen einbeschriebenen Rechtecke gibt es nämlich ein größeres oder gleichgroßes Rechteck der beschriebenen Art. Hat das einbeschriebene Rechteck keinen, einen oder zwei Eckpunkte auf einer Dreieckseite, so kann man durch Verlängern der Seiten (Dehnung) erreichen, daß mindestens 3 Eckpunkte auf einer Dreieckseite liegen (Abb. L50b/1). Befinden sich dann schon alle 4 Eckpunkte auf Dreieckseiten, so sind wir fertig. So brauchen wir uns nur noch mit dem Fall zu befassen, daß genau 3 Eckpunkte auf einer Dreieckseite liegen. Sind von diesen 2 auf einer gemeinsamen Seite, so bringen wir, wenn möglich, auch den vierten Eckpunkt durch Seitenverlängerung auf eine Dreieckseite. Das funktioniert nur dann nicht, wenn das gegebene Dreieck stumpfwinklig ist und die 2 Eckpunkte des Rechtecks auf einer Dreieckseite liegen, die Schenkelseite des stumpfen Winkels ist. In diesem Fall verwandeln wir das Rechteck durch

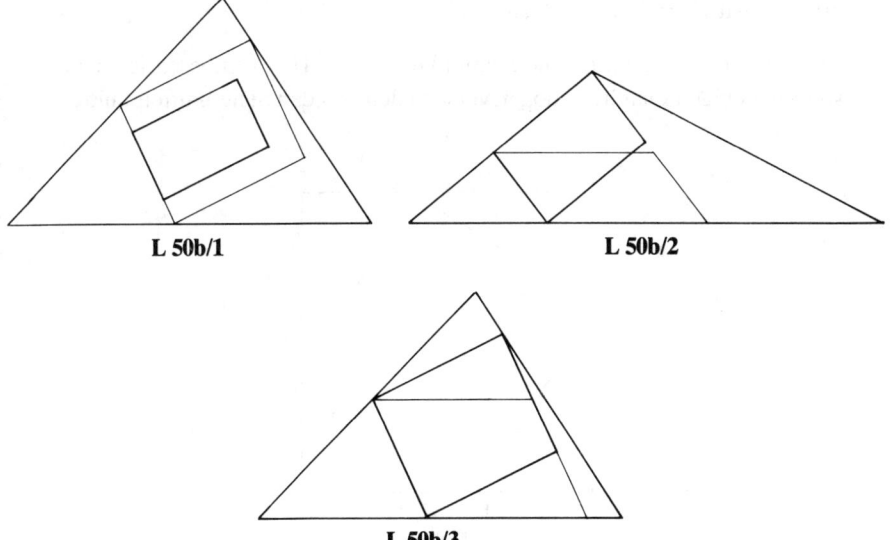

L 50b/1                    L 50b/2

L 50b/3

eine Scherung in ein einbeschriebenes Parallelogramm (Abb. L50b/2), von dem 2 Eckpunkte auf der längsten Seite des Dreiecks liegen. Eine weitere Scherung führt zu einem Rechteck mit 2 Eckpunkten auf der längsten Seite des Dreiecks, auf das wir das obige Verfahren anwenden können. Liegen die 3 Eckpunkte auf verschiedenen Dreieckseiten, so überführen wir das Rechteck durch eine Scherung in ein flächengleiches Parallelogramm mit 2 Seiten auf einer gemeinsamen Dreieckseite (Abb. L50b/3). Durch eine weitere Scherung erhalten wir ein ebensolches Rechteck, so daß nun der oben behandelte Fall vorliegt.

**L51:** a) (i) *Funktional-elementare Lösung:* ABCD sei ein Quadrat der Seitenlänge 1 und EFGH ein beliebiges diesem einbeschriebenes Quadrat. Wir setzen EB = x, BF = y. Es gilt $0 < x < 1$ und $y = 1 - x$. Für den Umfang u des einbeschriebenen Quadrats erhalten wir

$$u = 4\sqrt{x^2 + y^2} = 4\sqrt{x^2 + (1-x)^2} = 4\sqrt{2x^2 - 2x + 1}.$$

u wird genau dann minimal, wenn die quadratische Funktion $x^2 - x$ minimal ist (M6a, b). Die Parabel mit diesem Term ist nach oben geöffnet und hat die Nullstellen 0 und 1. Sie nimmt ihr Minimum für $x_m = \dfrac{1}{2}$ an. Dann ist $y_m = \dfrac{1}{2}$, $u_m = 2\sqrt{2}$. Gehen wir von einem Quadrat der Seitenlänge a aus, so erhalten wir $x_m = \dfrac{a}{2}$, $u_m = 2\sqrt{2}a$.

(ii) *Geometrische Lösung:* Die Eckpunkte E, F, G, H des einbeschriebenen, sonst beliebigen Quadrats mögen verschieden von den Seitenmittelpunkten

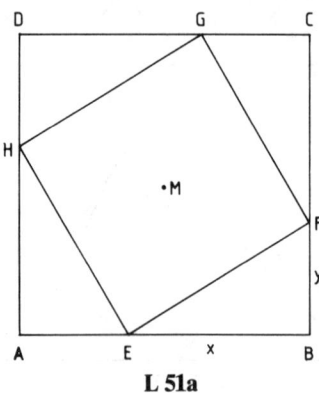

**L 51a**

des gegebenen Quadrats sein. Zunächst betrachten wir nur das gleichschenklig rechtwinklige Teildreieck EFM. Für die Schenkelseiten gilt

$$ME = MF > \frac{AB}{2}.$$

Für das einbeschriebene Quadrat, dessen Eckpunkte die Seitenmittelpunkte sind, hat das gleichschenklig rechtwinklige Teildreieck Schenkelseiten der Länge $\frac{AB}{2}$. Folglich ist seine Hypotenuse kleiner als EF und ist
der Umfang dieses Quadrats kleiner als der von EFGH.

b) Zur *geometrischen* und *funktional-elementaren Lösung* verwenden wir
die Ansätze von a).

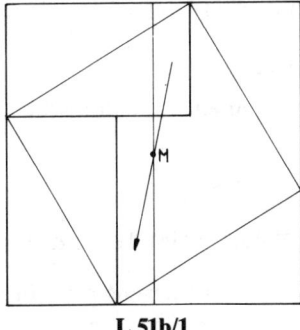 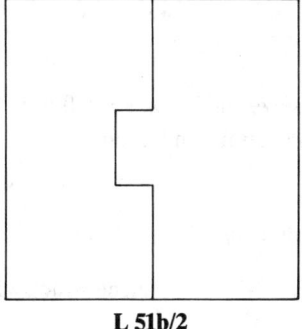

**L 51b/1**                    **L 51b/2**

*Weitere geometrische Lösungen:* Die Eckpunkte des einbeschriebenen Quadrats seien nicht die Seitenmittelpunkte des gegebenen Quadrats. Wir schieben alle 4 Restdreiecke zu 2 Rechtecken zusammen und ziehen eine Mittellinie, wie Abb. L51b/1 zeigt. Die Mittellinie teilt ein Rechteck ab, das wir
durch Punktspiegelung am Mittelpunkt M in die gegenüberliegende Ecke
verfrachten, wo es genau in eine Lücke hineinpaßt (siehe Abb. L51b/2). Die
verwandelte Restfigur liegt nun ganz in einer Hälfte des gegebenen Quadrats und überdeckt sie nur zu einem Teil. Sind aber die Eckpunkte des einbeschriebenen Quadrats Seitenmittelpunkte des gegebenen Quadrats, so
füllt die verwandelte Restfigur die Quadrathälfte ganz aus. In diesem Fall
beträgt der Flächeninhalt des einbeschriebenen Quadrats genau die Hälfte
vom Flächeninhalt des gegebenen Quadrats. Andernfalls ist er größer.

c) Das gegebene Quadrat habe die Seitenlänge a. Man kann jedes umbeschriebene Quadrat einteilen in das gegebene Quadrat und 4 kongruente

rechtwinklige Dreiecke mit gleicher Hypotenuse der Länge a. Daher kann man die Aufgabe auf folgende zurückführen: Konstruiere ein möglichst großes rechtwinkliges Dreieck mit der Hypotenuse a. Lösung ist das gleichschenklig rechtwinklige Dreieck über der Hypotenuse a. Das umbeschriebene Quadrat hat also die Seitenlänge $\sqrt{2}a$ und den Flächeninhalt $2a^2$, den doppelten des gegebenen Quadrats.

**L52:** a) (i) *Funktional-elementare Lösung:* Ein abgeschnittenes rechtwinkliges Dreieck habe die Seiten a und b. Für die dritte Seite c gilt $c^2 = a^2 + b^2$.

Der Flächeninhalt des Dreiecks $\frac{1}{2}$ ab soll möglichst groß werden. Wir eliminieren b und erhalten die Aufgabe

$$\frac{1}{2}a\sqrt{c^2 - a^2} \to \max \text{ mit } 0 < a < c \quad \text{oder}$$

$$a^2c^2 - a^4 \to \max.$$

Wir ersetzen $a^2 =: z$, so daß wir das Maximum einer quadratischen Funktion zu bestimmen haben:

$$zc^2 - z^2 \to \max \text{ mit } 0 < z < c^2.$$

Nach M6a liegt das Maximum bei $z_m = \frac{c^2}{2} = a_m^2$, also bei $a_m = \frac{c}{\sqrt{2}}$. Dann ist

auch $b_m = \frac{c}{\sqrt{2}}$. Das Kuchenstück wird also am größten, wenn man ein gleichschenklig rechtwinkliges Dreieck abschneidet.

(ii) *Geometrische Lösung:* Wir denken uns alle möglichen Kuchenstücke abgeschnitten, wie in Abb. L52a/1 angedeutet. Alle sind rechtwinklig und

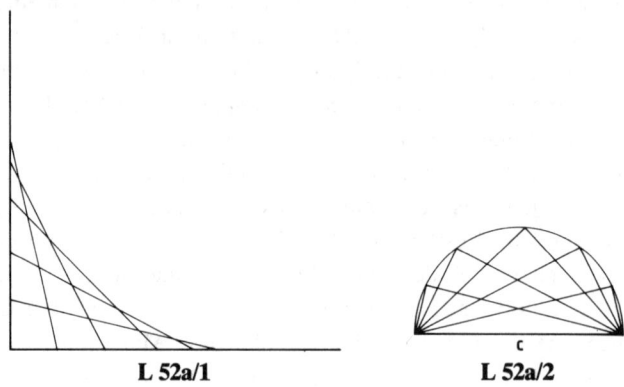

L 52a/1          L 52a/2

haben die gleiche Hypotenuse c. Legen wir von allen diesen Dreiecken die Hypotenusen zusammen, ergibt sich die Abb. L52a/2. Die Höhe und damit der Flächeninhalt ist am größten beim gleichschenklig-rechtwinkligen Dreieck.

b) (i) *Lösung mittels arithmetisch-geometrischer Ungleichung:* Eine Gerade durch den Punkt (a, b) im ersten Quadranten mit negativer Steigung bilde die Achsenabschnitte c (auf der x-Achse) und d (Abb. L52b/1). Dann lautet die Achsenabschnittsgleichung dieser Geraden

$$\frac{x}{c} + \frac{y}{d} = 1.$$

Da der Punkt (a, b) auf dieser Geraden liegen soll, gilt $\frac{a}{c} + \frac{b}{d} = 1$. Der Flächeninhalt des durch die Gerade vom ersten Quadranten abgeschnittenen Dreiecks soll möglichst klein sein. Dieser beträgt $F = \frac{1}{2}\,cd$. So haben wir die Aufgabe

$$cd \to min.$$

Nach der arithmetisch-geometrischen Ungleichung (M4) gilt

$$\frac{1}{2}\left(\frac{a}{c} + \frac{b}{d}\right) \geqq \sqrt{\frac{ab}{cd}}.$$

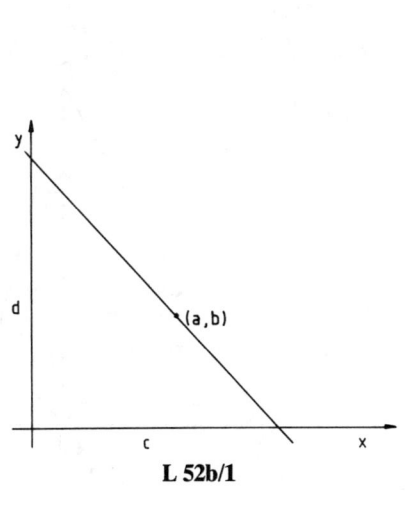

**L 52b/1**

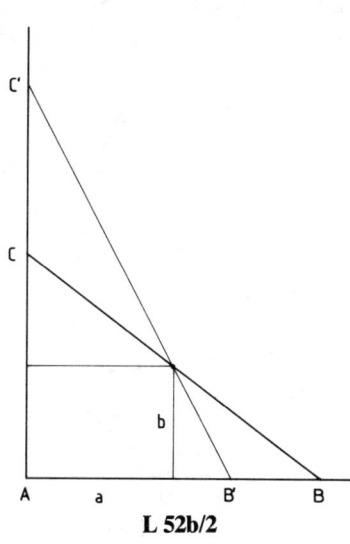

**L 52b/2**

Gleichheit gilt genau dann, wenn $\frac{a}{c} = \frac{b}{d}$. In diesem Fall nimmt die rechte

Seite ihren größten Wert an, cd daher den minimalen Wert. Dann gilt $\frac{a}{c} = \frac{b}{d} = \frac{1}{2}$,

und es ist c = 2a, d = 2b. Das Ergebnis legt die folgende Lösung nahe.

(ii) *Geometrische Lösung:* Wir verwenden das Ergebnis von A50. BC sei diejenige Gerade durch (a, b) für die die Achsenabschnitte AB = 2a und AC = 2b sind (Abb. L52b/2). In das Dreieck ABC zeichnen wir das Rechteck mit den Seiten a und b ein. Dieses ist nach A50 unter allen dem Dreieck ABC einbeschriebenen Rechtecken das größte, und es gilt ab = $\frac{1}{2}$ ABC. Die Gerade B′C′ mit den Achsenabschnitten AB′ und AC′ verlaufe

durch (a, b) und sei von BC verschieden. Dann ist das einbeschriebene

Rechteck nicht das maximale. Somit gilt ab < $\frac{1}{2}$AB′C′. Daraus folgt ABC

< AB′C′, und da B′C′ eine beliebige zulässige Gerade ist, teilt die Gerade BC das minimale Dreieck ab.

**L53:** Zunächst wählen wir einen beliebigen Punkt U im Inneren der Seite AB als Eckpunkt des einbeschriebenen Dreiecks und bestimmen V und W auf den anderen Seiten so, daß UVW minimalen Umfang hat (siehe A16). Dazu spiegeln wir U an den beiden anderen Seiten und erhalten die Bildpunkte U′ und U″. Die Schnittpunkte der Strecke U′U″ mit den Seiten AC und BC (sie existieren) nennen wir V und W. Bei vorgegebenem Eckpunkt

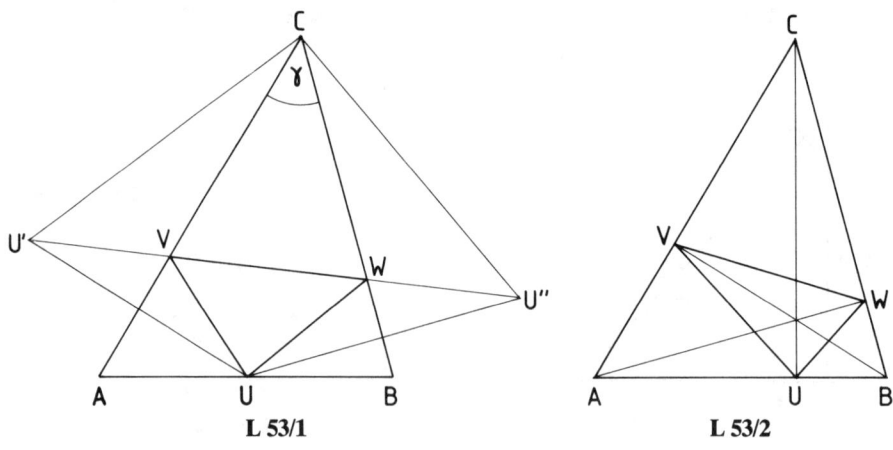

L 53/1                                    L 53/2

U von AB ist UVW das Dreieck minimalen Umfangs. Dieser ist gleich U′U″. Bei jeder anderen Wahl der Eckpunkte V′ und W′ wäre der Umfang von UV′W′ so lang wie der Streckenzug U′V′W′U″, also größer als U′U″. Wir fragen nun: Wie ist U auf AB zu bestimmen, daß der Umfang von UVW möglichst klein wird? Dazu beachten wir folgendes: Bei jeder zulässigen Wahl von U gilt

(i)   $\sphericalangle$ U′CU″ = 2γ,

(ii)  CU = CU′ = CU″.

Wegen (i) wird U′U″ um so kleiner, je kürzer CU′ und CU″ sind, also wegen (ii) auch, je kürzer CU ist. CU ist am kürzesten, wenn U der Fußpunkt der Höhe von C auf AB ist. Dieses Dreieck UVW ist eindeutig bestimmt. Daraus folgt: V und W sind ebenfalls Höhenfußpunkte. Wenn wir nämlich die geschilderte Überlegung mit einem Punkt V auf AC oder einem Punkt W auf BC beginnen, erhalten wir dasselbe Dreieck als Lösung und das Ergebnis: V und W sind Höhenfußpunkte. Aus unserer Lösung können wir noch folgenden Zusammenhang erschließen: Im Höhenfußpunktdreieck UVW sind die Höhen von ABC Winkelhalbierende (siehe A14 und M13i(i)). Zusatzfrage: Warum ist die Spitzwinkligkeit des Dreiecks ABC gefordert? An welcher Stelle des Beweises benützt man sie?

### G(L53) Das Problem von G. F. Fagnano

Das Problem stammt von *G. F. Fagnano* (1715–1797) und wurde von mehreren Mathematikern gelöst. Der obige Beweis ist wohl der eleganteste. Als Autor nennen Rademacher und Töplitz (1960) den ungarischen Mathematiker *L. Fejer*, während Quaißer und Sprengel (1986) *Frater Gabriel Marie* angeben.

**L54:** a) Zu jedem dem Kreis einbeschriebenen nichtgleichschenkligen Dreieck ABC gibt es ein gleichschenkliges Dreieck ABC′ von größerem Flächeninhalt (siehe Abb. L54a/1). Wir brauchen also das maximale Dreieck nur noch unter den gleichschenkligen zu suchen und können uns auf diejenigen mit der gemeinsamen Achse CD beschränken. (CD geht durch den Kreismittelpunkt; siehe Abb. L54a/2.) Grenzfälle sind die Strecke CD und der Punkt C. Nehmen wir diese Grenzfälle zu unseren gleichschenkligen

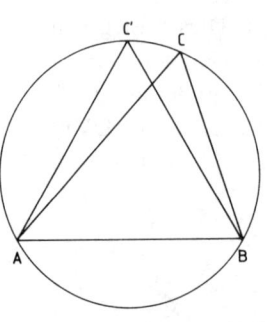 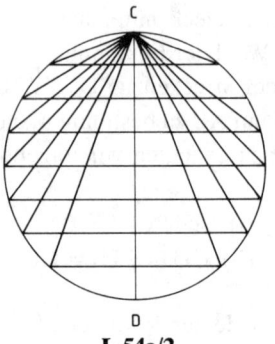 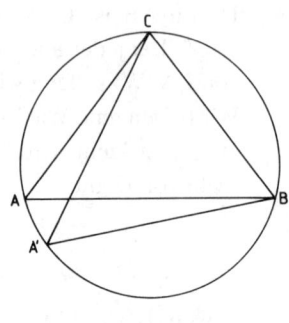

**L 54a/1**                    **L 54a/2**                    **L 54a/3**

Dreiecken hinzu, so ist der Flächeninhalt eine stetige Funktion F(h) der Höhe h auf AB im abgeschlossenen Intervall [0; 2r] (r = Radius des Kreises). Diese Funktion hat an beiden Intervallgrenzen den Wert 0 und ist im Inneren des Intervalls positiv. Daher existiert nach M2 mindestens ein Maximum im Inneren des Intervalls. Ein nichtgleichseitiges dieser Dreiecke kann man noch vergrößern. Wählen wir nämlich eine Schenkelseite, z. B. BC, als Basis eines gleichschenkligen Dreiecks BCA′, so ist ABC < BCA′ (siehe Abb. L54a/3). Dieses Vergrößerungsverfahren ist nur beim einbeschriebenen gleichseitigen Dreieck nicht anwendbar. Folglich ist dieses am größten.

b) Wir lösen das Problem zunächst nur für n = 4, also dem Kreis einbeschriebene Vierecke. Wenn die Teildreiecke ABC und ADC nicht schon gleichschenklig sind, kann man das Viereck vergrößern, indem man diese Teildreiecke durch Verrückung von A und (oder) C auf dem Kreis gleichschenklig macht. Dann ist A′C′ ein Durchmesser und das Viereck ein Drachen (Abb. L54b/1). Wir brauchen also nur noch einbeschriebene Drachen zu betrachten und können uns auf diejenigen beschränken, die A′C′ als gemeinsamen Durchmesser besitzen. Unter diesen Drachen hat derjenige den größten Flächeninhalt, dessen Teildreiecke A′B′C′ und A′C′D′ gleichschenklig sind. Dann ist das Viereck ein Quadrat. Ergebnis: Unter allen dem Kreis einbeschriebenen Vierecken hat das Quadrat den größten Flächeninhalt.

Wir wollen nun das Problem für beliebige n-Ecke (n ≧ 3) lösen und beginnen mit einem von a) verschiedenen Beweis für n = 3, den wir dann auf beliebige n-Ecke übertragen können. ABC sei ein dem Kreis einbeschriebenes nicht gleichseitiges Dreieck. Daher sind nicht alle Bögen $\overarc{AB}$, $\overarc{BC}$, $\overarc{AC}$

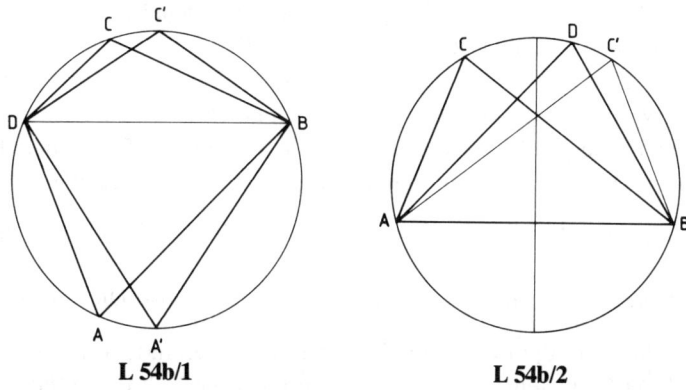

**L 54b/1**                    **L 54b/2**

gleich groß, sind nicht alle gleich $\frac{1}{3}$ u (u = Kreisumfang). Mindestens einer

dieser Bögen muß kleiner als $\frac{1}{3}$ u sein. Das sei z. B. $\widehat{AC}$. Mindestens ein an-

derer dieser Bögen muß größer als $\frac{1}{3}$ u sein. Das sei z. B. $\widehat{BC}$. Wir spiegeln

C an der Mittelsenkrechten von AB und erhalten den Bildpunkt C' auf dem

Kreis. Nun tragen wir von A aus auf dem Kreis einen Bogen der Länge $\frac{1}{3}$ u

ab. Der Endpunkt dieses Bogens sei D. Wir zeigen, daß D zwischen C
und C' liegt. Wegen $\widehat{AD} > \widehat{AC}$ liegt D auf $\widehat{CB}$. Läge es auf $\widehat{C'B}$, so wäre

$\widehat{AD} \geqq \widehat{AC'} = \widehat{BC} > \frac{1}{3}$ u. $\widehat{AD}$ ist aber gleich $\frac{1}{3}$ u. D liegt also im Inneren

des Bogens $\widehat{CC'}$. Das Dreieck ABD hat eine größere Höhe als ABC, ist also
größer als dieses. Das Dreieck ABD ist entweder schon gleichseitig, oder die

Bögen AB und DB sind von $\frac{1}{3}$ u verschieden. In diesem Fall können wir das

Vergrößerungsverfahren wiederholen, gelangen aber dann zu einem gleichseitigen, dem Kreis einbeschriebenen Dreieck. In beiden Fällen ist gezeigt,
daß das gegebene, beliebige einbeschriebene Dreieck kleiner als das gleichseitige ist. Dem Kreis sei ein n-Eck einbeschrieben, das nicht regelmäßig
ist. Dann ist es auch nicht gleichseitig, und es gibt eine Seite, die größer als

$\frac{1}{n}$ u, und eine Seite, die kleiner als $\frac{1}{n}$ u ist. Liegen diese nicht benachbart, so

gehen wir zu einem flächengleichen, dem Kreis einbeschriebenen n-Eck mit
vertauschten Seiten über, in dem die beiden genannten Seiten benachbart

sind. Daß die Seitenvertauschung zu einem flächengleichen n-Eck führt, zeigen wir so: Wir teilen den Kreis durch Radien zu den Eckpunkten des n-Ecks in n Kreissektoren. Denken wir uns die Kreisscheibe aus Pappe, so können wir die Kreissektoren ausschneiden und vertauschen und mit ihnen auch die n Teildreiecke des n-Ecks. Das erhaltene neue n-Eck ist dem Kreis einbeschrieben und hat denselben Flächeninhalt wie das gegebene. Damit haben wir erreicht, daß eine Seite mit einem Bogen, der kleiner als $\frac{1}{n}$ u ist, neben einer Seite liegt, deren Bogen größer als $\frac{1}{n}$ u ist. Die voneinander verschiedenen Endpunkte A und B dieser Seiten verbinden wir, so daß ein Dreieck ABC entsteht. $\overset{\frown}{AC}$ sei der kleinere Bogen, $\overset{\frown}{BC}$ der größere. Nun tragen wir von A aus den Bogen AD der Länge $\frac{1}{n}$ u in Richtung C ab und erhalten den Punkt D. Genau wie beim Dreieck beweisen wir, daß D zwischen C und C' liegt und daß das Dreieck ABD größer als ABC ist (Abb. L54b/2). Wir ersetzen den Eckpunkt C durch D. Haben dann alle Bögen des neuen n-Ecks die Länge $\frac{1}{n}$ u, so sind wir fertig. Andernfalls wiederholen wir den beschriebenen Prozeß so lange, bis alle Bögen die Länge $\frac{1}{n}$ u haben. In einem oder mehreren Vergrößerungsschritten sind wir dann zum regelmäßigen einbeschriebenen n-Eck gelangt, das somit größeren Flächeninhalt besitzt als das gegebene n-Eck. Da dieses nicht regelmäßig, sonst beliebig war, gilt: Unter allen dem Kreis einbeschriebenen n-Ecken hat das regelmäßige den größten Flächeninhalt.

c) ABC sei ein dem gegebenen Kreis umbeschriebenes nicht gleichschenkliges Dreieck (Abb. L54c). Wir können allein durch Veränderung einer Seite, z. B. von BC, daraus ein gleichschenkliges umbeschriebenes Dreieck konstruieren, das kleineren Flächeninhalt hat. Das geschieht folgendermaßen: Wir schneiden AM mit BC. Als Schnittpunkt erhalten wir im Inneren der Strecke BC den Punkt D. Durch D ziehen wir die Senkrechte zu AD, die AB und AC in E bzw. F schneidet. AEF ist offensichtlich gleichschenklig und hat kleineren Flächeninhalt als ABC. Wir beweisen das, indem wir EBD am Punkt D spiegeln. E wird in F überführt und die Strecke EB in die parallele Strecke FB', das Dreieck EBD in das kongruente Dreieck FB'D, das das Dreieck DFC als echte Teilmenge enthält und daher größer als dieses ist. Das von ABC abgeschnittene Teildreieck EBD ist also größer als das angefügte Teildreieck FCD. Somit ist AEF kleiner als ABC. Um ein umbeschriebenes Tangentendreieck zu erhalten, verschieben wir EF parallel in die Tangente E'F', verkleinern also AEF zu AE'F'. Wir können die weitere Untersuchung auf umbeschriebene gleichschenklige Dreiecke mit gemeinsamer Achse beschränken. Deren Flächeninhalt ist eine stetige Funktion der Höhe h mit h > 2r (r = Kreisradius). Da wir ein Minimum suchen, können wir sehr große Dreiecke weglassen. Das erreichen wir, indem wir die Flächeninhaltsfunktion auf das abgeschlossene Intervall [2, 2r; 4r] für h einschränken. In diesem Intervall hat sie ein Minimum (M2). ABC sei ein nicht gleichseitiges, sonst beliebiges der zulässigen, gleichschenkligen Dreiecke mit der Basis AB. Auch auf dieses Dreieck läßt sich das obige Verkleinerungsverfahren anwenden. Es versagt nur für das gleichseitige Dreieck. Dieses ist daher das gesuchte minimale umbeschriebene Dreieck.

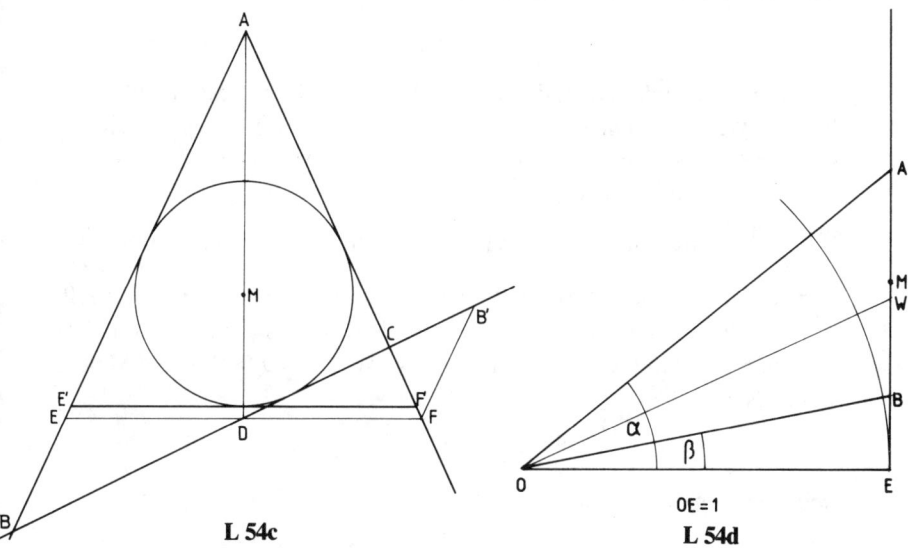

L 54c                    L 54d

d) Wir dürfen annehmen, daß der Kreis den Radius 1 hat. Die Seiten des n-Ecks sind Tangenten an den Kreis; andernfalls könnte man durch Parallelverschiebung von Seiten an den Kreis heran den Flächeninhalt verkleinern. Indem wir den Mittelpunkt mit den Ecken des n-Ecks verbinden, erhalten wir n Teildreiecke mit den Winkeln $2\alpha_1, \ldots, 2\alpha_n$ am Mittelpunkt. Jedes Dreieck hat eine Höhe (= Radius) der Länge 1 und eine zu dieser senkrechten Seite (Tangente) der Länge $2\tan\alpha_i$. Sein Flächeninhalt ist also gleich $\tan\alpha_i$ und der des n-Ecks

$$\tan\alpha_1 + \ldots + \tan\alpha_n.$$

Alle $\alpha_i$ befinden sich im Intervall $[0°, 90°[$, und in diesem ist die Funktion tan konvex (Beweis unten). Es gilt daher die Ungleichung

$$\frac{\tan\alpha_i + \tan\alpha_k}{2} \geqq \tan\frac{\alpha_i + \alpha_k}{2}$$

mit Gleichheit genau dann, wenn $\alpha_i = \alpha_k$. Nach der Jensenschen Ungleichung (M5) gilt somit

$$\frac{\tan\alpha_1 + \ldots + \tan\alpha_n}{n} \geqq \tan\frac{\alpha_1 + \ldots + \alpha_n}{n},$$

und es besteht Gleichheit genau dann, wenn alle $\alpha_i$ einander gleich sind. Die rechte Seite ist aber konstant, da

$$\alpha_1 + \ldots + \alpha_n = 180°.$$

Also nimmt die linke Seite, die den Flächeninhalt des n-Ecks angibt, ihren kleinsten Wert an, wenn $\alpha_1 = \ldots = \alpha_n$. Dann ist das n-Eck regelmäßig.
Wir beweisen die Konvexität von tan anhand der Abb. L54d. Es sei $\alpha > \beta$. Auf der Tangente t an den Einheitskreis kann man die Tangenswerte ablesen. $\frac{\tan\alpha + \tan\beta}{2}$ wird dargestellt durch den Mittelpunkt M von AB, $\tan\frac{\alpha + \beta}{2}$ durch den Schnittpunkt W der Winkelhalbierenden von $\sphericalangle$ AOB mit AB. Die Winkelhalbierende teilt die gegenüberliegende Seite im Verhältnis der anliegenden Seiten (AW : BW = AO : BO). Wegen AO > BO liegt M über W, und es gilt

$$\frac{1}{2}(\tan\alpha + \tan\beta) \geqq \tan\frac{\alpha + \beta}{2}.$$

Gleichheit genau dann, wenn $\alpha = \beta$.


**L55:** a) Wir lösen zunächst die einfachere Aufgabe, unter allen einbeschriebenen Dreiecken mit den Eckpunkten A und B dasjenige zu bestimmen, dessen Umfang möglichst groß ist. Der dritte Eckpunkt C möge auf dem Kreisbogen in derselben Seite von AB wie der Mittelpunkt M liegen (Abb. L55a), da das Dreieck maximalen Umfangs offensichtlich in dieser Seite liegt. (Im Sonderfall, daß AB Durchmesser ist, können wir C beliebig wählen.) Nach dem Umfangswinkelsatz hat der Innenwinkel $\gamma$ unabhängig von der Lage von C überall den gleichen Wert. Wir verlängern die Seite AC

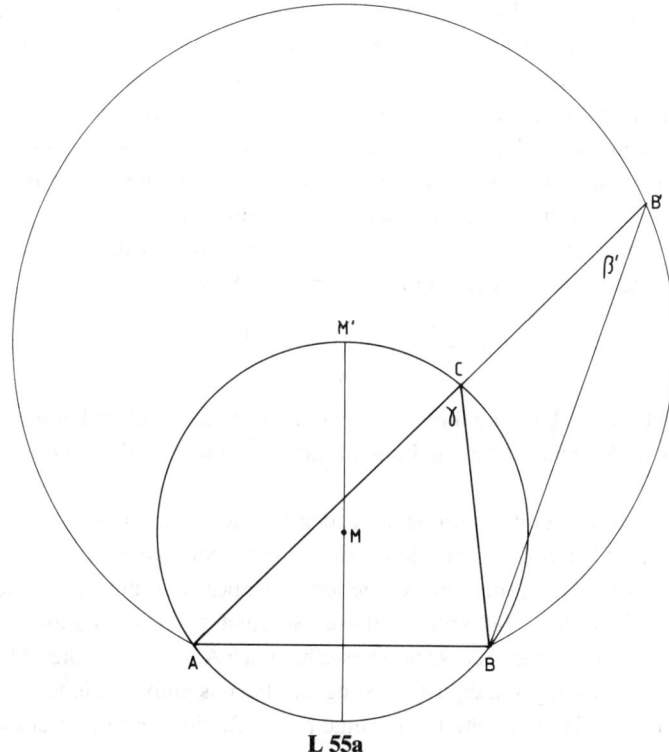

**L 55a**

um die Strecke CB. Auf AC erhalten wir als Endpunkt der abgetragenen Strecke B′. Es gilt AC + CB = AB′, und deshalb ist der Umfang des einbeschriebenen Dreiecks genau dann maximal, wenn AB′ maximal ist. Wir denken uns C auf dem beschriebenen Bogen AB variabel und fragen: Welche Kurve durchläuft B′? Zunächst sehen wir, daß im gleichschenkligen Dreieck BB′C der Innenwinkel β′ bei B′ gleich $\frac{\gamma}{2}$ ist. Das gilt für alle möglichen Lagen von B′. Somit liegt dieser Punkt auf einem Kreisbogen k mit den Endpunkten A und B mit dem Umfangswinkel $\frac{\gamma}{2}$. Mittelpunkt dieses Kreisbogens ist M′, der Schnittpunkt der Mittelsenkrechten von AB mit dem gegebenen Kreis, da ∢ AM′B = γ ist (M9a). Auf k ist derjenige Punkt $B_m'$ am weitesten von A entfernt, der auf demselben Durchmesser wie A liegt. Somit hat das gleichschenklige Dreieck AM′B den maximalen Umfang. Wir brauchen daher nur noch gleichschenklige Dreiecke ABM′ mit der gemeinsamen Achse MM' zu betrachten. Ist ein Dreieck dieser Menge nicht gleichseitig, so kann man seinen Umfang unter Beibehaltung einer Schenkelseite (als neuer Basis) vergrößern. Falls ein Maximum des Umfangs existiert, dann wird dieses vom gleichseitigen einbeschriebenen Dreieck angenommen. Ähnlich wie in A58a können wir die Existenz eines Maximums beweisen, indem wir zeigen, daß der Umfang eine stetige Funktion der Höhe in einem abgeschlossenen Intervall für h ist.

b) Wir führen diese Aufgabe auf L54c zurück. Hier bestimmten wir das Tangentendreieck mit kleinstem Flächeninhalt F. Nun ist

$$F = \frac{1}{2} r (a + b + c) = \frac{1}{2} ru.$$

Demnach ist der Umfang u minimal, wenn der Flächeninhalt F minimal ist, und das ist der Fall, wenn das Tangentendreieck gleichseitig ist (A54c).

**L56:** Das größte einbeschriebene Trapez hat den Durchmesser des Halbkreises als Grundseite, da dieser die längste Strecke in der Figur ist. Spiegeln wir irgendein einbeschriebenes Trapez mit dieser Grundseite zusammen mit dem Halbkreis an dieser, so entsteht ein dem entstandenen Kreis einbeschriebenes Sechseck. Dieses hat nach A54b den größten Flächeninhalt, wenn es regelmäßig ist. Lösung ist also das einbeschriebene Trapez mit drei gleich langen Seiten der Länge r (r = Radius des Halbkreises).

**L57:** Der Flächeninhalt des gleichseitigen Dreiecks mit der Seitenlänge x beträgt $\frac{1}{4} \sqrt{3}x^2$, der Flächeninhalt eines der aufgesetzten gleichschenkligen Dreiecke $\frac{1}{2} xh$. Wir stellen x, h und den Flächeninhalt der Gesamtfigur als Funktion des Winkels dar (siehe Abb. A57), für den gilt $0 < \varphi < 90°$:

$$h = r \sin\varphi,$$

$$\frac{x}{2} = r \cos\varphi.$$

Danach ist der Flächeninhalt eines aufgesetzten Dreiecks

$$r^2 \sin\varphi \cos\varphi = \frac{1}{2} r^2 \sin2\varphi,$$

der Flächeninhalt der Gesamtfigur

$$F(\varphi) = \sqrt{3}r^2 \cos^2\varphi + \frac{3}{2} r^2 \sin2\varphi.$$

Durch Einsetzen von $\cos^2\varphi = \frac{1}{2} (\cos2\varphi + 1)$ erhalten wir

$$F(\varphi) = \frac{r^2}{2} (\sqrt{3} + \sqrt{3} \cos2\varphi + 3 \sin2\varphi).$$

$F(\varphi)$ soll ein Maximum werden. Vereinfacht lautet die Aufgabe

$$\sqrt{3} \cos2\varphi + 3 \sin2\varphi \rightarrow \max.$$

Wir dividieren durch $2\sqrt{3}$:

$$\frac{1}{2} \cos2\varphi + \frac{1}{2} \sqrt{3} \sin2\varphi \rightarrow \max.$$

Wegen $\frac{1}{2} = \sin30°$, $\frac{1}{2}\sqrt{3} = \cos30°$ können wir schreiben

$$\sin30° \cos2\varphi + \cos30° \sin2\varphi \rightarrow \max \text{ und schließlich}$$
$$\sin(2\varphi + 30°) \rightarrow \max, \text{ mit } 30° < 2\varphi + 30° < 210°.$$

In diesem Intervall hat die Sinusfunktion ihr Maximum bei $2\varphi_m + 30° = 90°$. Also ist $\varphi_m = 30°$. So bildet der Rand der Gesamtfigur ein regelmäßiges Sechseck. (Wir hätten auch setzen können $\frac{1}{2} = \cos60°$, $\frac{1}{2}\sqrt{3} = \sin60°$ und wären zum selben Ergebnis gekommen.) Das Ergebnis bringt uns auf eine einfachere Lösung: Alle zulässigen Figuren haben als Rand gleichseitige Sechsecke mit dem Umfang 6r. Unter diesen Randfiguren hat das regelmäßige Sechseck den größten Flächeninhalt (A41, A42a).

# LIV EINTEILUNGEN, LAGERUNGEN, ÜBERDECKUNGEN

**L58:** a) *Gleichseitiges Dreieck mit der Seitenlänge 1:* Wenn es gelingt, die Flächenbedingung und die Bedingungen 1 und 2 der Hinweise zu erfüllen, dann liegt ein relatives Minimum für die Länge des Wegenetzes vor. Es kann sein, daß es auf mehrere Weisen möglich ist, diese Bedingungen zu erfüllen. Die Beeteinteilungen gehören dann verschiedenen topologischen Typen an, d. h., sie lassen sich nicht durch Stetigkeitsabbildungen ineinander überführen. Ähnlich wie bei Funktionen liegen in einem solchen Fall verschiedene relative Minima vor, unter denen man das kleinste suchen muß. Im folgenden suchen wir Einteilungen, die unsere Bedingungen erfüllen. In einfachen Fällen ist das nur auf eine Weise möglich. Dann haben wir das absolute Minimum gefunden.

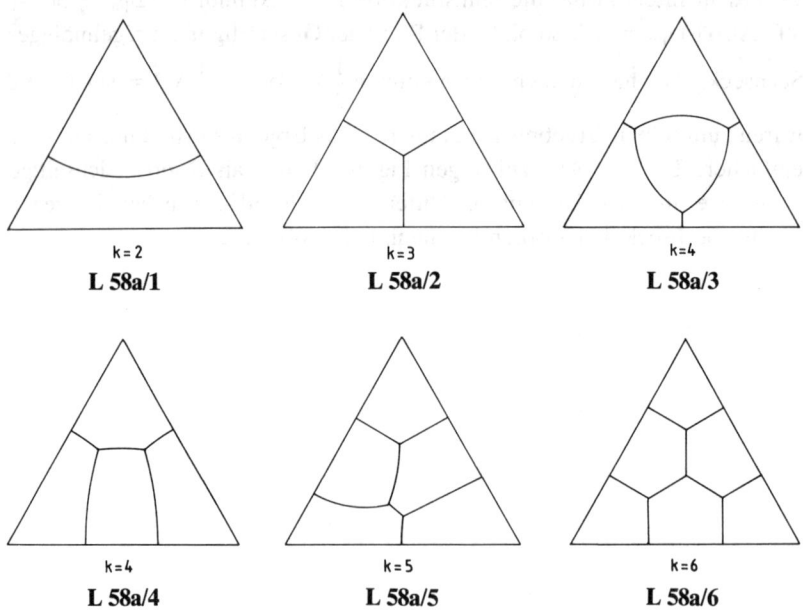

k = 2
**L 58a/1**

k = 3
**L 58a/2**

k = 4
**L 58a/3**

k = 4
**L 58a/4**

k = 5
**L 58a/5**

k = 6
**L 58a/6**

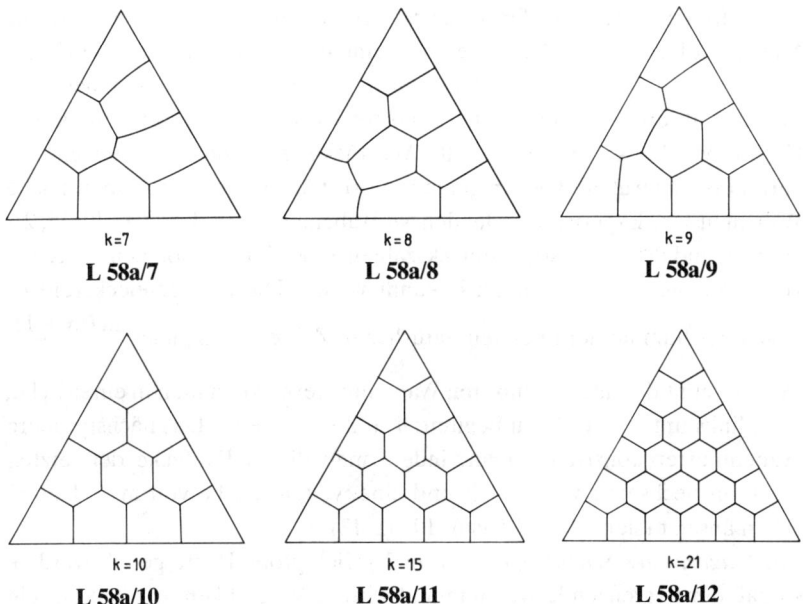

| k=7 | k=8 | k=9 |
| --- | --- | --- |
| **L 58a/7** | **L 58a/8** | **L 58a/9** |

| k=10 | k=15 | k=21 |
| --- | --- | --- |
| **L 58a/10** | **L 58a/11** | **L 58a/12** |

Für den Dreiecksgarten und die Einteilung in k = 2 Beete schlagen wir um einen Eckpunkt einen Kreisbogen, der die Fläche des Dreiecks halbiert. Für seinen Radius gilt die Gleichung:

$$\frac{\pi}{6} r^2 = \frac{1}{8} \sqrt{3},$$

aus der sich ergibt

$$r = \frac{\sqrt[4]{27}}{2\sqrt{\pi}} = 0{,}643.$$

Für die Länge des sehr einfachen Wegenetzes erhält man

$$\frac{\pi}{3} r = \frac{\sqrt[4]{27}\,\sqrt{\pi}}{6} = 0{,}673.$$

Für k = 3 Beete liegt es nahe, vom Mittelpunkt des gleichseitigen Dreiecks die Lote auf die Seiten zu fällen. Wie wir von A11 wissen, ist die Summe der Lote gleich der Höhe, also $\frac{1}{2} \sqrt{3}$. Für k ≧ 4 bringen wir nur noch ausgewählte, mit Seifenlamellen erhaltene Lösungen, die ich von Kopien abgepaust, nicht berechnet habe. Die „schöne" Lösung für k = 4 mit dem Kreisbogendreieck (Reuleau-Dreieck) ist schlechter als die andere. In der Mathematik (wie im realen Leben) ist demnach „schön" nicht immer gleichbedeutend mit „gut". Für k = 5 tritt zum erstenmal sogar eine unsymmetrische Lösung auf, aber die Lösung für k = 6 befriedigt wieder unser ästhetisches Gefühl. Wie bei k = 3 sind hier alle Wegstücke geradlinig. Das Muster erinnert an Bienenwaben. Hier fragt man sofort: Für welche k erhält man solche Wabenmuster? Experimentell fanden wir Wabenmuster für k = 3; 6; 10; 15; 21; 28. Das sind die ersten sog. Dreieckszahlen außer 1, die schon den Griechen von ihrer Steinchenarithmetik bekannt waren. Die m-te Dreieckszahl ist gleich der Summe der m ersten natürlichen Zahlen, also gleich $\dfrac{m\,(m+1)}{2}$.

Man erkennt das auch an unseren Wabenmustern, wenn man in einer Ecke, z. B. links unten, zu zählen beginnt: 1 + 2 + . . . + m. Das nächstgrößere Wabenmuster konstruiert man, indem man die m Fünfecke der letzten Reihe in Sechsecke verwandelt und eine weitere Reihe von m + 1 Fünfecken ansetzt (siehe Abb. L58a/6, 10, 11, 12).

*Ein Quadrat der Seitenlänge 1* soll in 2 gleich große Beete geteilt werden, so daß der begrenzende Weg minimal wird. 2 Möglichkeiten fallen uns ein (siehe Abb. L58a/13, 14). Im Fall des geradlinigen Wegs ist die Länge w = 1. Wir berechnen den Kreisbogenweg. Der Viertelkreis hat den Flächeninhalt

$$\frac{1}{4}\,\pi r^2 = \frac{1}{2}.$$

Also ist

$$r = \sqrt{\frac{2}{\pi}}.$$

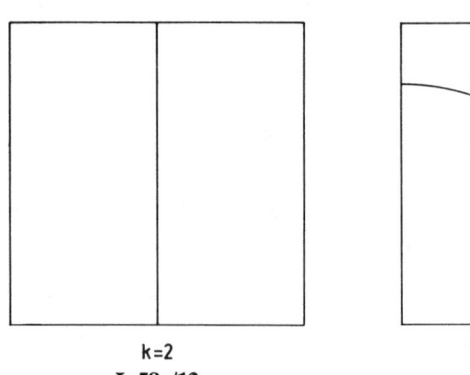

k=2

**L 58a/13**

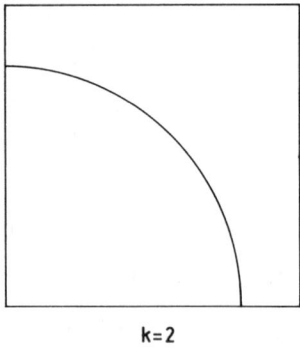

k=2

**L 58a/14**

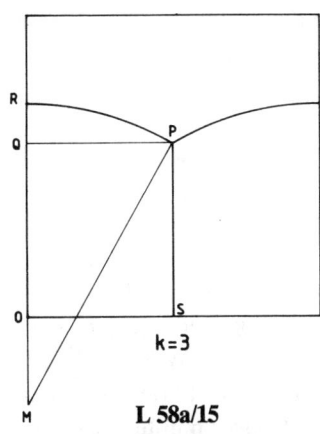

**L 58a/15**

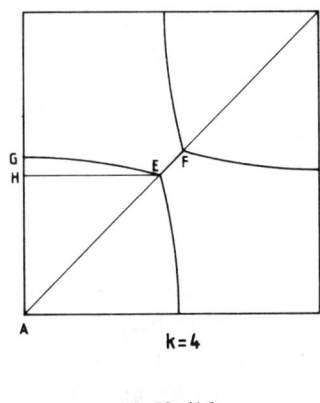

**L 58a/16**

Als Weglänge erhalten wir

$$w = \frac{1}{4} \cdot 2\pi r = \frac{1}{2} \sqrt{2\pi} = 1{,}253.$$

Sie ist größer als beim geradlinigen Weg.
Nun teilen wir das Quadrat in 3 Beete. Abb. L58a/15 erfüllt die notwendigen Bedingungen offenbar als einzige Figur. Zur Berechnung gehen wir davon aus, daß alle Winkel der Wege bei P 120° betragen. MPQ ist die Hälfte eines gleichseitigen Dreiecks der Seitenlänge 1, denn es gilt $QP = \frac{1}{2}$. Also haben wir MP = 1. Wir berechnen den halben Kreisabschnitt QPR:

$$QPR = \frac{\pi}{12} - \frac{1}{8} \sqrt{3}.$$

An diesem liegt das Rechteck OSPQ an, dessen eine Seite QP die Länge $\frac{1}{2}$ hat. Die andere Seite OQ ist so zu bestimmen, daß die Gesamtfigur aus Rechteck und halbem Kreisabschnitt den Flächeninhalt $\frac{1}{3}$ hat:

$$\frac{\pi}{12} - \frac{1}{8} \sqrt{3} + \frac{1}{2} OQ = \frac{1}{3}.$$

Daraus folgt

$$OQ = \frac{2}{3} - \frac{\pi}{6} + \frac{1}{4} \sqrt{3} = 0{,}576.$$

Legen wir den Ursprung eines kartesischen Koordinatensystems in die linke untere Ecke des Quadrats, so erhalten wir die Koordinaten: P (0,5; 0,576), Q (0; 0,576). Für die Ordinate von M gilt $OQ - \frac{1}{2}\sqrt{3}$, für die von R $OM + 1$. Damit ist M (0; $-$ 0,290), R (0; 0,71). Damit erhalten wir für die Weglänge

$$w = \frac{\pi}{3} + 0{,}576 = 1{,}623.$$

Die Einteilung des Quadratgartens in 4 Quadrate, an die man zuerst denkt, ist nicht die beste, da die notwendige Winkelbedingung nicht erfüllt ist. Dieses Problem stellten erstmals L. Collatz und W. Wetterling (1971, 210–211) als „Kelleraufgabe", die in der ersten Nachkriegszeit praktisch wichtig war. Wegen der Überbelegung der Häuser mußten sich mehrere Familien einen Kellerraum teilen. So konnte es vorkommen, daß ein quadratischer Kellerraum durch geradlinige Wände in 4 Teilräume zu teilen war, so daß man möglichst wenig Material verbrauchte. Die von den Autoren angegebene Lösung 1,981 für die Länge der gesamten Begrenzung (Wände bzw. Wege) können wir verbessern, da wir Kreisbögen zulassen. Dann zeigt sich übrigens, daß wir jede geradlinige Lösung noch verbessern können, indem wir Kreisbögen durch Streckenzüge annähern, und jede Annäherung läßt sich durch Hinzunahme von Punkten auf dem Kreisbogen verbessern. Das Problem hat also keine Lösung, wenn man geradlinige Wege fordert und wenn bei Wegfall dieser Bedingung die optimale Lösung Kreisbögen enthält.

Die Einteilung in 4 Beete mit minimaler Weglänge ist in Abb. L58a/16 dargestellt. Wir berechnen zuerst den Flächeninhalt des halben Kreisabschnitts HEG (siehe Abb. L58a/17):

$$HEG = \frac{1}{2}(\frac{\pi r^2}{12} - r^2\sin15° \cdot \cos15°) = \frac{r^2}{2}(\frac{\pi}{12} - \frac{1}{2}\sin30°) = \frac{r^2}{2}(\frac{\pi}{12} - \frac{1}{4}).$$

An den halben Kreisabschnitt HEG fügen wir das gleichschenklig-rechtwinklige Dreieck AEH an. Beide Flächenstücke bilden zusammen ein halbes Beet, haben also den Flächeninhalt $\frac{1}{8}$. Es gilt also

$$\frac{1}{2}AH^2 + HEG = \frac{1}{8} \quad \text{und}$$

$$AH = HE = r \cdot \sin15° = 0{,}2588\, r.$$

Wir erhalten für den Radius des Kreisabschnitts die Gleichung

$$\frac{1}{2} r^2 \cdot \sin^2 15° + \frac{1}{2} r^2 \cdot (\frac{\pi}{12} - \frac{1}{4}) = \frac{1}{8},$$

woraus wir den Radius r berechnen:

$$r = 1{,}781.$$

Alle 4 kreisbogenförmigen Wegstücke haben zusammen die Länge

$$\frac{\pi r}{3} = 1{,}865.$$

Für das geradlinige Wegstück EF auf der Diagonalen gilt die Gleichung

$$EF = \sqrt{2} - 2\sqrt{2}\,AH = 0{,}111,$$

so daß wir für die Weglänge erhalten

$$w = 1{,}976,$$

ein Wert, der nur wenig besser ist als der oben genannte für ein geradliniges Wegenetz.

Im folgenden möge der Leser die „schönen" symmetrischen und die wenigen weniger schönen, aber interessanten unsymmetrischen Einteilungen[11] genießen, die Weglänge w abmessen oder berechnen. Sie wurden aus einer großen Zahl von Seifenblasenexperimenten ausgewählt. Alle sind mehr oder weniger stabile relative Minima. Ich habe mich weder bemüht, die in einigen Fällen sicher möglichen Berechnungen durchzuführen noch die absoluten Minima durch Messung zu bestimmen. Die weniger stabilen Seifenblaseneinteilungen sind nicht-absolute relative Minima. Sie gehen manchmal unvermittelt oder bei leichtem Anstoßen schlagartig in stabilere, bessere Einteilungen über. Für n = 6 gibt es eine unendliche Folge weiterer geradliniger *Waben-Einteilungen,* nämlich für k = 1; 2; 4; 7; 10; 14; . . . Diese ist rekursiv definiert durch $a_0 = 0$; $a_1 = 1$; $a_2 = 2$ und die Gleichung $a_n = 2(n - 1) + a_{n-3}$ (keine Abb.).

*Abschätzung der Weglänge nach unten:* Unsere oben berechneten Werte der Weglängen w können zwar als absolute Minima gelten, ist jedoch die Anzahl k der Beete größer, so könnten bei anderen, nicht hergestellten topologischen Typen die Ergebnisse kleiner sein. Die gefundenen Ergeb-

[11] L58a/5, 7.

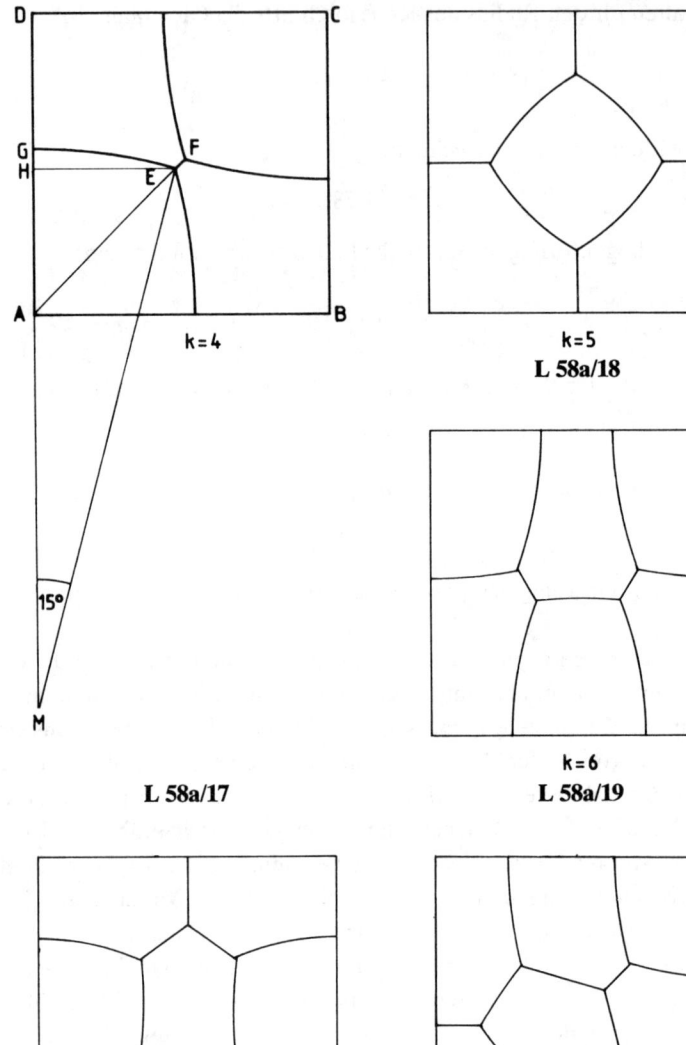

k = 4

L 58a/17

k = 5

**L 58a/18**

k = 6

**L 58a/19**

k = 7

**L 58a/20**

k = 7

**L 58a/21**

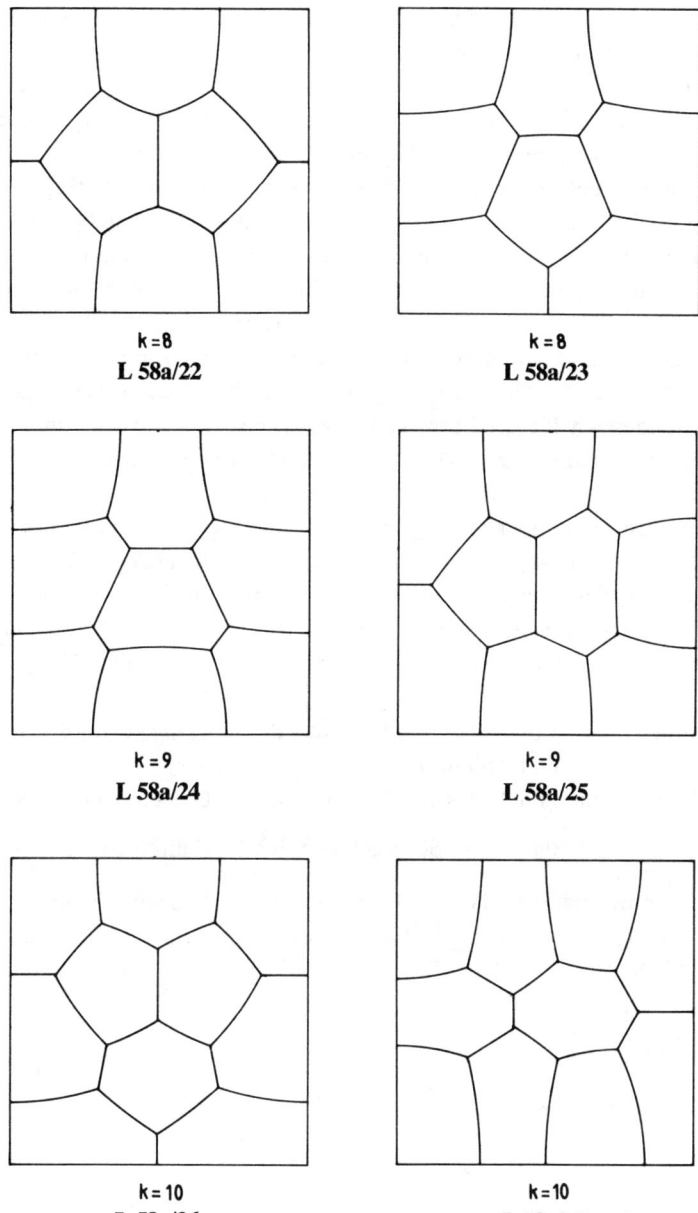

k = 8
**L 58a/22**

k = 8
**L 58a/23**

k = 9
**L 58a/24**

k = 9
**L 58a/25**

k = 10
**L 58a/26**

k = 10
**L 58a/27**

nisse sind daher im allgemeinen als obere Schranken $\overline{w}$ anzusehen. Es ist aus diesem Grund interessant, auch untere Schranken $\underline{w}$ zu kennen. Diese beschaffen wir uns, indem wir zunächst fragen: Welches ist die isoperimetrisch günstigste Figur unter allen vorkommenden. Wenn wir diese kennen, tun wir so, als könnten wir den Garten in Beete von der Form dieser Figur einteilen. Das geht zwar nicht, doch können wir trotzdem eine Weglänge $\underline{w}$ angeben, für die gilt $\underline{w} < w < \overline{w}$, wenn w das im allgemeinen unbekannte absolute Minimum der Weglänge ist. Der Leser wird sofort an das regelmäßige Sechseck als isoperimetrisch günstigste Figur gedacht haben, da es einige Male auftrat und wir Einteilungen des gleichseitigen Dreiecks fanden, eine unendliche Folge sogar, deren innere Beete sämtlich diese Form hatten. In der Tat hat er recht. Um das zu zeigen, gehen wir von den oben aufgestellten Bedingungen für die Form von Beeten aus: Sie sind geradlinig oder durch Kreisbögen begrenzt. Alle Innenwinkel betragen entweder 120° oder bei Randbeeten 90°. Unter den ausschließlich geradlinig begrenzten, vorkommenden Figuren ist das regelmäßige Sechseck die isoperimetrisch beste. Unter den zulässigen anderen Figuren ist das regelmäßige Kreisbogen-Fünfeck mit Innenwinkeln von 120° das günstigste, da es der Kreisform am nächsten kommt. Sein isoperimetrischer Quotient (siehe A38b) beträgt 0,9056, der des regelmäßigen Sechsecks übertrifft diesen mit 0,9069.

Wir berechnen nun unsere untere Schranke der Weglänge $\underline{w}$ für den n-Eck-Garten mit k Beeten folgendermaßen:
$F_n$ sei der Flächeninhalt des regelmäßigen n-Eck-Gartens mit der Seitenlänge 1. Dann hat das fiktive Sechseckbeet den Flächeninhalt $\frac{1}{k} F_n$. Daraus berechnen wir die Seitenlänge s des Sechsecks. Ziehen wir von der Summe aller Umfänge 6ks die Länge des Gartenzauns ab, so erhalten wir die doppelt gezählte, gesamte Weglänge. So gilt die Gleichung

$$\underline{w} = \frac{1}{2}(6ks - n).$$

Aus dem obigen Flächeninhalt eines Sechsecks berechnen wir s:

$$\frac{1}{k} F_n = 6 \cdot \frac{1}{4}\sqrt{3}\, s^2, \quad s = \sqrt{\frac{2 F_n}{3\sqrt{3}\, k}}.$$

Somit lautet die Gleichung für die untere Schranke des Weglängen-Minimums:

$$\underline{w} = \frac{1}{2}\left(6 \cdot \sqrt{\frac{2\,kF_n}{3\sqrt{3}}} - n\right) = \sqrt{2\sqrt{3}\,kF_n} - \frac{n}{2}.$$

Für den Dreiecksgarten liefert das mit $F_3 = \frac{1}{4}\sqrt{3}$

$$\underline{w} = \sqrt{\frac{3}{2}k} - \frac{3}{2},$$

für das Quadrat mit $F_4 = 1$

$$\underline{w} = \sqrt{2\sqrt{3}\,k} - 2.$$

Damit berechnen wir die folgenden Tabellen für $\underline{w}$, in die wir auch die berechneten bzw. gemessenen Werte für $\bar{w}$ eintragen. Gemessene Werte versehen wir mit *.

$n = 3$

| k | 2 | 3 | 4 | 5 | 6 | 7 | 8 |
|---|---|---|---|---|---|---|---|
| $\underline{w}$ | 0,232 | 0,621 | 0,949 | 1,239 | 1,500 | 1,740 | 1,964 |
| $\bar{w}$ | 0,673 | 0,866 | 1,26* | 1,62* | 1,732 | 2,02* | 2,25* |

$n = 4$

| k | 2 | 3 | 4 | 5 | 6 | 7 | 8 | 9 | 10 |
|---|---|---|---|---|---|---|---|---|---|
| $\underline{w}$ | 0,632 | 1,224 | 1,722 | 2,162 | 2,559 | 2,924 | 3,264 | 3,584 | 3,886 |
| $\bar{w}$ | 1 | 1,623 | 1,975 | 2,502 | 3,01* | 3,35* | 3,65* | 3,96* | 4,29* |

b) Für $k = 1$ handelt es sich um das isoperimetrische Problem. Die Fälle $k > 1$ kann man als Verallgemeinerungen des isoperimetrischen Problems auffassen. Der Garten soll stets den Flächeninhalt 1 haben. (In a) hatten wir die Seitenlänge des regelmäßigen n-Ecks gleich 1 gesetzt.)

Für $k = 1$ erhalten wir nach A40 (dual) den Kreis mit dem Radius $r = \frac{1}{\sqrt{\pi}}$

als Lösung, und die Weglänge (mit Zaun) ist gleich dem Umfang dieses Kreises: $w = 2\sqrt{\pi} = 3{,}545$.

Für $k = 2$ erfüllt die aus 2 Kreisabschnitten mit dem Mittelpunktswinkel 240° zusammengesetzte Figur als einzige die für ein Minimum notwendigen Bedingungen (Abb. L58b/1). Für den Flächeninhalt der halben Figur erhalten wir die Gleichung

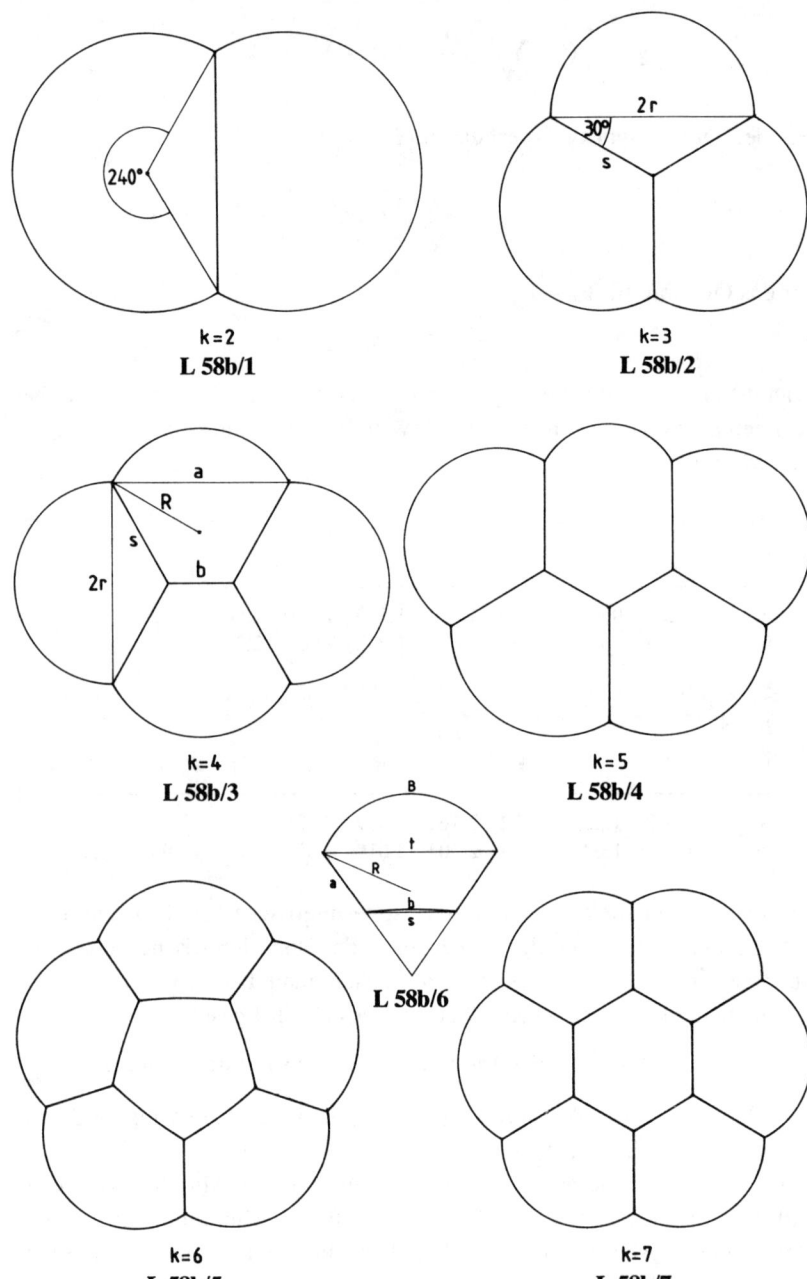

k=2
**L 58b/1**

k=3
**L 58b/2**

k=4
**L 58b/3**

k=5
**L 58b/4**

**L 58b/6**

k=6
**L 58b/5**

k=7
**L 58b/7**

$$(\frac{2}{3}\pi + \frac{1}{4}\sqrt{3})\, r^2 = \frac{1}{2}.$$

Daraus berechnen wir für r den Wert

$$r = \frac{1}{\sqrt{\dfrac{4}{3}\pi + \dfrac{1}{2}\sqrt{3}}} = 0{,}445.$$

Damit berechnen wir die Weglänge

$$w = 2 \cdot \frac{2}{3} \cdot 2\pi r + \sqrt{3}r = (\frac{8}{3}\pi + \sqrt{3})\, r = 4{,}4966.$$

Für k = 3 betrachten wir ein Drittel der Gesamtfigur. Es besteht aus einem Halbkreis mit dem Radius r und einem daran angesetzten gleichschenkligen Dreieck mit dem Durchmesser 2r als Basis, den Basiswinkeln 30° und der Schenkelseite s (Abb. L58b/2). Also ist der Flächeninhalt dieser Teilfigur

$$F = \frac{1}{2}\pi r^2 + \frac{1}{4}\sqrt{3}\, s^2.$$

Mit $s = \dfrac{2}{\sqrt{3}}\, r$ erhalten wir die Gleichung

$$(\frac{1}{2}\pi + \frac{1}{3}\sqrt{3})\, r^2 = \frac{1}{3},$$

aus der wir r berechnen:

$$r = \frac{1}{\sqrt{\dfrac{3}{2}\pi + \sqrt{3}}} = 0{,}3939.$$

Damit ist die Weglänge

$$w = 3\,(\pi r + s) = 3r\,(\pi + \frac{2}{\sqrt{3}}) = 12{,}889\, r = 5{,}0769.$$

Für k = 4 erfüllt die in Abb. L58b/3 gezeichnete Figur die notwendigen Bedingungen für ein Minimum. Die beiden äußeren Figuren bestehen jeweils aus einem Halbkreis vom Radius r und einem auf den Durchmesser gesetzten gleichschenkligen Dreieck mit den Basiswinkeln 30° und der Schenkelseite s. Diese Figur ist also formgleich zu der Teilfigur für k = 3. Wir können daher r und s ebenso berechnen wie im Fall k = 3, nur beträgt der Flächeninhalt jetzt $\frac{1}{4}$. Daher gilt

$$s = \frac{2}{\sqrt{3}}r,$$

$$\frac{\pi r^2}{2} + \frac{1}{4}\sqrt{3}s^2 = (\frac{\pi}{2} + \frac{1}{\sqrt{3}})\, r^2 = \frac{1}{4}.$$

Wir erhalten

$$r = \frac{1}{\sqrt{2\pi + \frac{4}{3}\sqrt{3}}} = 0,3411,$$

$$s = 0,3939.$$

Die beiden mittleren Teilfiguren setzen sich aus einem Kreisabschnitt mit dem Radius R, dem Mittelpunktswinkel 120° und der Sehne a und einem daran angesetzten gleichschenkligen Trapez zusammen. Dieses kann man sich entstanden denken aus einem gleichseitigen Dreieck mit der Seite a, von dem ein gleichseitiges Dreieck mit der Seite b abgeschnitten ist. Es gelten die Gleichungen:

$$a = s + b,$$
$$a = \sqrt{3}\,R,$$

da R der Umkreisradius des gleichseitigen Dreiecks ist. Damit erhalten wir für den Flächeninhalt die Gleichung

$$\frac{\pi R^2}{3} - \frac{1}{4}\sqrt{3}\,R^2 + \frac{1}{4}\sqrt{3}a^2 - \frac{1}{4}\sqrt{3}b^2 = \frac{1}{4}.$$

Durch Elimination von R und b kommen wir zu einer quadratischen Gleichung für a:

$$\frac{\pi}{9}a^2 - \frac{1}{12}\sqrt{3}a^2 + \frac{1}{4}\sqrt{3}a^2 - \frac{1}{4}\sqrt{3}\,(a^2 - 2as + s^2) = \frac{1}{4}.$$

Als Lösung ergibt sich a = 0,6646, womit wir berechnen R = 0,3837 und b = 0,2707. Für die Weglänge gilt

$$w = 2\pi r + \frac{4\pi R}{3} + 4s + b = 5,5967.$$

Die experimentell gefundene Lösung für k = 5 ist in Abb. L58b/4 dargestellt. Sie läßt sich aber nicht genau berechnen. Alle inneren Wege der Abbildung erscheinen geradlinig. Unter dieser Voraussetzung können wir die

oberen seitlichen Beete und danach das mittlere obere Beet berechnen. Dann sind aber die beiden unteren Beete schon eindeutig bestimmt. Ihr Flächeninhalt ist nicht genau $\frac{1}{5}$, sondern etwa 3,1 % größer. Die Voraussetzung geradliniger innerer Wege war daher falsch. Diese Wege oder ein Teil von ihnen haben die Form schwach gekrümmter Kreisbögen. Behalten wir trotzdem die falsche Voraussetzung bei, so können wir einen Näherungswert für die Weglänge berechnen. Er liegt bei 6,1.
In Kurzform die Rechnung für k = 6. Das Seifenhautexperiment ergibt ein Kreisbogenfünfeck als innere Figur (Abb. L58b/5 u. 6). Verbindet man die Eckpunkte geradlinig, so entsteht ein regelmäßiges Fünfeck, dessen Seite wir mit s bezeichnen. Die Seite bildet mit dem aufgesetzten Kreisbogen einen Winkel von 6°. In der üblichen Weise berechnen wir den Kreisabschnitt mit s als Sehne. Sein Flächeninhalt ist $0,0175s^2$. Die Sehne s beträgt 0,3036 und der Kreisbogen b = 0,3041. Die auf jeden Kreisbogen aufgesetzte Figur entsteht so: Wir verbinden den Mittelpunkt des Fünfecks mit den Ecken durch Halbgeraden. Mit s und der zu s in einem bestimmten Abstand parallel liegenden Strecke t bilden 2 benachbarte Halbgeraden ein gleichschenkliges Trapez mit den Grundseiten s und t und der Schenkelseite a.
Für die aufgesetzte Fläche gilt die Gleichung:
Trapez + Kreisabschnitt mit der Sehne t − Kreisabschnitt mit der Sehne $s = \frac{1}{6}$.
Außerdem haben wir die Beziehung

$$t = s + 2a \sin 36°.$$

Für den Radius des oberen Kreisbogens gilt

$$R = \frac{t}{2 \sin 66°}.$$

Wir erhalten a = 0,2422, t = 0,5883, R = 0,3220. Damit berechnen wir die Länge des oberen Bogens $B = \frac{2\pi R}{360} \cdot 132 = 0,7418$ und die Weglänge w = 5(a + b + B) = 6,4405.
Für k = 7 ist die Minimalfigur schön einfach. Im Inneren liegt ein regelmäßiges Sechseck, auf dessen Seiten eine Figur aufgesetzt ist, die aus einem gleichschenkligen Trapez und einem Kreisabschnitt besteht. Für die Seite a des Sechsecks gilt die Gleichung

$$6 \cdot \frac{1}{4}\sqrt{3}a^2 = \frac{1}{7}.$$

Daraus errechnet man

$$a^2 = \frac{2}{21 \cdot \sqrt{3}},$$

$$a = \frac{\sqrt{2}}{\sqrt{7}\sqrt[4]{27}} = 0,2345.$$

Das Trapez hat die Grundseiten a und s und eine Schenkelseite der Länge s − a (Abb. L58b/7). Für seinen Flächeninhalt erhält man mit dem noch unbekannten s

$$\frac{1}{4}\sqrt{3}\,(s^2 - a^2) = \frac{1}{4}\sqrt{3}s^2 - \frac{1}{42}.$$

Der aufgesetzte Kreisabschnitt hat einen Mittelpunktswinkel von 120°, den Radius $r = \frac{1}{\sqrt{3}}$ s und den Flächeninhalt $(\frac{\pi}{9} - \frac{1}{12}\sqrt{3})$ s². Die Gesamtfläche genügt der Gleichung

$$(\frac{\pi}{9} + \frac{1}{6}\sqrt{3})\,s^2 = \frac{1}{6}$$

mit der Lösung

$$s = \frac{1}{\sqrt{\frac{2}{3}\pi + \sqrt{3}}} = 0,5112.$$

Für die Weglänge erhalten wir

$$w = 6a + 6\,(s-a) + 6 \cdot \frac{2\pi r}{3} = (6 + \frac{4\pi}{\sqrt{3}})\,s = 6,7761.$$

Für größere k werden die Berechnungen zu kompliziert. Ab k = 10 treten im Inneren nichtregelmäßige Sechsecke auf. Man darf annehmen, daß das auch für alle größeren k der Fall ist. Vielleicht kommen auch Kreisbogensechsecke mit sehr schwach gekrümmten Bögen als Seiten vor.

**L59:** a) n = 2 Punkte legt man in gegenüberliegende Ecken des Quadrats. Ihr Abstand ist gleich der Länge der Diagonalen des Quadrats der Seitenlänge 1, also x = $\sqrt{2}$ = 1,421.

Für n = 3 beschreiben wir dem Quadrat ein möglichst großes gleichseitiges Dreieck ein, in dessen Eckpunkte wir die 3 Punkte legen. Dabei befindet sich ein Punkt in einer Ecke des Quadrats. Für die Seitenlänge x des gleichseitigen Dreiecks gilt

$$x = \frac{1}{\cos 15°} = 1,0353.$$

Jedes andere in das Quadrat einbeschriebene Dreieck hat eine kleinere Seite (Abb. L59a/1).

n = 4 Punkte legen wir selbstverständlich in die Ecken des Quadrats, so daß der Mindestabstand den Wert 1 hat.

Für n = 5 legen wir 4 Punkte in die Ecken des Quadrats, den fünften in den Mittelpunkt. Der Mindestabstand ist $x = \frac{1}{2}\sqrt{2}$.

Für n = 6 erhalten wir folgendermaßen ein relatives Maximum: Wir verteilen je 3 Punkte auf 2 gegenüberliegenden Quadratseiten und rücken die beiden mittleren Punkte auf der Mittellinie aufeinander zu, bis alle Abstände von Nachbarpunkten gleich groß sind. Wenn wir nun irgendeinen der 6 Punkte in irgendeiner Richtung verschieben, wird der Mindestabstand kleiner. Damit ist gezeigt, daß bei dieser Punktverteilung ein relatives Maximum des Mindestabstands vorliegt. Dieser beträgt (Abb. L59a/2):

$$x = -\frac{1}{3} + \frac{1}{3}\sqrt{7} = 0,5486.$$

Ein weiteres, besseres relatives Maximum zeigt Abb. L59a/3. Es ist ein absolutes Maximum. Sein Mindestabstand beträgt

$$x = \frac{1}{6}\sqrt{13} = 0,6009.$$

Daß dieser Wert nicht übertroffen werden kann, zeigt man ähnlich wie im Fall n = 8. Doch ist der Beweis ziemlich verwickelt, und wir können ihn deswegen nicht bringen.

Um n = 7 optimal in ein Quadrat zu verteilen, legen wir die 4 Punkte $P_1$ bis $P_4$ in die Ecken eines Quadrats (z. B. wie in Abb. L59a/4 oben rechts) und zwei weitere Punkte $P_5$ und $P_6$ auf die linke bzw. untere Seite. Ihre genaue Lage ergibt sich, indem wir auf die Quadratseiten $P_1P_2$ und $P_1P_4$ gleichseitige Dreiecke setzen, deren „Spitzen" auf dem Rand des Quadrats liegen. Auf diese legen wir $P_5$ und $P_6$. Daraus ergibt sich bereits der Abstand x zwi-

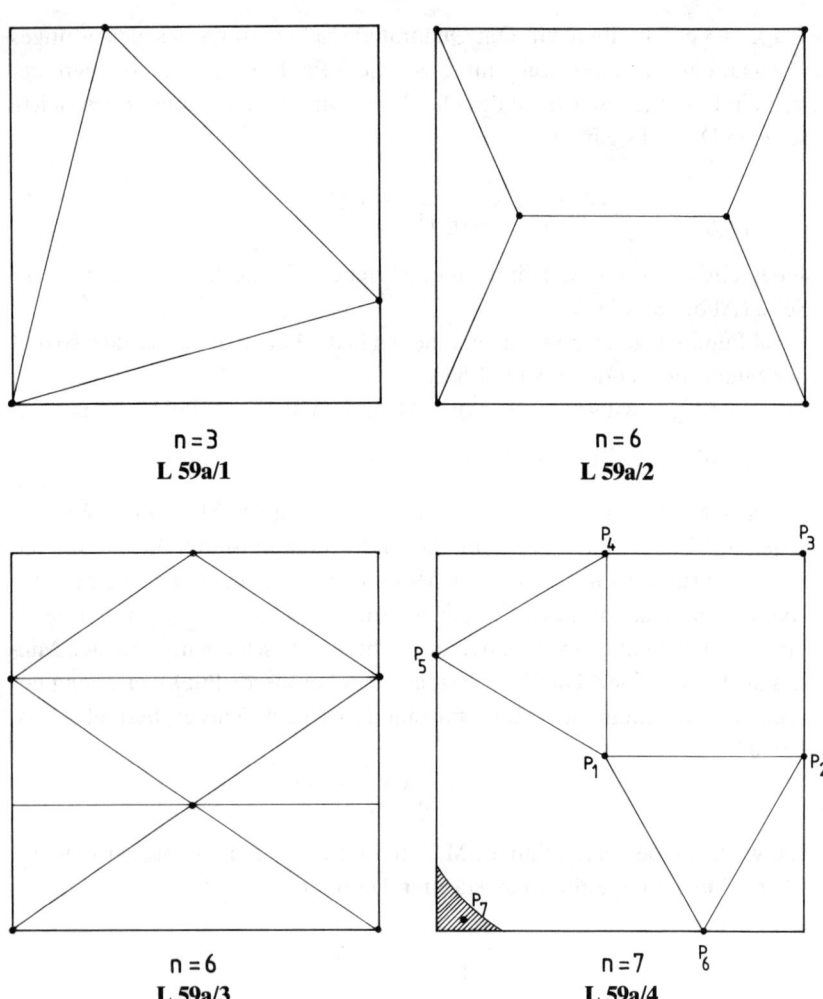

n = 3
**L 59a/1**

n = 6
**L 59a/2**

n = 6
**L 59a/3**

n = 7
**L 59a/4**

schen benachbarten Punkten. Die Quadratseite, z. B. $P_1P_2$, muß addiert zur Höhe h des gleichseitigen Dreiecks eine Strecke der Länge 1 ergeben:

$$P_1P_2 + h = x + \frac{1}{2}\sqrt{3}\,x = 1.$$

Daraus folgt

$$x = \frac{1}{1 + \frac{1}{2}\sqrt{3}} = 0{,}5359.$$

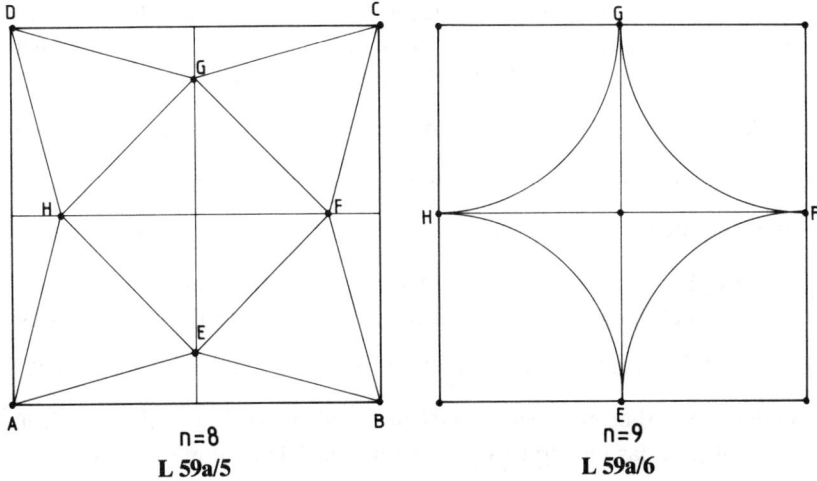

L 59a/5     n=8

L 59a/6     n=9

Den letzten noch nicht verteilten Punkt $P_7$ können wir in die linke untere Ecke des Quadrats legen. Dann ist aber der Abstand zu den Nachbarpunkten größer als x. Er hat also „Auslauf" innerhalb des in Abb. L59a/4 schraffierten Gebiets. Ein Beweis, daß diese Verteilung ein absolutes Maximum darstellt, ist mir nicht bekannt, soll aber existieren (J. Schaer 1965).

Die obige Figur L59a/5 entsteht, wenn wir das Einheitsquadrat in 4 Teilquadrate einteilen und in jedes Teilquadrat die Konfiguration für n = 3 zeichnen. In der Mitte befindet sich das Quadrat EFGH. Aus dem Ergebnis $x_3$ für n = 3 leiten wir den Mindestabstand ab:

$$x = \frac{1}{2}x_3 = 0{,}5176.$$

Eine Verteilung von 8 Punkten mit größerem Mindestabstand gibt es nicht. Zum indirekten Beweis nehmen wir im Gegensatz zu dieser Behauptung an, es gäbe eine solche mit dem Mindestabstand y, und es sei y > x. In jedem Teilquadrat haben dann nur noch 2 Punkte Platz, und in jedem Teilquadrat müssen auch 2 Punkte liegen. Ferner müssen wir die ersten 4 Punkte $P_1$ bis $P_4$ auf die Eckpunkte des Quadrats A, B, C, D verteilen, da jede andere Verteilung dieser Punkte für die anderen 4 weniger Platz läßt. Wir erkennen das, indem wir das Gebiet eingrenzen, in dem die Punkte $P_5$ bis $P_8$ liegen. Dazu schlagen wir um A, B, C und D Kreise mit dem Radius x. In der Mitte entsteht das Kreisbogenviereck EFGH, in dessen Innerem die 4 Punkte zu verteilen sind. Selbstverständlich liegen sie auch im Inneren des Quadrats EFGH, das das Kreisbogenviereck enthält. In diesem Quadrat haben aber nur 4 Punkte Platz, deren Mindestabstand höchstens x beträgt.

Die Abb. L59a/6 zeigt die beste Punktverteilung für n = 9 mit $x = \frac{1}{2}$. Zum Beweis nehmen wir an, es gäbe eine Verteilung von 9 Punkten im Quadrat mit dem Mindestabstand y, und es sei $y > \frac{1}{2}$. Wie im Fall n = 8 legen wir die Punkte $P_1$ bis $P_4$ in die Ecken des Quadrats, um für die anderen 5 Punkte möglichst viel Platz zu lassen. Um diese Punkte schlagen wir Viertelkreisbögen mit dem Radius $\frac{1}{2}$. Die Punkte $P_5$ bis $P_9$ sind in das Innere des entstandenen Kreisbogenvierecks EFGH zu verteilen. Das ist jedoch unmöglich, denn selbst in das Quadrat EFGH lassen sich 5 Punkte mit dem Mindestabstand $\frac{1}{2}$ nur verteilen, wenn 4 in den Eckpunkten E, F, G, H und einer im Mittelpunkt M liegen.

Lösungen für einige n mit n $\geqq$ 10 findet man in M. Goldberg (1990), in M. Mollard, Ch. Payan (1990) und in H. T. Croft u. a. (1991).

b) Nehmen wir zunächst an, unser Gärtner habe nur gute Nachbarn, die damit einverstanden sind, daß er auch Bäume auf die Grenze setzt, deren Kronen dann zum Teil ins Nachbargrundstück hineinwachsen. Will er n Bäume in seinen Quadratgarten mit der Seite l pflanzen, so hat er das Punktverteilungsproblem in a) zu lösen. Wo ein Punkt liegt, da pflanzt er einen Baum. Hat er überdies die Anzahl n der Bäume so bestimmt, daß der im Grundriß kreisförmige Kronendurchmesser gerade $lx_n$ beträgt, dann berühren sich die Bäume im ausgewachsenen Zustand. Wir erkennen beim Zeichnen des Grundrisses (Abb. L59b/1), daß das Punktverteilungsproblem in a) äquivalent zu dem folgenden Kreislagerungsproblem ist: In ein Quadrat der Seitenlänge 1 sollen ohne Überschneidung n Kreise von möglichst großem Radius gelegt werden. Die Kreise dürfen sich berühren, ihre Mittelpunkte sollen im Quadrat oder auf seinem Rand liegen. Man kann also zu jeder unserer besten Punktverteilung eine Kreislagerung von maximaler Dichte zeichnen. Nehmen wir nun den realistischeren Fall an, der Gärtner habe nur böse Nachbarn, mit denen er Ärger bekommt, wenn Zweige seiner Bäume in Nachbars Garten hinüberwachsen. Bekanntlich muß man beim Pflanzen großer Bäume einen Mindestabstand von 2 m zur Grenze einhalten. Dieser ist vorhanden, wenn wir in dem Quadratgarten der Seitenlänge l ein Pflanz-

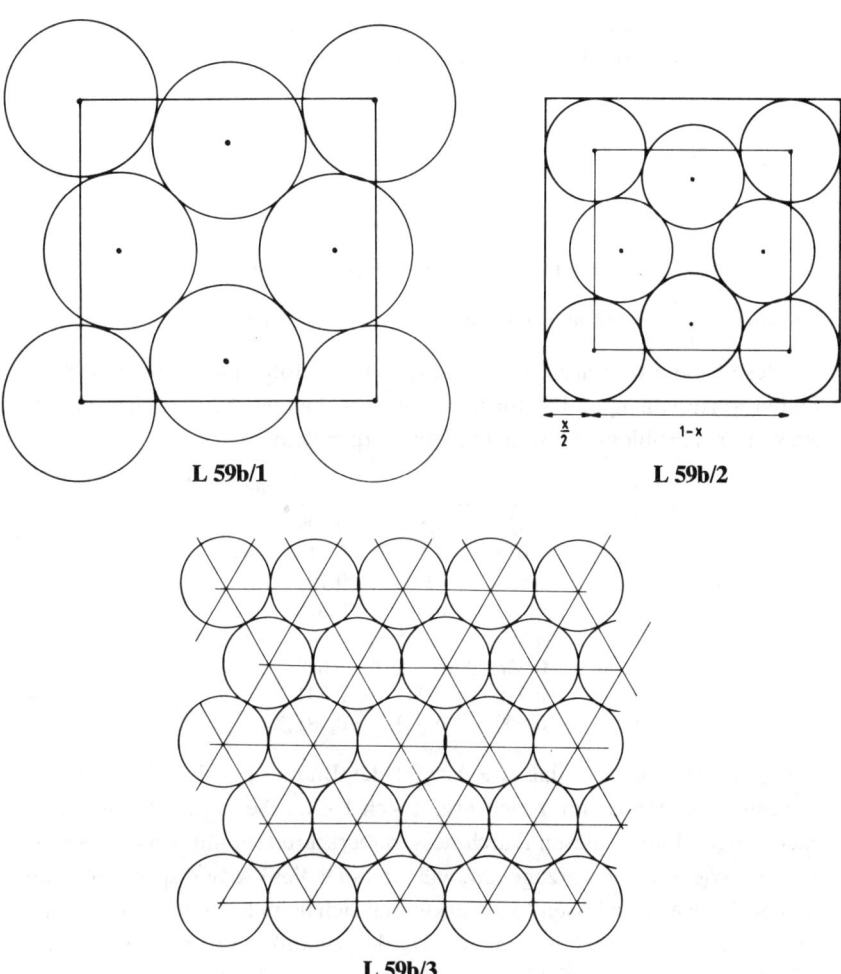

L 59b/1

L 59b/2

$\frac{x}{2}$          1-x

L 59b/3

quadrat der Seitenlänge l–4 abstecken. Im Pflanzquadrat verteilen wir die n Bäume gemäß der besten Punktkonfiguration. Ihr Abstand beträgt dann

$$x_n^* = (l{-}4)\, x_n \text{ m.}$$

Viele Bäume wachsen trotz des 2 m-Abstands über den Zaun. Will man das verhindern, so muß man die Bäume gemäß der besten Konfiguration in einem noch zu bestimmenden Pflanzquadrat verteilen, so daß die Kronen der

Bäume am Rand gerade bis an den Zaun reichen. Ihr Mindestabstand $\bar{x}_n$ berechnet sich aus Abb. L59b/2 wie folgt: Es verhält sich

$$\bar{x}_n : x_n = (1 - \bar{x}_n) : 1,$$

und damit haben wir

$$\bar{x}_n = \frac{x_n}{1 + x_n}.$$

Da $x_n$ der maximale Mindestabstand im Einheitsquadrat ist, und da die Funktion $f(x) = \dfrac{x}{1 + x}$ streng monoton steigt, erhalten wir mit $\bar{x}_n$ den maximalen Mindestabstand für unser Grenzproblem. In der folgenden Tabelle sind die Zahlenwerte von $x_n$ und $\bar{x}_n$ für $n = 2$ bis $n = 9$ angegeben. Sie helfen uns, ein weiteres Problem zu lösen, ein Umkehrproblem.

| n | $x_n$ | $\bar{x}_n$ | $d_n$ (siehe M 12) |
|---|-------|-------------|--------------------|
| 2 | 1,414 | 0,586 | 0,539 |
| 3 | 1,035 | 0,509 | 0,610 |
| 4 | 1,000 | 0,500 | 0,785 |
| 5 | 0,707 | 0,414 | 0,673 |
| 6 | 0,601 | 0,375 | 0,663 |
| 7 | 0,536 | 0,349 | 0,669 |
| 8 | 0,518 | 0,341 | 0,731 |
| 9 | 0,500 | 0,333 | 0,785 |

Wir gingen davon aus, daß die Anzahl der Bäume gegeben ist. Für den Durchmesser der Baumkronen ergibt sich $1 \cdot \bar{x}_n$. Wenn die Baumkronen nach einigen Jahren diesen Durchmesser überschreiten, müssen sie gestutzt werden. Wie hat man vorzugehen, will man sich diese Arbeit sparen und die Bäume frei wachsen lassen? Man erkundigt sich beim Kauf der Bäume nach dem zu erwartenden Durchmesser $l\bar{x}_n$ der Baumkrone und sieht in der Tabelle oben nach, wieviel Bäume man höchstens pflanzen kann.

Beispiel: Seitenlänge des Quadrats 10 m,
Durchmesser der Baumkrone 3,70 m:

$$10\bar{x}_n \geqq 3{,}7,$$
$$\bar{x}_n \geqq 0{,}37.$$

Man kann in ein Quadrat der Seitenlänge 10 m höchstens 6 Bäume mit dem Kronendurchmesser 3,70 m pflanzen.

*Untersuchung für große n:* Man erwartet, daß sich für große n der Einfluß des Randes auf die beste Punktverteilung zumindest im Inneren des Quadrates kaum bemerkbar macht. Denken wir uns ein Quadrat von 1 km Seitenlänge, in das möglichst viele Bäume vom Kronendurchmesser $\bar{x}_n$ zu pflanzen sind. Wenn wir in der Gegend des Mittelpunkts mit dieser Arbeit beginnen, werden wir uns um den Rand überhaupt nicht kümmern, sondern wir versuchen, die Bäume möglichst dicht zu pflanzen. Geometrisch handelt es sich um das Problem der dichtesten Kreislagerung in der Ebene: Die ganze Ebene soll möglichst dicht mit nicht übereinandergreifenden, kongruenten Kreisen bedeckt werden (M12). Man bekommt durch Experimente mit gleichen (kongruenten) Konservendosen schnell heraus, wie die Kreise möglichst dicht zu lagern sind. Bei der dichtesten Kreislagerung bilden die Kreismittelpunkte ein Gitter aus gleichseitigen Dreiecken (kurz: ein Dreiecksgitter), wie Abb. L59b/3 zeigt. Beweise, daß es sich bei dieser Kreislagerung um eine dichteste handelt, findet man in M12, L. Fejes Toth (1972) und H. Meschkowski (1960).

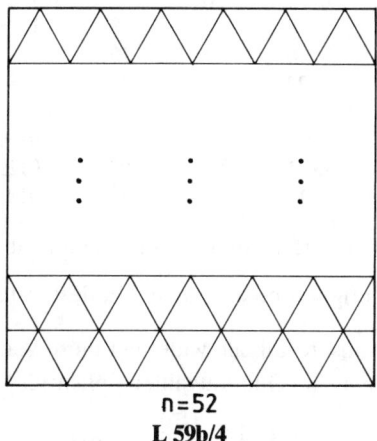

$$n = 52$$
**L 59b/4**

Mit Sicherheit wäre eine Punktverteilung mit Dreiecksgitter eine beste, wenn das Gitter genau ins Quadrat passen würde (in Abb. L59b/4 angedeutet), und die zugehörige Kreislagerung wäre eine dichteste. Leider paßt kein Dreiecksgitter genau ins Quadrat, denn die Dreiecksseite $x_n$ und die Höhe $h_n = \frac{1}{2}\sqrt{3}\, x_n$ müßten beide die Quadratseite 1 messen. Das ist jedoch wegen der Irrationalität von $\sqrt{3}$ nicht möglich. Mit großer Wahrscheinlichkeit erhalten wir eine beste Konfiguration, wenn das Dreiecksgitter „fast" ins Quadrat paßt, sei es, daß ein Vielfaches von $h_n$ um ein geringes kleiner als die Quadratseite ist, sei es, daß ein Vielfaches von $h_n$ die Quadratseite um ein geringes übertrifft. Im ersten Fall ist die Dreiecksseite $x_n$ der maximale Mindestabstand. Im zweiten Fall müssen wir das Dreiecksgitter durch eine Achsenstreckung um ein geringes stauchen, so daß die Bildstrecke $h'_n$ genau in der Seite des Quadrats der Länge 1 aufgeht. Die Dreiecke des Bildgitters sind dann gleichschenklig, und die Länge ihrer Schenkelseite $x'_n$ ist der gesuchte maximale Mindestabstand. Diesem Gedankengang folgend, findet man mit einem Tischrechner diejenigen n, für die eine Punktverteilung im Dreiecksgitter mit hoher Wahrscheinlichkeit die beste ist. In der Tabelle unten ist ε eine obere Schranke für die Abweichung des Vielfachen von $h_n$ von 1, a die Anzahl der Teilstrecken, in die eine (die „untere") Quadratseite durch Punkte des Dreiecksgitters geteilt wird, und b gibt an, wie oft $h_n$ bzw. $h'_n$ in der Quadratseite aufgeht.

| ε | n | a | b | $x_n$ |
|------|-------|----|-----|----------|
| 0,08 | 52 | 6 | 7 | 0,166666 |
| 0,1 | 68 | 7 | 8 | 0,142857 |
| 0,03 | 216 | 13 | 15 | 0,076923 |
| | 822 | 26 | 30 | 0,038462 |
| | 3978 | 58 | 67 | 0,017241 |
| | 5935 | 71 | 82 | 0,014085 |
| 0,01 | 8281 | 84 | 97 | 0,011905 |
| | 11018 | 97 | 112 | 0,010309 |

*n Quadratzahl:* Man könnte vermuten, für Quadratzahlen n ($n = m^2$) wäre die Quadratgitterkonfiguration mit dem Mindestabstand $\dfrac{1}{m-1}$ stets die beste. Ein Blick auf unsere Tabelle widerlegt diese Vermutung. Zufällig ist darin eine der Zahlen n eine Quadratzahl, nämlich 8281 ($= 91^2$), und es gilt

$$\frac{1}{m-1} = \frac{1}{90} = 0,0\overline{1} < 0,011905.$$

Der Mindestabstand im Dreiecksgitter ist hier also größer als im Quadratgitter. Aber schon für viel kleinere Zahlen ist das so. Die größte Quadratzahl kleiner als 822 ist 784 ($= 28^2$), und für diese hat man

$$\frac{1}{m-1} = \frac{1}{27} = 0,\overline{037} < 0,038462 = x_{822}.$$

Man erhält daher eine bessere Konfiguration für 784 als die im Quadratgitter, wenn man im Dreiecksgitter von 822 Punkten beliebig ausgewählte 38 Punkte fortläßt.

Die Frage stellt sich: Von welcher Quadratzahl n an ist das Dreiecksgitter besser als das Quadratgitter? Ein wenig hilft auch hier unsere Tabelle weiter. Für $n = 196 \, (= 14^2)$ nämlich gilt

$$\frac{1}{m-1} = \frac{1}{13} = x_{216}.$$

Das Quadratgitter von 196 und das Dreiecksgitter von 216 haben den gleichen Mindestabstand. Durch Weglassen von 20 Punkten aus dem Dreiecksgitter von 216 erhält man eine zum Quadratgitter gleichwertige Konfiguration für 196 Punkte. Damit ist jedoch noch nicht die obige Frage beantwortet. Eine etwas umständliche Überlegung, die ich hier nicht bringen kann, führt zu der Antwort: Für alle Quadratzahlen ab 484 $(= 22^2)$ ist das Dreiecksgitter besser als das Quadratgitter. Damit ist jedoch nicht gesagt, daß für Quadratzahlen kleiner als $22^2$ das Quadratgitter das beste ist. Schon für $8^2$ ist das nicht der Fall (H. T. Croft u. a. 1991, 108).

c) *Ähnliche Probleme:* Zunächst bringen wir Probleme, die dem Gärtnerproblem b) völlig entsprechen, die nur andere Einkleidungen dieses Problems sind.

– In einem Aufzug mit quadratischer Grundfläche verteilen sich n Personen, so daß sie möglichst weit voneinander entfernt stehen.

– In Quadratland sollen Atomkraftwerke gleichmäßig und möglichst weit voneinander entfernt verteilt werden.

– n Prüflinge, die eine Klausur schreiben sollen, verteilen sich in einem quadratischen Raum, so daß sie möglichst weit voneinander entfernt sitzen.

– Man läßt auf einer quadratischen Wasseroberfläche n Korken schwimmen, auf die senkrecht und gleichgerichtet Magnete montiert sind.

Ferner kann man entsprechende Aufgaben für andere Figuren anstelle des Quadrats stellen, z. B. für andere regelmäßige n-Ecke oder für den Kreis. Das letztgenannte Problem findet die folgende Anwendung: Ein Kabel soll n Adern von gleichem kreisförmigem Querschnitt enthalten. Wie sind diese anzuordnen, wenn das Kabel einen möglichst kleinen kreisförmigen Querschnitt haben soll? (U. Pirl 1969, M. Goldberg 1970.) Die entsprechende Aufgabe für die Kugel kann man so einkleiden: n Diktatoren besetzen einen Planeten und teilen ihn gleichmäßig unter sich auf. Zuerst gründen sie n Hauptstädte an Punkten, deren Mindestabstand maximal ist. Wie ziehen sie die Grenzen? (W. Habicht und B. L. van der Waerden 1951, B. L. van der Waerden 1952 und 1961.)

n Münzen von gleichem Radius sollen in ein flaches Kästchen mit quadrati-

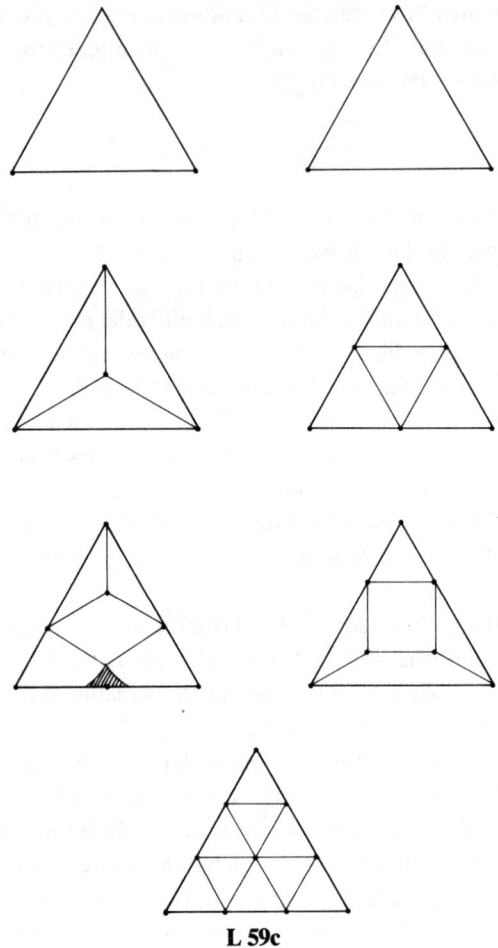

**L 59c**

scher Grundfläche gelegt werden. Das Kästchen soll möglichst klein sein (duales Problem).

In Abb. L59c sind für n = 2 bis 10 (vermutlich) beste Punktverteilungen im regelmäßigen Dreieck dargestellt. Dazu gehört die folgende Tabelle:

| n | 2 | 3 | 4 | 5 | 6 | 7 | 8 | 9 | 10 |
|---|---|---|---|---|---|---|---|---|---|
| $x_n$ | 1 | 1 | $\frac{1}{3}\sqrt{3} = 0{,}5774$ | $\frac{1}{2} = 0{,}5$ | $\frac{1}{2} = 0{,}5$ | $\frac{1}{1+\sqrt{3}} = 0{,}3660$ | | $\frac{1}{3} = 0{,}3333$ | |

Die Zeichnungen für n = 5, 8 und 9 sind weggelassen, da sie aus der für n

= 6 bzw. n = 10 durch Streichen von Punkten entstehen. Für n = 7 sind zwei gleichwertige Punktverteilungen dargestellt. Sie haben beide dasselbe $x_n$.

## G(L59) Punktverteilung auf der Kugel

Das Problem der Verteilung von *n Punkten auf der Kugel* hat den folgenden Ursprung. Der niederländische Biologe *Tammes* veröffentlichte 1930 seine Dissertation über kugelförmige Pollenkörner. Bekanntlich dienen Pollenkörner bei bedecktsamigen und nacktsamigen Pflanzen der Befruchtung. Bei Blütenpflanzen z. B. werden sie vom Wind oder von Insekten von ihrer Blüte zu einer anderen getragen. Gelangt ein Pollenkorn auf den Stempel einer Blüte, so wächst aus ihm ein Schlauch heraus, der bis zum Fruchtknoten hinunterdringt, wo er die männlichen Geschlechtszellen oder -kerne abgibt. Es gibt Pflanzen mit kugelförmigen Pollenkörnern, die für den Austritt des Schlauches vorgesehene, lange vor der Reifung deutlich sichtbare Austrittsstellen besitzen. Mit der Anzahl dieser Austrittsstellen und ihrer Verteilung auf der Kugel befaßt sich Tammes in seiner Dissertation. Er stellte fest, daß die Anzahl der Austrittsstellen nicht von der Art, sondern von der Größe der Kugel abhängig ist, die bei einer Art sehr verschieden sein kann. Z. B. hat die Art Fumaria capriolata (Rankender Erdrauch) je nach Größe des Pollenkorns 6, 8 oder 12 Austrittsstellen, in seltenen Fällen auch 7, 9 oder 10. Weiter hat Tammes entdeckt, daß die Abstände zwischen benachbarten Austrittsstellen auf Pollenkörnern derselben Art nahezu gleich sind. Anscheinend löst die Natur hier das Problem: Gegeben die Entfernung d von Austrittsstellen und der Radius r des kugelförmigen Pollenkorns. Wieviel Austrittsstellen haben höchstens auf der Kugel Platz? (Wir sehen, dieses Problem ist dual zu dem Problem der Diktatoren auf einem Planeten.) Tammes löste das Problem empirisch mit einem Gummiball, auf den er Kreise zeichnete. Er konnte auch begründen, warum die Anzahlen 4, 6, 8 und 12 bevorzugt sind, die anderen Zahlen nur selten oder überhaupt nicht auftreten. Z. B. erkannte er: Wenn 5 Kreise vom Radius d auf einer Kugel Platz haben, dann auch 6. Ihm war klar, daß er auf ein mathematisches Problem gestoßen war, und er wandte sich damit an die richtige Adresse. Der niederländische Mathematiker *van der Waerden* sah sogleich, daß es sich um ein neues, lohnendes Problem handelte, das zu lösen ihm zusammen mit *W. Habicht* und *K. Schütte* bis zur Anzahl n = 9 Punkte und für 12 Punkte gelang (van der Waerden 1961).

Mit den *Punktverteilungen im Quadrat* befaßt sich *J. Schaer* (1965, 1971), mit den *Punktverteilungen im Kreis U. Pirl* (1969).

**L60:** a) $n = 2$: Wir teilen das Quadrat durch eine Mittellinie in 2 Rechtecke. In jedem Rechteck liegt das Kaufhaus im Schnittpunkt der Diagonalen. Die Bewohner der Eckpunkte haben den weitesten Weg zum Kaufhaus. Ihr Weg ist gleich der halben Diagonalen des Rechtecks. Die Diagonale beträgt

$$d = \frac{1}{2}\sqrt{5},$$

der längste Weg also

$$x_2 = \frac{1}{4}\sqrt{5} = 0{,}5590.$$

$n = 3$: Dieses Problem wurde erstmals von G. K. Wenceslas (1958) als „Cowboy-Problem" gestellt. 3 Cowboys teilen sich eine quadratische Weide, so daß der längste Durchmesser der Teilgebiete möglichst klein ist. Wir teilen das Quadrat in 3 Rechtecke ein (Abb. L60a/1). 2 von ihnen haben die Seitenlängen $\frac{1}{2}$ und a, die noch unbekannt ist. Das dritte „querliegende" Rechteck hat die Seitenlängen 1 und b. a und b sind so zu bestimmen, daß die Diagonalen aller Rechtecke gleich lang sind. Wenn wir die Kaufhäuser in die Mittelpunkte der Rechtecke legen, dann sind nämlich die weitesten Wege von den Rechteckpunkten zu den Mittelpunkten alle gleich lang, und jede Veränderung der Rechtecke oder eine Verschiebung eines Kaufhauses vergrößert den längsten Weg. Damit haben wir zwar keinen Beweis, doch ist ein Weg gewiesen, wie wir mögliche Lösungen finden können: Man versucht, das Quadrat in n Rechtecke mit gleichlangen Diagonalen einzuteilen. Wir berechnen die Seitenlängen a und b, indem wir die Diagonalen berechnen und ihre Längen gleichsetzen:

$$d_1 = \sqrt{a^2 + \frac{1}{4}}, \, d_2 = \sqrt{b^2 + 1}.$$

Wegen $d_1 = d_2$ ist

$$a^2 + \frac{1}{4} = b^2 + 1.$$

Ferner entnehmen wir Abb. L60a/1 die Gleichung

$$a + b = 1.$$

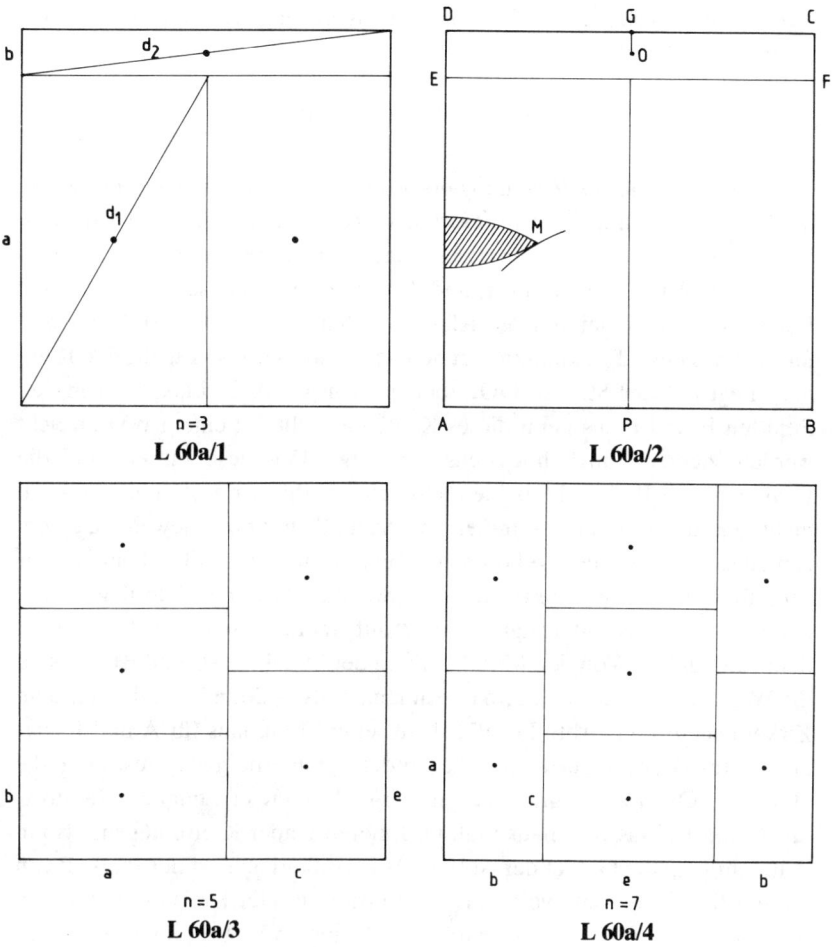

L 60a/1

L 60a/2

L 60a/3

L 60a/4

Durch Umformung erhalten wir

$$a^2 - b^2 = \frac{3}{4} = (a+b)\,(a-b) = a-b$$

und damit das Gleichungssystem

$$a-b = \frac{3}{4},$$

$$a+b = 1$$

mit der Lösung $a = \frac{7}{8}$, $b = \frac{1}{8}$.

Wir setzen die erhaltenen Werte in die Diagonalengleichungen ein und berechnen den längsten Weg

$$x_3 = \frac{d}{2} = \frac{1}{16} \cdot \sqrt{65} = 0{,}5039.$$

Wir beweisen, daß die Verteilung der Kaufhäuser mit dem längsten Weg $x_3$ die beste ist. Nehmen wir an, es gäbe eine Verteilung mit noch kürzerem Weg x ($x < x_3$). Jeder Eckpunkt des Quadrats ist dann von einem Kaufhaus höchstens x Einheiten entfernt, und da es nur 3 Kaufhäuser gibt, müssen 2 Eckpunkte von einem und demselben Kaufhaus höchstens x Einheiten entfernt sein. Diese 2 Eckpunkte nennen wir C und D. Das zugehörige Kaufhaus liegt auf der Strecke OG, aber nicht in O (Abb. L60a/2). Von den Punkten E und F aus kann dieses Kaufhaus nicht auf einem Weg erreicht werden, dessen Länge höchstens x beträgt. Für diese Punkte und die Punkte A und B sind die beiden anderen Kaufhäuser zuständig. Es kann nicht sein, daß E und F zusammen und A und B zusammen jeweils zu einem gemeinsamen Kaufhaus gehören. Das eine Kaufhaus müßte dann auf der Mittellinie PG „ganz oben" auf einer Strecke der Länge 1/16 liegen (wie oben OG) und das andere „ganz unten" auf einer ebenso langen Strecke mit dem Endpunkt P. Von den Mittelpunkten der Strecken AE und BF aus sind die Wege zu den beiden Kaufhäusern länger als $x_3$. Man kann das mit dem Zirkel nachprüfen (Abb. L60a/2). Nun sei ein Kaufhaus für A und E, das andere für B und F zuständig. Wegen der Symmetrie genügt es, die linke Hälfte des Quadrats zu untersuchen. Wir schlagen Kreise mit dem Radius $x_3$ um A und E. Das Kaufhaus muß im Inneren beider Kreise liegen, also in dem schraffierten Gebiet der Abb. L60a/2. Außerdem darf der Punkt P von diesem Kaufhaus nicht weiter als x entfernt sein. Der Kreis um P mit dem Radius $x_3$ berührt jedoch das schraffierte Gebiet in M. Daher gibt es keinen Punkt, der von A, E und P höchstens die Entfernung x hat. Die entsprechende Überlegung für die rechte Quadrathälfte vollendet den Beweis.

$n = 4$: Man erkennt leicht, daß man bei der günstigsten Verteilung Quadratstadt in 4 Teilquadrate einteilen muß, in deren Mittelpunkte die Kaufhäuser zu bauen sind. Der längste Weg beträgt dann $x_4 = \frac{1}{4} \cdot \sqrt{2} = 0{,}3536.$

Beweis: Wir nehmen an, es gäbe eine bessere Verteilung mit dem längsten Weg x mit $x < x_4$. Da für jeden Eckpunkt ein anderes Kaufhaus zuständig ist, liegt jedes Kaufhaus im Inneren eines Kreises um einen Eckpunkt mit dem Radius $x_4$. Alle diese Punkte haben aber vom Mittelpunkt von Quadratstadt einen Abstand, der größer als $x_4$ ist. Der Weg von M zu einem Kaufhaus ist also größer als x.

*Allgemeine Lösungsidee:* Schon die ersten Aufgaben bringen uns auf eine allgemeine Lösungsidee. Wir teilen das Quadrat in Rechtecke mit gleich langen Diagonalen ein. (Diese brauchen nicht kongruent zu sein.) In die Mittelpunkte dieser Rechtecke setzen wir die Kaufhäuser. Diese Einteilung kann auf mehrere Weisen möglich sein. Unter diesen Lösungen muß man die beste suchen. Der längste Weg ist gleich der halben Diagonalen. Für große n ist diese Lösungsidee nicht mehr brauchbar.

*n = 5:* Hier findet man 2 verschiedene mögliche Einteilungen: eine mit einem inneren Quadrat und 4 Rechtecke außen herum wie in Abb. A30a/3 und eine Einteilung in 3 „liegende" und 2 „stehende" Rechtecke wie in Abb. L60a/3, die die bessere und wahrscheinlich die beste ist. Die liegenden Rechtecke haben die Seitenlängen a und b mit b = $\frac{1}{3}$, die stehenden die Seitenlängen c und e mit e = $\frac{1}{2}$. Alle 5 Rechtecke sollen die gleiche Diagonale haben. Also gilt $a^2 + b^2 = c^2 + e^2$. Wir setzen die Werte für b und e ein und bedenken, daß a + c = 1 ist. So erhalten wir die Gleichung

$$a^2 + \frac{1}{9} = (1-a)^2 + \frac{1}{4}$$

mit der Lösung a = $\frac{41}{72}$ = 0,5694. Wir berechnen die Diagonale zu

$$d = \sqrt{\frac{2257}{5184}} = 0,6598.$$

Der längste Weg ist also

$$x_5 = \frac{d}{2} = 0,3299.$$

Ein Beweis ist mir nicht bekannt.

*n = 6:* Wir teilen das Quadrat in 6 kongruente Rechtecke ein und setzen die Kaufhäuser in deren Mittelpunkte. Die Diagonalen der Rechtecke betragen $d = \frac{1}{6}\sqrt{13}$, die längsten Wege $x_6 = \frac{1}{12}\sqrt{13} = 0,3005.$

*n = 7:* Hier bietet sich die Einteilung in 2 Reihen von je 2 stehenden und eine Reihe von 3 liegenden Rechtecken an (siehe Abb. L60a/4). Es ist a = $\frac{1}{2}$,

$c = \dfrac{1}{3}$ und $e + 2b = 1$. Da die Diagonalen aller Rechtecke gleich lang sein

sollen, gilt $a^2 + b^2 = c^2 + e^2$. Also können wir b aus folgender quadratischen Gleichung berechnen:

$$\frac{1}{4} + b^2 = \frac{1}{9} + (1-2b)^2.$$

Wir erhalten

$$b = \frac{2}{3} - \frac{1}{6}\sqrt{\frac{17}{3}} = 0{,}2699.$$

Die Diagonale beträgt $d = 0{,}5682$ und der längste Weg $x_7 = 0{,}2841$.

Diese Beispiele mögen genügen. Sie zeigen, wie wir zu verfahren haben, wenn wir das Kaufhausproblem für größere n lösen wollen. Wenn wir die „richtige" Rechteckeinteilung gefunden haben, ist die Rechnung klar. Für n = 8 teilen wir das Quadrat in 2 Rechteckreihen zu je 4 Rechtecken ein, für n = 9 in 3 Reihen zu je 3 Teilquadraten und für n = 10 in 2 Reihen zu je 3 Rechtecken und eine Reihe zu 4 Rechtecken. Die Ergebnisse sind in der Tabelle für $x_n$ unten eingetragen.

Zu unserer allgemeinen Lösungsidee bedenken wir: Wir haben nur für n = 3 und n = 4 Beweise gefunden, daß es keine bessere Möglichkeit gibt, die Kaufhäuser zu verteilen. Es könnte in allen anderen Fällen bessere Rechteckeinteilungen geben, ja wir wissen nicht einmal, ob stets Rechteckeinteilungen das beste Ergebnis liefern (siehe in b) „Verteilung für große n").

b) Das Kaufhausproblem ist äquivalent zu folgendem Kreisüberdeckungsproblem: Ein gegebenes Quadrat soll mit n Kreisen von möglichst kleinem Radius überdeckt werden. Z. B. soll ein quadratischer Tisch mit n möglichst kleinen, gleich großen Bieruntersetzern überdeckt werden. Von der Tischoberfläche darf nichts sichtbar sein.

Haben wir nämlich das Kaufhausproblem gelöst, so schlagen wir um jedes Kaufhaus einen Kreis mit dem minimalen, längsten Weg als Radius. Jeder Punkt des Quadrats liegt im Inneren oder auf dem Rand eines dieser Kreise. Haben wir das Kreisproblem gelöst, so legen wir die Kaufhäuser in die Mittelpunkte der Kreise. Von jedem Punkt des Quadrats ist der Weg zum nächstgelegenen Kaufhaus höchstens so lang wie der Radius der Kreise. Der minimale Radius ist also gleich dem minimalen längsten Weg (Abb. L60b/1 für n = 5).

*Verteilung für große n:* In Abb. M12/4 ist die dünnste Kreisüberdeckung der

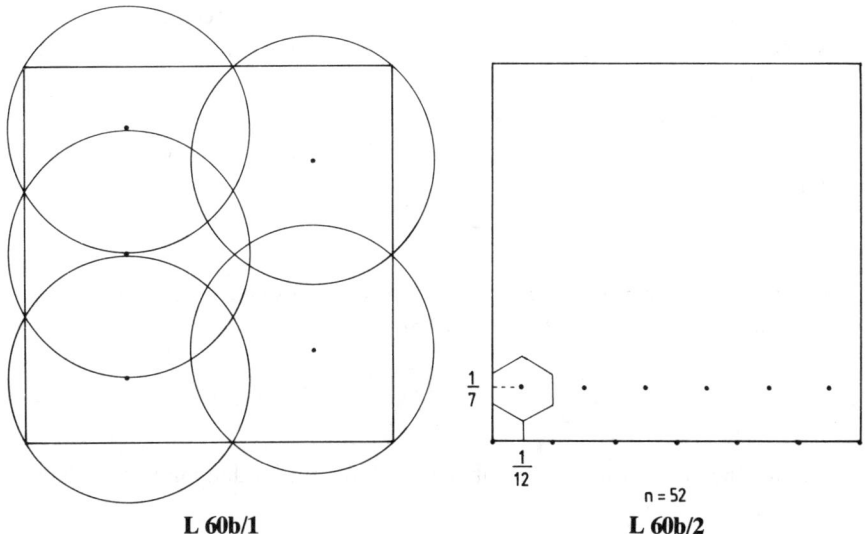

**L 60b/1**                              **L 60b/2**

Ebene dargestellt. Die Kreismittelpunkte bilden ein Dreiecksgitter. Die zu einem Kaufhaus gehörenden Gebiete, deren Punkte dieses Kaufhaus als nächstgelegenes haben, sind regelmäßige Sechsecke. So wird man vermuten, daß für große n die Dreiecksgitter-Verteilungen wie in A59 am günstigsten sind. Dabei stört uns aber, daß einige Kaufhäuser auf dem Rand liegen. Dieser Nachteil fällt um so weniger ins Gewicht, je größer n ist, da das Verhältnis der Anzahl der Kaufhäuser auf dem Rand zur Gesamtzahl kleiner wird. Zunächst berechnen wir für n = 52 den längsten Weg zum nächstgelegenen Kaufhaus. Da alle Kaufhausgebiete kongruente (nicht regelmäßige) Sechsecke bzw. am Rand Teile davon sind, genügt es, von 2 Eckpunkten eines Sechsecks den Abstand zu einem nächstgelegenen Kaufhaus zu berechnen. Wir wählen der Einfachheit halber das Kaufhaus (0, 0). Benachbart liegt das Kaufhaus $(\frac{1}{12}, \frac{1}{7})$. Die Mittelsenkrechte der von beiden Kaufhäusern begrenzten Strecke hat die Gleichung $y = -\frac{7}{12} x + \frac{193}{2016}$.

Auf dieser liegt eine Sechseckseite mit den Eckpunkten $(0, \frac{193}{2016})$ und $(\frac{1}{12}, \frac{95}{2016})$. Die Abstände der Eckpunkte vom Koordinatenursprung (0, 0) betragen für beide Punkte 0,095734126. Diese Zahl gibt den längsten Weg zum nächstgelegenen Kaufhaus an (Abb. L60b/2).

*Untere Schranke für $x_n$:* Wir geben eine einfach zu berechnende untere Schranke für den minimalen längsten Weg an, wenn n Kaufhäuser zu verteilen sind. Wir nehmen an, man könnte Quadratstadt mit regelmäßigen Sechsecken als Kaufhausgebieten exakt ausfüllen (parkettieren). Da Quadratstadt den Flächeninhalt 1 hat, gilt für den Flächeninhalt F eines Kaufhausgebiets die Gleichung

$$F = \frac{1}{n} = \frac{3}{2}\sqrt{3}\,x^2.$$

Darin ist x die Seite des regelmäßigen Sechsecks, also auch der längste Weg zum nächstgelegenen Kaufhaus. Wir berechnen x:

$$x = \frac{1}{\sqrt[4]{27}}\sqrt{\frac{2}{n}}.$$

Da sich die obige Annahme nicht erfüllen läßt, gilt für den minimalen längsten Weg $x_n > \dfrac{0{,}6204}{\sqrt{n}}$.

Zum Schluß bringen wir die Tabelle der kürzesten bisher gefundenen längsten Wege $x_n$. In der rechten Spalte stehen die unteren Schranken x. Auch der nicht behandelte, aber sehr einfache Fall n = 1 wurde aufgenommen.

| n | $x_n$ | x |
|---|---|---|
| 1 | 0,7071 | 0,6204 |
| 2 | 0,5590 | 0,4387 |
| 3 | 0,5039 | 0,3582 |
| 4 | 0,3536 | 0,3102 |
| 5 | 0,3299 | 0,2775 |
| 6 | 0,3005 | 0,2533 |
| 7 | 0,2841 | 0,2345 |
| 8 | 0,2795 | 0,2193 |
| 9 | 0,2357 | 0,2068 |
| 10 | 0,2276 | 0,1962 |
| 12 | 0,2083 | 0,1791 |
| 15 | 0,1944 | 0,1602 |
| 52 | 0,09573 | 0,08603 |

c) *Anwendungen:* In Quadratland soll ein Luftwarnsystem eingerichtet werden. Angreifende Maschinen können von Beobachtungszentren aus beobachtet werden, sobald ihr Abstand weniger als r beträgt. Wie viele Beobachtungszentren sind nötig? Wie sind sie zu verteilen? (Duales Problem: Um jedes Beobachtungszentrum denken wir uns einen Beobachtungskreis

vom Radius r gezogen. Alle Kreise zusammen müssen Quadratland überdecken.)
Im Quadratwald sollen Füchse gegen Tollwut geimpft werden. Dazu legt
man n mit Impfstoff getränkte Hahnenköpfe aus. Wie sind diese zu verteilen, damit der weiteste Weg für einen Fuchs zum nächstgelegenen Hahnen-
kopf möglichst klein ist?
Selbstverständlich kann man unser Problem nicht nur für das Quadrat, sondern auch für jedes andere endliche Flächenstück stellen, z. B. für das
gleichseitige Dreieck (siehe Abb. L60c), für Kreise, für die Kugeloberfläche. Als Anwendung richte man ein Warnsystem auf der Erde gegen Außer-
irdische ein.

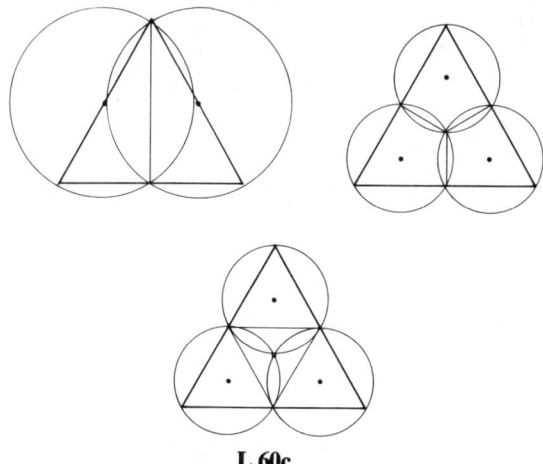

**L 60c**

Auf einem Planeten herrschen n verbündete Diktatoren. Wie sind ihre
Hauptstädte zu verteilen, damit sie von diesen aus den Planeten am besten
kontrollieren können. Das heißt, der Maximalabstand zwischen einem
Planetenpunkt und der nächstgelegenen Hauptstadt soll möglichst klein
werden (L. Fejes Toth 1972, 208).
Wieviel Bieruntersetzer sind nötig, um einen Tisch mit quadratischer Platte
zu überdecken. Dazu dual: Lege n Bieruntersetzer in ein möglichst kleines
Quadrat.

# METHODEN, SÄTZE,
# BEWEISE (M)

## M1  Ausschlußverfahren
## (Vergrößerungs- und Verkleinerungsverfahren)

In einer Menge M sei jedem Element eine reelle Zahl zugeordnet. Anders gesagt: Es gibt eine Funktion von M in R. Z. B.: In der Menge aller Dreiecke, die man einem gegebenen Kreis einbeschreiben kann, ist jedem Dreieck sein Flächeninhalt (d. i. eine reelle Zahl) zugeordnet. Gesucht ist das Maximum (die Maxima) oder das Minimum (die Minima), d. h. dasjenige Element, dessen zugeordnete Zahl am größten oder kleinsten ist. Um ein Maximum zu ermitteln, kann man zunächst einmal fragen: Welche Elemente können nicht Maximum sein? Wenn man zu einem Element a aus M, dem die Zahl r zugeordnet ist, ein „größeres" Element findet, also ein Element a', dessen zugeordnete Zahl r' größer als r ist, so kann a nicht Maximum sein. Es kommt vor, daß man durch ein Vergrößerungsverfahren zu jedem Element a ein größeres Element bestimmen kann, wenn a verschieden von m ist. m bildet die Ausnahme, wo das Vergrößerungsverfahren nicht funktioniert. Z. B. kann man zu jedem Dreieck, das einem Kreis einbeschrieben ist, ein größeres finden, außer wenn das Dreieck gleichseitig ist. Wenn es in der Menge M ein Maximum gibt, dann kann es nur m sein. Wenn man aber noch nicht bewiesen hat, daß es in M ein Maximum gibt, dann ist es unzulässig zu behaupten: m ist das Maximum. Das Vergrößerungsverfahren alleine berechtigt nicht zu diesem Schluß. Das zeigt folgendes *Beispiel von O. Perron.* In der Menge N der natürlichen Zahlen gibt es ein einfaches Vergrößerungsverfahren (im Gegensatz zu geometrischen Extremwertaufgaben brauchen wir keine Zuordnung): Für alle natürlichen Zahlen n mit $n > 1$ gilt $n^2 > n$. Für 1 gilt dagegen $1^2 = 1$. Falsch wäre der Schluß: Also ist 1 die größte natürliche Zahl.

Mit einem Vergrößerungsverfahren kann man ein Maximum nur nachweisen, indem man zusätzlich beweist, daß es in der Menge M ein Maximum gibt *(Existenzbeweis).* Entsprechendes gilt für den Nachweis eines Minimums durch ein Verkleinerungsverfahren. Man kann einen solchen Existenzbeweis in vielen Fällen führen, indem man einen Satz über stetige Funktionen anwendet. Davon handelt der nächste Abschnitt.

## M2 Stetigkeit

Wenn wir die 3 Seiten eines Dreiecks um einen kleinen Betrag ändern, dann ändert sich der Flächeninhalt des Dreiecks ebenfalls nur um einen kleinen Betrag. Man sagt: Der Flächeninhalt des Dreiecks ist eine stetige Funktion seiner 3 Seiten. Allgemein: Wenn sich die Veränderliche(n) einer stetigen Funktion um einen kleinen Betrag ändern, dann ändert sich der Funktionswert auch nur um einen kleinen Betrag. Damit haben wir eine anschauliche Vorstellung für den Begriff der Stetigkeit gegeben, mit der der Problemlöser intuitiv arbeiten kann, doch haben wir den Begriff der Stetigkeit nicht definiert. Was bedeutet „kleiner Betrag"? Der Ausdruck ist unklar. Man könnte ihn präzisieren, indem man sagt, was man unter „kleinem Betrag" versteht. Dazu führt man *„infinitesimale"*, d. h. unendlich kleine Zahlen ein, die schon Euler und Cauchy verwendeten (siehe dazu G(M2)). Wir verzichten auf eine Definition, da uns zum Problemlösen die anschauliche Vorstellung und das intuitive Vorgehen genügen. Außer dieser vermeintlichen Laxheit werden mir die Fachkollegen vielleicht verübeln, daß ich nicht mit der Stetigkeit an einer Stelle begonnen und danach erst die globale Stetigkeit eingeführt habe. Ich weiß aber aus eigener Erfahrung mit mir selbst und mit Schülern, wie schwer es dem Anfänger fällt, eine exakte Definition der Stetigkeit zu verstehen und mit ihr zu arbeiten.

Nützlich können noch die folgenden Bemerkungen sein:

- Die durch Terme definierten Funktionen, also die, mit denen wir es zumeist zu tun haben, wie $x$, $x^2$, $x^r$ mit $r \in R^+$, $a^x$, sinx usw., sind stetig in ihrem Definitionsbereich.
- Entsprechendes gilt für Funktionen mehrerer Veränderlicher.
- Summe, Produkt, Differenz und Quotient und Verkettung stetiger Funktionen sind stetig im Definitionsbereich der zusammengesetzten Funktion.
- Beispiele für unstetige Funktionen:

$$x \rightarrow \begin{cases} 0, \text{ falls } x \neq 0 \\ 1, \text{ falls } x = 0 \end{cases} \qquad x \rightarrow \begin{cases} -1, \text{ falls } x \leqq 0 \\ 1, \text{ falls } x > 0. \end{cases}$$

Diese Funktionen haben an der Stelle $x = 0$ eine Sprungstelle. Im Gegensatz dazu kann der Graph einer stetigen Funktion durch eine „durchgezogene" oder „ununterbrochene" Linie dargestellt werden. Wieder haben wir eine nützliche, anschauliche Vorstellung gewonnen, aber keine Definition.

Für Anwendungen wichtig sind die beiden folgenden Sätze über stetige Funktionen.

*Zwischenwertsatz von Bolzano:* Eine in einem abgeschlossenen Intervall [a, b] stetige Funktion f einer Veränderlichen mit f(a) ≠ f(b) nimmt im Inneren des Intervalls jeden zwischen f(a) und f(b) gelegenen Wert c mindestens einmal an.

*Satz vom Maximum und Minimum:* Ist f eine in dem abgeschlossenen Intervall [a, b] stetige Funktion einer Veränderlichen, so hat sie in diesem Intervall ein absolutes Maximum und ein absolutes Minimum. Dieser Satz gilt auch für Funktionen mehrerer Veränderlichen, wenn man anstelle des abgeschlossenen Intervalls eine abgeschlossene und beschränkte Menge setzt. Nach M1 brauchen wir bei der Anwendung eines Ausschlußverfahrens die Existenz eines Maximums bzw. Minimums. Nach dem Satz vom Maximum und Minimum ist diese gesichert, wenn wir wissen, daß die zu untersuchende Funktion stetig im Definitionsbereich ist.

## G(M2) Stetigkeit und infinitesimale Zahlen

Man kann zu einer *Definition der Stetigkeit* gelangen, indem man zu dem Ausdruck: „Wenn man die Veränderliche um einen kleinen Betrag ändert, dann ändert sich der Funktionswert auch um einen kleinen Betrag" angibt, was man unter einer „kleinen Zahl" versteht. Man erweitert den Körper der reellen Zahlen, indem man „infinitesimale", das sind unendlich kleine Zahlen, und unendlich große Zahlen einführt. Eine positive Infinitesimalzahl ist kleiner als jede positive reelle Zahl. L. *Euler* (1707–1783) verstand es meisterhaft, mit infinitesimalen Zahlen umzugehen. Er benutzte sie zu einfachen Beweisen von Sätzen der Analysis. A. L. *Cauchy* (1789–1857) gab eine Definition der Stetigkeit, in der er infinitesimale Zahlen verwendet. In heutiger Ausdrucksweise lautet sie: „Eine Funktion f heißt stetig an der Stelle x, wenn sich f(x + i) nur um eine infinitesimale Zahl von f(x) unterscheidet. Darin ist i eine infinitesimale Zahl." (A. L. Cauchy 1821, 34 f.) Cauchy hat sich nicht eindeutig infinitesimalmathematisch ausgedrückt,[12] doch hat D. *Laugwitz* nachgewiesen (1986), daß er seine Definition infinitesimalmathematisch verwendet. Seit Mitte des 19. Jh. sind für ein ganzes

---

[12] Siehe dazu D. Spalt (1991). Einige oben angegebenen Sätze über stetige Funktionen gelten nicht in der Infinitesimalmathematik; z. B. ist $x \to \frac{1}{x}$ unstetig in einer infinitesimalen Umgebung von 0 (ohne 0).

Jahrhundert infinitesimale Methoden verpönt, weil man sich – wie man glaubte – Widersprüche und Fehler einhandle. Der Grenzwertbegriff tritt seinen Siegeszug an, und so verwendet man ihn auch zur Definition der Stetigkeit. Voll ausgeschrieben handelt es sich um die ε-δ-Definition, mit der sich der Schüler im Leistungskurs, der Student in der Anfängervorlesung abmühen muß. Erst 1958 rechtfertigen *D. Laugwitz* und *C. Schmieden* (1905–1991) die infinitesimalen Methoden des 18. Jh. und begründen einen neuen, strengen Aufbau der Analysis, die *Non-Standard-Analysis*.

## *M3 Die Dreiecksungleichung*

a) Gegeben 2 verschiedene Punkte A und B der Ebene. C sei ein beliebiger Punkt der Ebene. Dann gilt folgende Ungleichung für die Längen

$$AB \leqq AC + CB.$$

Die Gleichheit gilt genau dann, wenn C auf der Strecke AB liegt. Dazu folgende Bemerkungen und Ergänzungen:
(i) Der Name rührt daher, daß man die Punkte A, B und C als Eckpunkte eines Dreiecks auffassen kann. Dann aber darf C nicht auf AB liegen, und die Gleichheit kann nicht gelten. In einem Dreieck ist stets die Summe zweier Seiten größer als die dritte Seite.
(ii) Die Dreiecksungleichung gilt auch für den Raum $R^3$ und die Räume $R^n$ mit $n > 3$.
(iii) Folgerung: Zwischen 2 Punkten A und B ist die Strecke AB der kürzeste Streckenzug.
(iv) Die Zeichen AB, AC und CB kann man auch als Abstand (Entfernung, Distanz) der Punktepaare deuten. Dann schreibt man

$$d(AB) \leqq d(AC) + d(CB).$$

d kann der euklidische Abstand sein oder eine andere Metrik (siehe M8). Der wichtige Zusatz über die Gleichheit kann bei anderen Metriken anders lauten.
(v) Die Dreiecksungleichung gilt auch in einem normierten Vektorraum, d. h. in einem Vektorraum, in dem jedem Vektor eine Norm (= Länge) zugeordnet ist. Sie schreibt sich

$$|\overrightarrow{AB}| = |\overrightarrow{AC} + \overrightarrow{CB}| \leqq |\overrightarrow{AC}| + |\overrightarrow{CB}|.$$

Sonderfall: Der Vektorraum R der reellen Zahlen mit dem Absolutbetrag als Norm.

b) *Anwendungen der Dreiecksungleichung*

(i) *Ungleichung für einen Streckenzug im Inneren eines Dreiecks:* Gegeben ein Dreieck ABC und in seinem Inneren ein Punkt P. Der Streckenzug APB ist kürzer als der Streckenzug ACB. Beweis: Wir verlängern die Strecke AP. Die Gerade AP schneidet Seite BC im Punkt D. Nach der Dreiecksungleichung gelten die folgenden Beziehungen:

$$AC + CD > AD = AP + PD,$$
$$PD + DB > PB.$$

Addition beider Ungleichungen ergibt

$$AC + CD + DB + PD > AP + PB + PD.$$

Daraus folgt die Behauptung

$$AC + CB > AP + PB.$$

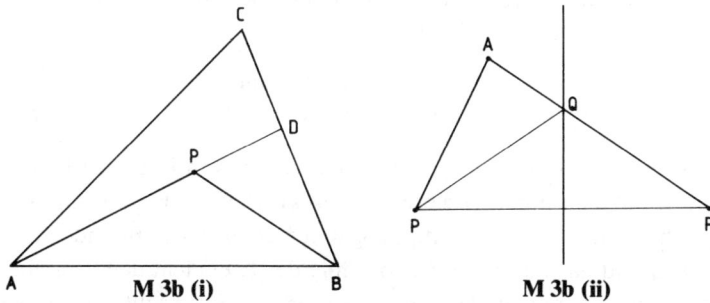

**M 3b (i)**          **M 3b (ii)**

(ii) *Ein Satz über die Mittelsenkrechte:* Jeder Punkt der Mittelsenkrechten von P und P' ist von diesen beiden Punkten gleich weit entfernt. Der Punkt A liege im Inneren derjenigen Seite der Mittelsenkrechten, in der P liegt. Dann ist der Abstand P A kleiner als der Abstand P'A.

Beweis: Wir verbinden den Punkt A mit P und P'. Die Strecke AP' schneidet die Mittelsenkrechte in einem Punkt Q. Es gilt P'Q = PQ und nach der Dreiecksungleichung

$$P A < P Q + QA.$$

Daher ist

$$P A < P'Q + QA = P'A.$$

G(M3) Die Dreiecksungleichung in Euklids Elementen
und weiteres über dieses Werk

Die Dreiecksungleichung steht im 1. Buch von *Euklids Elementen*, und
zwar im Gegensatz zu der Aussage in M3a als Satz über Dreiecke (siehe (i)).

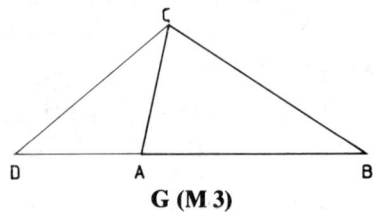

**G (M 3)**

Euklid beweist diesen Satz folgendermaßen: ABC sei ein beliebiges Drei-
eck. Wir behaupten AB + AC > BC. Zum Beweis verlängern wir die
Strecke BA um die Strecke AD, so daß AD = AC. Im gleichschenkligen
Dreieck CAD sind die Innenwinkel bei C und D gleich groß. Also ist $\sphericalangle$
BCD > $\sphericalangle$ BDC. Dem größeren Winkel liegt die größere Seite gegenüber.
Folglich gilt BD > BC und damit

$$BA + AD > BC \quad \text{und}$$
$$BA + AC > BC.$$

*Proklos Diadochos* (410–485), ein Kommentator von Euklids Elementen,
berichtet, daß die Epikuräer diesen Beweis kritisierten. Die Aussage sei *evi-
dent,* d. h. unmittelbar einsichtig, sogar für einen Esel. Befinde sich der
Esel bei B und das Futter bei C, so wähle der Esel nicht den Weg über A,
sondern den kürzeren auf der Seite BC. Evidente Sätze sollten nicht bewiesen, sondern als Axiome eingeführt werden. Proklos verteidigt Euklid: Die
Anzahl der Axiome solle möglichst klein gehalten werden. Sie sollen unabhängig sein, würde man heute sagen.
Von *Euklids* Leben ist uns nur bekannt, daß er Ende des 4. Jh. v. Chr. in
Alexandrien wirkte und die 13 Bücher der Elemente sowie einige andere
Werke schrieb. Elemente waren in der Antike Schriftrollen, die den Studie-
renden vorgelesen wurden. Geometrie und Arithmetik gehörten zu den
wichtigen Unterrichtsfächern der Artes liberales. Schon vor Euklid gab es
Elemente anderer Autoren, die verschollen sind, da sie wahrscheinlich von
Euklids Elementen an Umfang und Strenge weit übertroffen wurden. Eu-
klid hat dem mathematischen Wissen seiner Zeit wohl nur wenig Neues hin-

zugefügt. Seine geniale Leistung ist die systematisch-methodische Darstellung dieses Wissens, die man als Vorstufe der heutigen axiomatischen Methode ansehen kann. Dadurch wirkte sein Werk durch die Antike, in den Schulen und Universitäten des Mittelalters, die den Lehrplan der Artes liberales übernahmen, in der Renaissance und im Gymnasium des 19. Jh. Doch darf man sich vom Umfang dieser Wirkung keine falsche Vorstellung machen: Im Mittelalter begnügte man sich meist mit dem 1. Buch der Elemente. Die Rechenmeister ab dem 16. Jh. hatten nichts mit dem Euklid im Sinn. Sie vermittelten die Mathematik der kaufmännischen und handwerklichen Praxis, und vor 1800 gab es in den Gymnasien keinen oder nur sehr dürftigen Mathematikunterricht. Danach begann in den Gymnasien die große Zeit des Euklid, doch erkannte man bald, daß diese strenge Darbietung der Mathematik ungenießbar für den jugendlichen Geist und hinderlich für das Eindringen in naturwissenschaftliches und technisches Denken ist. Um 1900 gewannen die Euklid-Gegner an Boden. Unter Führung von *F. Klein,* mit der Parole „Los von Euklid" und der Forderung nach jugendgemäßem, genetischem Mathematikunterricht reformierten die Pädagogen den Mathematikunterricht. Dieser Niederlage Euklids im Unterrichtswesen steht ein gleichzeitiges wissenschaftliches Ereignis gegenüber, in dem man vielleicht die Vollendung von Euklids Werk sehen darf. *D. Hilbert* legte in seinen „Grundlagen der Geometrie" ein Axiomensystem vor, in dem alle Mängel des Systems von Euklid überwunden sind. Allerdings war Hilbert zu einer völlig neuen Auffassung vom Aufbau einer mathematischen Theorie gelangt. Die Axiome sind nicht mehr evidente Aussagen, aus denen Sätze abgeleitet werden, sondern nur noch Zeichenreihen, aus denen nach vorgegebenen Regeln andere Zeichenreihen gewonnen werden. In dieser formalistischen Ausprägung der Mathematik interessiert man sich nicht für eine etwaige Bedeutung dieser Zeichen (T. L. Heath 1956, 286–288; D. Hilbert 1899; K. Seebach in G. Wolff ²1966, Bd. 5, 73–79).

Weit über die mathematisch-fachliche Bedeutung hinaus beeinflußten die Elemente auch andere Bereiche des abendländischen Kulturlebens. Z. B. hatten *A. Dürer* und *Leonardo da Vinci* ihren Euklid gelesen, bevor sie die Werke über „Befestigungslehre" und „Mit Richtscheit und Zirkel" (Dürer) bzw. die „Perspektivenlehre" schrieben. Der Philosoph *B. Spinoza* sah in den Elementen das methodische Vorbild für sein Hauptwerk, die „Ethik", in dem er seine Thesen „more geometrico", d. h. in geometrischer Weise, begründet (M. Bense 1949, 78–90, K. Radbruch 1989, 83–85).

## *M4 Die arithmetisch-geometrische Ungleichung*

Sind $a_1, \ldots, a_n \geqq 0$, dann gilt die Ungleichung

$$\frac{a_1 + \ldots + a_n}{n} \geqq \sqrt[n]{a_1 \ldots a_n}.$$

Gleichheit besteht genau dann, wenn $a_1 = \ldots = a_n$.
Für $n = 2$ ist die Ungleichung bereits in L30d bewiesen. Wir bringen trotzdem einige weitere geometrische Beweise.

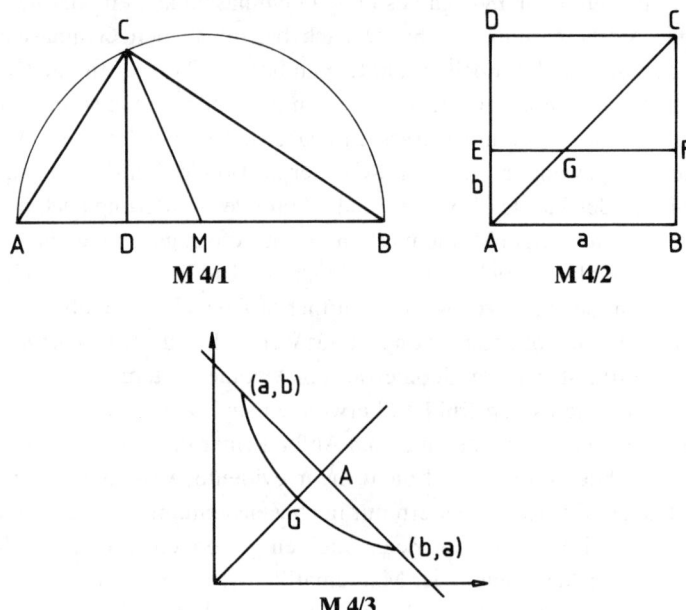

M 4/1          M 4/2

M 4/3

(i) Das Dreieck ABC liegt im Halbkreis (Thaleskreis) und ist daher rechtwinklig. Wir bezeichnen die Hypotenusenabschnitte mit a und b, den Höhenfußpunkt mit D und den Mittelpunkt der Hypotenuse, der auch Mittelpunkt des Thaleskreises ist, mit M (Abb. M4/1). Der Höhensatz ergibt

$$DC^2 = AD \cdot DB = ab,$$

und weil MC Radius des Thaleskreises ist, haben wir

$$MC = \frac{a + b}{2}.$$

Es gilt DC $\leq$ MC, und Gleichheit besteht genau im gleichschenklig-rechtwinkligen Dreieck, wenn also die Hypotenusenabschnitte a und b gleich
groß sind. Das ist die Behauptung.
(ii) Sei a $\geq$ b. Wir zeichnen ein Quadrat ABCD mit der Seitenlänge a und
tragen auf AD von A aus die Strecke der Länge b ab. Als Endpunkt erhalten
wir E. Die Parallele zu AB durch E schneidet die Seite BC in F, und die Diagonale AC schneidet diese in G. Es gilt (Abb. M4/2)

$$ab = ABFE = AGE + ABFG.$$

Ist a $>$ b, so ist ABFG in ABC echt enthalten, und wir haben ABFG $<$
ABC. Falls a $=$ b, fallen E mit D und F und G mit C zusammen, und wir
haben ABFG $=$ ABC. Zusammengefaßt erhalten wir

$$ab \leq ABC + AGE = \frac{a^2}{2} + \frac{b^2}{2},$$

also
$$ab \leq \frac{a^2 + b^2}{2}.$$

Gleichheit gilt genau dann, wenn a $=$ b.
Setzen wir a $= \sqrt{\alpha}$, b $= \sqrt{\beta}$, so erhalten wir die übliche Formel der arithmetisch-geometrischen Ungleichung für n $=$ 2.
(iii) Wir zeichnen in ein kartesisches Koordinatensystem den Graphen der
Gleichung xy $=$ ab (oder y $= \frac{ab}{x}$), der eine Hyperbel ist (Abb. M4/3). Auf
dieser liegen die Punkte (a, b) und (b, a). Die Gerade y $=$ x schneidet
die Verbindungsstrecke dieser Punkte im Punkt A mit den Koordinaten
$(\frac{a + b}{2}, \frac{a + b}{2})$ und die Hyperbel in G mit den Koordinaten ($\sqrt{ab}$, $\sqrt{ab}$).
Vergleich der Abszissen von A und G im Koordinatensystem ergibt

$$\sqrt{ab} \leq \frac{a + b}{2}$$

mit Gleichheit genau dann, wenn a $=$ b, da in diesem Fall die Punkte (a, b),
(b, a), (A und G) zu einem Punkt verschmelzen.
Weitere interessante geometrische Beweise stehen wie die obigen bei P. S.
Bullen u. a. 1988, 44–47.
*Zwei Beweise der arithmetisch-geometrischen Ungleichung:*
(i) In der zu beweisenden Ungleichung

$$\frac{a_1 + \ldots + a_n}{n} \geq \sqrt[n]{a_1 \ldots a_n}$$

bezeichnen wir die linke Seite mit A (arithmetischer Mittelwert), die rechte
Seite mit G (geometrischer Mittelwert). Die $a_i$ sollen nach der Größe nume-
riert sein, d. h.

$$a_1 \leqq \ldots \leqq a_n.$$

Sind alle $a_i$ gleich, so gilt durchweg das Gleichheitszeichen, und die beiden
Mittelwerte sind gleich. Wir nehmen daher an, daß nicht alle $a_i$ einander
gleich sind. Dann ist $a_1 < a_n$. Wir ersetzen nun die kleinste Zahl $a_1$ durch A
und die größte Zahl $a_n$ durch $a_1 + a_n - A$. Diese Zahl ist positiv, da A als
Mittelwert kleiner als die größte Zahl $a_n$ ist. Bei dieser Ersetzung ist die
linke Seite der Ungleichung unverändert gleich A geblieben, da die neuen
Summanden die Summe

$$A + (a_1 + a_n - A) = a_1 + a_n$$

haben. Die rechte Seite dagegen wird größer, da die neuen Faktoren das
Produkt

$$A(a_1 + a_n - A) = a_1 a_n + (A - a_1)(a_n - A)$$

ergeben und das Produkt der beiden Klammern auf der rechten Seite positiv ist. Daher gilt

$$A(a_1 + a_n - A) > a_1 a_n.$$

Die nun vorliegenden n Zahlen ordnen und numerieren wir neu und setzen
mit ihnen das Verfahren fort. Danach sind zwei der Zahlen gleich A geworden, die linke Seite der Ungleichung ist unverändert gleich A geblieben,
während die rechte Seite wieder vergrößert wurde. So geht es weiter, bis
nach spätestens $n - 1$ Schritten alle Zahlen gleich A sind. Dann gilt in der
obigen Beziehung das Gleichheitszeichen, und da sich die rechte Seite bei
jedem Schritt vergrößert hat, ist ursprünglich $A > G$.
Wir haben bisher nur bewiesen, daß aus $a_1 = \ldots = a_n$ folgt $A = G$. Zu zeigen ist noch die Umkehrung, daß nämlich aus $A = G$ die Gleichheit aller $a_i$
folgt. Sei $A = G$. Wären nicht alle $a_i$ gleich, so könnten wir das obige Verfahren anwenden, das in höchstens $n - 1$ Schritten zu der Ungleichung $A > G$
führt, die der Annahme widerspricht. Die $a_i$ müssen daher alle gleich sein.
Aus unserem Beweis folgt: Die Summe von n positiven, reellen Zahlen soll
einen bestimmten Wert haben. Dann wird ihr Produkt maximal, wenn alle
Zahlen gleich sind. Ebenso gilt die duale Aussage: Soll das Produkt von n

positiven, reellen Zahlen einen bestimmten Wert haben, dann wird ihre Summe minimal, falls alle Zahlen gleich sind. Beide Aussagen haben wir beim isoperimetrischen Problem für Rechtecke angewandt. Man kann sie aber ebenso beim entsprechenden isoperimetrischen Problem für Quader im $R^n$ mit $n \geqq 3$ anwenden, im euklidischen Raum der Dimension n.

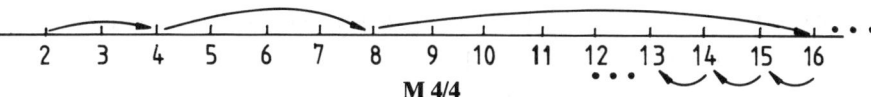

**M 4/4**

(ii) Wir beweisen zunächst durch vollständige Induktion die Gültigkeit der arithmetisch-geometrischen Ungleichung für alle Zweierpotenzen $n = 2, 4,$ $8, \ldots, 2^k \ldots$ Dann leiten wir her: Gilt die Ungleichung für n, dann gilt sie auch für $n - 1$ (siehe dazu das in Abb. M4/4 gezeichnete Schema). Zuvor beweisen wir durch unmittelbares Ausrechnen, daß bei beliebigem n und Gleichheit aller $a_i$ die beiden Mittelwerte einander gleich sind. So brauchen wir im folgenden nur noch den Fall zu behandeln, daß nicht alle $a_i$ gleich sind. Die Behauptung gilt für $n = 2$ (Induktionsverankerung). Zu beweisen: Die Behauptung gelte für n. Dann gilt sie auch für 2n (Induktionsschritt).

Sind 2n positive, reelle Zahlen gegeben, die nicht alle gleich sind, so können wir mit ihnen die beiden Ungleichungen aufstellen:

$$\sqrt[n]{a_1 \ldots a_n} \leqq \frac{a_1 + \ldots + a_n}{n},$$

$$\sqrt[n]{a_{n+1} \ldots a_{2n}} \leqq \frac{a_{n+1} + \ldots + a_{2n}}{n}.$$

Wir wenden auf die beiden Ausdrücke der linken Seiten die bewiesene Ungleichung für $n = 2$ an:

$$\sqrt{\sqrt[n]{a_1 \ldots a_n} \, \sqrt[n]{a_{n+1} \ldots a_{2n}}} < \frac{\sqrt[n]{a_1 \ldots a_n} + \sqrt[n]{a_{n+1} \ldots a_{2n}}}{2}.$$

Auf die rechte Seite wendet man nun die Induktionsannahme an, die Behauptung soll gelten für n. Dann steht schließlich da

$$\sqrt[2n]{a_1 \ldots a_{2n}} < \frac{a_1 + \ldots + a_{2n}}{2n}.$$

Den zweiten Beweisschritt führen wir mit $n - 1$ positiven, reellen Zahlen $a_i$ ($i = 1, \ldots, n - 1$) durch, die nicht alle gleich sind. Dann gilt, wenn wir noch eine weitere positive Zahl $a_n$ hinzufügen,

$$\sqrt[n]{a_1 \ldots a_{n-1}a_n} < \frac{a_1 + \ldots + a_{n-1} + a_n}{n}.$$

Wir setzen $a_n = (a_1 \ldots a_{n-1})^{\frac{1}{n-1}}$ und kürzen diesen Ausdruck ab durch g. Dann ist die linke Seite der Ungleichung

$$\sqrt[n]{g^{n-1} \cdot g} = g,$$

und die Ungleichung schreibt sich

$$g < \frac{a_1 + \ldots + a_{n-1} + g}{n}.$$

Das formen wir um zu

$$g - \frac{1}{n} g = \frac{n-1}{n} g < \frac{a_1 + \ldots + a_{n-1}}{n}$$

und

$$g < \frac{a_1 + \ldots a_{n-1}}{n-1}.$$

Ersetzen wir darin die Abkürzung g durch ihre Bedeutung, so steht die behauptete Ungleichung da.

## G(M4) Geschichte der arithmetisch-geometrischen Ungleichung

Den ersten Beweis der arithmetisch-geometrischen Ungleichung führte *C. Mac Laurin* (1698–1746) etwa um 1729. Im wesentlichen ist es unser Beweis (i), doch zieht er ihn als Vergrößerungsverfahren für den geometrischen Mittelwert G auf. Im Fall der Gleichheit aller $a_i$ führt es zu keiner Vergrößerung. Daraus schloß Mac Laurin fälschlich, daß G in diesem Fall ein Maximum habe. Heute wissen wir, daß die Existenz eines Maximums zu beweisen ist (M1). Der Beweis (ii) stammt von *A. L. Cauchy* (1789–1857). Er veröffentlichte ihn in seinem Cours d' Analyse (A. L. Cauchy 1821, 315). Allerdings verwendet er im zweiten Beweisschritt nicht die „absteigende Induktion", sondern er geht folgendermaßen vor:
$2^m$ sei die auf n folgende Zweierpotenz, d. h. $n < 2^m$. Der arithmetische Mittelwert der $a_i$, die nicht alle untereinander gleich sind, ist

$$A = \frac{a_1 + \ldots + a_n}{n}.$$

Dann gilt für die $2^m$ Zahlen $a_1, \ldots, a_n, A, \ldots, A$ die im ersten Teil des Beweises bewiesene Ungleichung

$$a_1 \ldots a_n A^{2^m - n} < \left(\frac{a_1 + \ldots + a_n + (2^m - n) A}{2^m}\right)^{2^m}.$$

Nach Einsetzen des Terms für A erhalten wir

$$a_1 \ldots a_n A^{2^m - n} < A^{2^m}.$$

Daraus folgt die zu beweisende Ungleichung

$$a_1 \ldots a_n < A^n.$$

Viele Mathematiker haben eine Fülle von weiteren Beweisen publiziert. 52 sind in chronologischer Ordnung in P. S. Bullen u. a. (1988, 56–90) nachzulesen, darunter sogar ein thermodynamischer.

## *M5 Die Jensensche Ungleichung*

Für eine Funktion f und alle $\alpha, \beta$ aus dem Intervall $[a, b]$ möge gelten

$$\frac{f(\alpha) + f(\beta)}{2} \geq f\left(\frac{\alpha + \beta}{2}\right),$$

und Gleichheit besteht genau dann, wenn $\alpha = \beta$.
Es sei $n \geq 3$ und $\alpha_1, \ldots, \alpha_n \in [a, b]$. Dann gilt die Ungleichung

$$\frac{f(\alpha_1) + \ldots + f(\alpha_n)}{n} \geq f\left(\frac{\alpha_1 + \ldots + \alpha_n}{n}\right),$$

und Gleichheit besteht genau dann, wenn $\alpha_1 = \ldots \alpha_n$.
Der Beweis verläuft in zwei Schritten, genau so wie der zweite Beweis der arithmetisch-geometrischen Ungleichung in M4:
I. Gilt die Behauptung für eine natürliche Zahl n, so auch für 2n.
II. Gilt die Behauptung für eine natürliche Zahl n, so auch für n − 1.
Wir können den Beweis aus Platzmangel nicht bringen und verweisen auf L. Fejes Toth 1972, 31 ff. und I. Niven 1981, 97 ff.

## M6 Funktional-elementare Methoden

Einige wichtige Funktionen kommen häufig in Extremwertproblemen vor. Man kennt ihre Extrema, oder man macht sich klar, an welchen Stellen des Definitionsbereichs sich Extrema befinden. Diese unmittelbare Kenntnis bzw. das Ergebnis einer Überlegung oder Rechnung kann man immer anwenden, wenn ein Extremwertproblem auf diese Funktion führt.

a) Eine der am häufigsten bei Extremwertproblemen auftretenden Funktionen ist die quadratische Funktion

$$f(x) = ax^2 + bx + c \text{ mit } a \neq 0. \quad (*)$$

(i) Der einfachste und zuerst zu behandelnde Sonderfall ist die Funktion $x \to x^2$. Es gilt die Ungleichung $x^2 \geq 0$. Gleichheit besteht genau dann, wenn $x = 0$. Also hat diese Funktion für $x_m = 0$ ein Minimum mit $y_m = 0$. $x \to -x^2$ hat an der Stelle $x_m = 0$ ein Maximum. Die Graphen dieser beiden Funktionen sind Parabeln, die spiegelbildlich zur x-Achse liegen. Die erste ist nach oben geöffnet, die zweite nach unten. Die Funktionen $x \to ax^2$ haben als Graphen ebenfalls Parabeln, die nach oben geöffnet sind, falls $a > 0$, sie sind nach unten geöffnet, falls $a < 0$. Ist der Betrag von a sehr groß, so verlaufen sie steil, ist er klein, so sind sie flach. Die Graphen aller anderen quadratischen Funktionen (*) sind kongruent zu dem von $x \to ax^2$. Sie sind also auch Parabeln, deren Form allein von der Zahl a bestimmt ist. Sie sind gegenüber dem Graphen von $x \to ax^2$ parallelverschoben.

(ii) Eine quadratische Funktion sei durch den Term

$$f(x) = ax^2 + bx$$

definiert. Je nachdem, ob a positiv oder negativ ist, liegt ein Minimum oder ein Maximum vor. Wir können in beiden Fällen das Extremum in derselben Weise bestimmen: Es liegt nämlich auf der Symmetrieachse der Parabel, und diese schneidet die x-Achse im Mittelpunkt der beiden Nullstellen $x_1$ und $x_2$. Mit anderen Worten: Die Abszisse $x_m$ des Extremums liegt genau in der Mitte der Nullstellen $x_1$ und $x_2$. Zur Berechnung formen wir den Funktionsterm um, so daß die Nullstellen leicht zu ermitteln sind:

$$f(x) = ax \cdot (x + \frac{b}{a}).$$

Die Nullstellen sind $x_1 = 0$ und $x_2 = -\frac{b}{a}$, und ihr Mittelpunkt ist $x_m = -\frac{b}{2a}$.

Die Ordinate des Extremums berechnen wir durch Einsetzen zu

$$f(x_m) = ax_m (x_m + \frac{b}{a}) = -\frac{b^2}{4a}.$$

(iii) Der Funktionsterm einer quadratischen Funktion sei

$$f(x) = ax^2 + bx + c.$$

Er unterscheidet sich von dem in (ii) nur durch den Summanden c. Diese Funktion hat an derselben Stelle $x_m$ ein Extremum wie die Funktion f − c. Die Abszisse des Extremums berechnen wir wie in (ii) und erhalten $x_m = -\frac{b}{2a}$.

Durch Einsetzen finden wir die Ordinate des Minimums $f(x_m) = -\frac{b^2}{4a} + c$

(Abb. M6a).

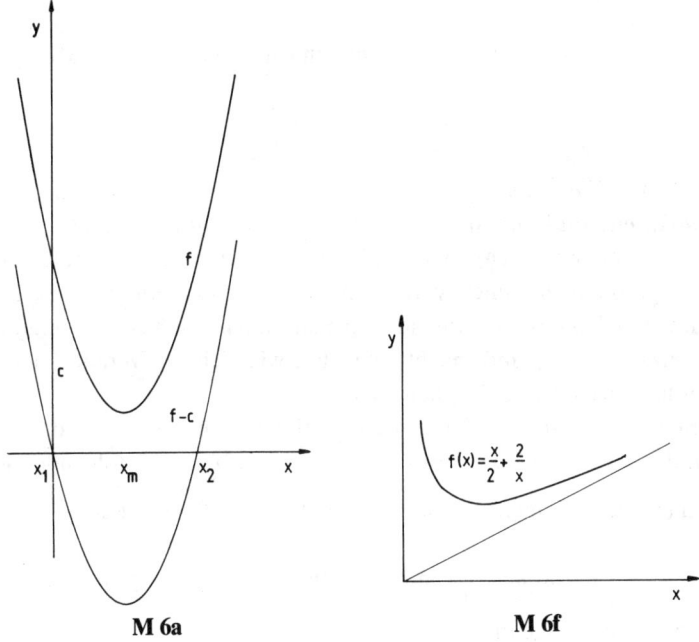

**M 6a**                    **M 6f**

Wir lernen keine Formeln auswendig, sondern wenden in jedem Einzelfall das beschriebene Verfahren an. Dabei denken wir nicht arithmetisch, sondern geometrisch:

1. Parabel um − c verschieben, so daß sie durch den Ursprung des Koordinatensystems verläuft.
2. Nullstellen bestimmen: $x_1 = 0$. $x_2$ berechnet man, indem man den Ausdruck in der Klammer null setzt.
3. Die Abszisse des Extremums ist der Mittelpunkt der Nullstellen:
$$x_m = \frac{x_1 + x_2}{2}.$$

Beispiel:

$$f(x) = 2x^2 + 5x + 3$$

$$f(x) - 3 = 2x \left( x + \frac{5}{2} \right) \qquad \text{Verschiebung der Parabel um } -3 \text{ in y-Richtung}$$

$$x_1 = 0;\ x_2 = -\frac{5}{2} \qquad \text{Nullstellen}$$

$$x_m = -\frac{5}{4} \qquad \text{(Minimum)}$$

Durch Einsetzen dieses Wertes in f erhalten wir die Ordinate des Minimums

$$f(x_m) = f\left( -\frac{5}{4} \right) = -\frac{1}{8}.$$

b) *Regeln für Umwandlungen von Funktionstermen (oder für Abbildungen von Funktionen), die die Abszisse eines Extremums unverändert lassen:* Solche Regeln haben wir in a) angewendet. Oft läßt sich mit ihrer Hilfe ein Extremwertproblem erheblich vereinfachen. Zur Begründung einer Regel zeichnet man den Graphen irgendeiner Funktion in ein Koordinatensystem (Faustskizze genügt) und macht sich klar, wie sich die Veränderung des Funktionsterms auf den Graphen auswirkt.

f sei irgendeine Funktion. Folgende Funktionen haben Extrema derselben Art an denselben Stellen (= Abszissen) wie f. a, b sind im folgenden Konstanten (= reelle Zahlen): $f + a$, $f - a$, $a \cdot f$ mit $a > 0$, $- a \cdot f$ mit $a < 0$, $\frac{1}{a} \cdot f$ mit $a > 0$, $- \frac{1}{a} \cdot f$ mit $a < 0$, $f^r$ mit $f \geqq 0$ und $r > 0$, $g \circ f$ (= g (f(x))), wenn g streng monoton steigend ist.

Man kann weitere Regeln für Umwandlungen aufstellen, die ebenfalls die Abszisse eines Extremums unverändert lassen, die aber Maxima und Minima vertauschen. Einfachstes Beispiel: $- f$.

c) *Extrema der Funktionen sin und cos:* Aus der Definition der Sinusfunktion am Einheitskreis folgt, daß sich im Intervall $[0,2\pi]$ das einzige Maximum an der Stelle $\frac{\pi}{2}$ befindet. Die Sinusfunktion ist periodisch mit der Periode $2\pi$. Also erhalten wir alle Maxima, indem wir zu $\frac{\pi}{2}$ die ganzzahligen Vielfachen von $2\pi$ addieren. Sie befinden sich also an den Stellen $\frac{\pi}{2} + 2k\pi$ mit $k \in Z$, und der Funktionswert ist an diesen Stellen $\sin(\frac{\pi}{2} + 2k\pi) = 1$.

Entsprechend leitet man her, daß die Minima der Sinusfunktion an den Stellen $\frac{3}{2}\pi + 2k\pi$ mit $k \in Z$ liegen, wo der Funktionswert $-1$ beträgt. Entsprechend finden wir die Extremstellen der Kosinusfunktion. Wir stellen die Ergebnisse in einer Tabelle zusammen, die auch die entsprechenden Formeln für das Gradmaß enthält.

| Funktion | Maxima | Minima | Maxima | Minima |
|---|---|---|---|---|
| | im Bogenmaß | | im Gradmaß | |
| sin | $\frac{\pi}{2} + 2k \cdot \pi$ | $\frac{3}{2}\pi + 2k \cdot \pi$ | $90° + k \cdot 360°$ | $270° + k \cdot 360°$ |
| cos | $2k \cdot \pi$ | $(2k + 1) \cdot \pi$ | $k \cdot 360°$ | $(2k + 1) \cdot 180°$ |

In Extremwertaufgaben, die auf Gleichungen mit trigonometrischen Termen führen, kann man das Problem durch Umformungen häufig auf folgende Aufgabe zurückführen:

$$\sin(ax + b) \to \max \text{ (oder min) mit } x \in [\alpha, \beta]$$

(oder auf die entsprechende Aufgabe mit cos).
Man hat dann die folgende Gleichung zu lösen:

$$ax + b = \frac{\pi}{2} + 2k\pi \text{ (bzw. } = \frac{3}{2}\pi + 2k\pi).$$

Darin ist k so zu bestimmen, daß die Lösung(en) x in dem vorgeschriebenen Intervall $[\alpha, \beta]$ liegt (liegen). Häufig ist k eindeutig bestimmt, und dann ist es auch die Lösung. Wie man verfährt, wenn in der reduzierten Aufgabe der Kosinus steht, liegt auf der Hand.
d) *Die Additionstheoreme der trigonometrischen Funktionen:* Man braucht sie zur Vereinfachung von Ausdrücken mit trigonometrischen Funktionen.

$$\sin(\alpha + \beta) = \sin\alpha \cdot \cos\beta + \sin\beta \cdot \cos\alpha$$
$$\sin(\alpha - \beta) = \sin\alpha \cdot \cos\beta - \sin\beta \cdot \cos\alpha$$
$$\cos(\alpha + \beta) = \cos\alpha \cdot \cos\beta - \sin\alpha \cdot \sin\beta$$
$$\cos(\alpha - \beta) = \cos\alpha \cdot \cos\beta + \sin\alpha \cdot \sin\beta$$
$$\tan(\alpha + \beta) = \frac{\tan\alpha + \tan\beta}{1 - \tan\alpha \cdot \tan\beta}$$
$$\tan(\alpha - \beta) = \frac{\tan\alpha - \tan\beta}{1 + \tan\alpha \cdot \tan\beta}$$

Man braucht sich nur die Formeln für $\sin(\alpha + \beta)$ und $\cos(\alpha + \beta)$ zu merken. Alle anderen leitet man sich aus diesen her. Die für $\tan(\alpha + \beta)$ so:

$$\tan(\alpha + \beta) = \frac{\sin(\alpha + \beta)}{\cos(\alpha + \beta)} = \frac{\sin\alpha \cdot \cos\beta + \sin\beta \cdot \cos\alpha}{\cos\alpha \cdot \cos\beta - \sin\alpha \cdot \sin\beta}.$$

Man dividiert dann Zähler und Nenner des erhaltenen Bruchs durch $\cos\alpha \cdot \cos\beta$.

In den Formeln mit $\alpha + \beta$ ersetzt man $\beta$ durch $- \beta$. Man erhält die Formeln mit $\alpha - \beta$, indem man beachtet

$$\sin(- \beta) = - \sin\beta,$$
$$\cos(- \beta) = \cos\beta,$$
$$\tan(- \beta) = - \tan\beta.$$

e) *Die Funktion* $f(x) = ax + \dfrac{b}{x}$*:* Sie hat genau dann ein Minimum und ein Maximum, wenn $ab > 0$, wenn a und b also das gleiche Vorzeichen haben. Wir brauchen nur den Fall positiver Koeffizienten a und b zu untersuchen, bei dem ein Minimum im Bereich $x > 0$ und ein Maximum im Bereich $x < 0$ vorliegt. Dann wissen wir auch über den anderen Fall Bescheid (siehe b), Regel für $- $f). Wegen $f(x) = - f(- x)$ genügt es, die Funktion für $x > 0$ zu untersuchen. In der Umgebung von $x = 0$ nimmt der erste Summand $ax$ kleine Werte an, der zweite Summand $\dfrac{b}{x}$ dagegen sehr große. Für große Werte von x ist der zweite Summand $\dfrac{b}{x}$ klein. Der Funktionsgraph verläuft dann dicht über der Geraden $y = ax$, die Asymptote ist. Schon eine grobe Faustskizze zeigt, daß der Funktionsgraph für kleine positive Werte von x fällt, für große Werte von x steigt und daß ein Minimum vorhanden ist. Dieses berechnen wir mit Hilfe der arithmetisch-geometrischen Ungleichung:

$$f(x) = ax + \frac{b}{x} \geqq 2\sqrt{ab}.$$

Gleichheit besteht genau bei Gleichheit der beiden Summanden, wenn also gilt

$$ax = \frac{b}{x},$$

$$x = \sqrt{\frac{b}{a}}.$$

Dann nimmt der Funktionswert seinen kleinsten Wert an:

$$f(\sqrt{\frac{b}{a}}) = 2\sqrt{ab}.$$

Das liest man unmittelbar aus der Ungleichung ab, und man bestätigt es zur Probe durch Einsetzen.

Bei $x = -\sqrt{\frac{b}{a}}$ liegt ein Maximum mit der Ordinate $f(-\sqrt{\frac{b}{a}}) = -2\sqrt{ab}$.

Man kann das gleiche Verfahren auch anwenden auf die Funktionen

$$f(x) = ax^n + \frac{b}{x^n} \text{ mit } n \in N.$$

## M7 Abbildungen in der Ebene

Eine Abbildung in der Ebene ist eine eindeutige Zuordnung, die jedem Punkt P der Ebene genau einen Punkt P' zuweist. Man nennt P Urpunkt, P' Bildpunkt von P.

Alle Abbildungen, die wir zur Lösung von Extremwertaufgaben brauchen und deren Eigenschaften wir hier behandeln, sind Abbildungen auf die Ebene (d. h., jeder Punkt der Ebene ist Bildpunkt), und sie sind umkehrbar eindeutig (bijektiv).

a) Als bekannt setzen wir die *Kongruenzabbildungen,* Translationen (Parallelverschiebungen), Drehungen, Punktspiegelungen (= Drehungen um 180°) und die Geradenspiegelungen voraus. Diese Abbildungen sind längentreu und winkeltreu. Die Geradenspiegelungen kehren den Umlaufsinn einer Figur um, die anderen genannten Abbildungen behalten ihn bei. Bei den Translationen und den Punktspiegelungen sind eine Gerade und ihr Bild parallel.

b) *Zentrische Streckung:* Eine zentrische Streckung ist bestimmt durch einen Punkt O, das Streckungszentrum, und eine reelle, von Null verschiedene Zahl k, den Streckungsfaktor.

Ist P = O, so ist P' = O (O ist Fixpunkt).

Ist P ≠ O, so liegt der Bildpunkt P' auf der Geraden OP, und es gilt $\overrightarrow{OP'}$ = k · $\overrightarrow{OP}$.

Wenn wir in die Ebene ein kartesisches Koordinatensystem mit dem Ursprung O legen, so können wir statt dessen schreiben

$$x' = kx,$$
$$y' = ky.$$

Der Name könnte den Irrtum suggerieren, daß die Bildfigur größer als die Urfigur sei. Für k < 1 ist es umgekehrt. Für k = 1 ist die Abbildung die Identität, für k = − 1 die Punktspiegelung an O.

Die Abbildung ist winkeltreu, Streckenverhältnisse bleiben erhalten. Die Bildfigur hat also dieselben Winkel und dieselben Streckenverhältnisse wie die Urfigur. Die beiden Figuren haben dieselbe Form (oder Gestalt), sind formgleich, unterscheiden sich nur in der Größe.

Jede Gerade wird in eine zu ihr parallele Gerade abgebildet. Die Bildstrecke hat die |k|-fache Länge der Urstrecke. Der Flächeninhalt der Bildfigur beträgt das $k^2$-fache der Urfigur.

Bei den meisten geometrischen Extremwertaufgaben ist eine extremale Figur gesucht. Es kommt nicht auf die Größe der Figur an, sondern auf ihre Form. Man darf daher die Größe einer Figur so wählen, daß die Berechnungen möglichst einfach werden. Z. B. können wir die Seitenlängen eines regelmäßigen Vielecks oder den Radius eines Kreises oder den Flächeninhalt einer Figur gleich 1 setzen. Die damit erhaltenen Ergebnisse können wir für die anderen zulässigen Figuren umrechnen, die wir aus den „Einheitsfiguren" durch zentrische Streckungen erhalten. So müssen wir Längen dieser Figuren mit k, Flächeninhalte mit $k^2$ multiplizieren. Urfigur und Bildfigur einer zentrischen Streckung sind formgleich, haben gleiche Winkel und Streckenverhältnisse. Man sagt auch: Sie sind ähnlich. Diese Eigenschaft behalten sie bei, wenn man ihre Lagen irgendwie ändert, d. h., wenn man nach einer zentrischen Streckung noch eine Kongruenzabbildung ausführt. Die zusammengesetzte Abbildung heißt Ähnlichkeitsabbildung.

c) *Achsenstreckung:* Gegeben ist eine Gerade g, die Achse, und eine reelle Zahl k mit k ≠ 0. Für P∈g ist P' = P (g ist Fixpunktgerade). Für P∉g gibt es eine Gerade QP mit QP ⊥ g und Q∈g. P' ist derjenige Punkt, für den

$$\overrightarrow{QP'} = k \cdot \overrightarrow{QP}.$$

Führen wir ein kartesisches Koordinatensystem mit der x-Achse g ein, so können wir auch schreiben

$$x' = x,$$
$$y' = ky.$$

Für $k = 1$ erhalten wir die identische Abbildung, für $k = -1$ die Geraden-spiegelung an g. Der Flächeninhalt der Bildfigur beträgt das $|k|$-fache vom Flächeninhalt der Urfigur. Somit bleibt bei einer Achsenstreckung die Grö-ßenrelation zwischen den Flächeninhalten von Figuren erhalten. Ein Kreis wird in eine Ellipse überführt, deren große Achse zu g parallel ist oder auf g senkrecht steht.

d) *Scherung:* Gegeben ist eine Gerade g, die Achse der Scherung, und eine Gerade h, die nicht parallel zu g ist (Abb. M7d).

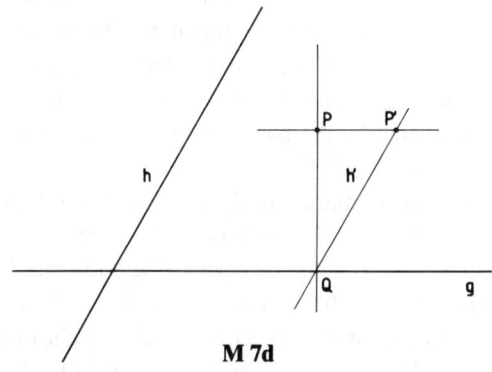

**M 7d**

Falls $P \in g$, gilt $P' = P$ (g ist Fixpunktgerade).
Falls $P \notin g$, gibt es eine Gerade QP mit $QP \perp g$ und $Q \in g$.
Wir ziehen die Parallele zu g durch P und die Parallele h' zu h durch Q. Diese beiden Geraden schneiden sich. Der Schnittpunkt ist P'.
Ist $h \perp g$, so erhalten wir die identische Abbildung. Diesen Fall schließen wir im folgenden aus. Dann hat die Scherung folgende Eigenschaften:
(i)   Alle Punkte der Geraden PQ werden auf h' abgebildet.
(ii)  Falls $P \notin g$, ist $PP' \| g$.
(iii) PP' ist proportional zum Abstand PQ von der Geraden g.
(iv)  Denken wir uns ein Rechteck $QQ_1P_1P$ mit $Q, Q_1 \in g$. Die Bildfigur ist das flächengleiche Parallelogramm $QQ_1P'_1P'$. Allgemein gilt: Bei einer Scherung ist die Bildfigur flächengleich zur Urfigur.

## *M8 Metrische Räume*

In A3 muß man bei der Lösung unseres Treffpunktproblems (ebenso wie bei der Lösung anderer Abstandsprobleme) in Städten den Straßenabstand vom Luftlinienabstand unterscheiden. Im Koordinatensystem von Orthopolis beträgt der Straßenabstand zwischen 2 Punkten P und Q

$$d_A (P, Q) = |x_P - x_Q| + |y_P - y_Q|,$$

der Luftlinienabstand

$$d_E (P, Q) = \sqrt{(x_P - x_Q)^2 + (y_P - y_Q)^2}.$$

Es gibt also verschiedene Möglichkeiten, einen Abstand zu definieren, so daß er einem vorliegenden Problem angemessen ist. Andere Abstandsbegriffe verwenden wir, wenn wir den Abstand zweier Punkte durch einen Geldbetrag für den Fahrpreis, als Treibstoffverbrauch oder als Zeitdauer einer Fahrt angeben. Solche Beispiele bilden den Anlaß zur Verallgemeinerung des Abstandsbegriffs, zur Einführung des Begriffs *„Metrik"*. Ebenso wie der Abstand $d_E$ ist eine Metrik eine Funktion, die jedem Elementpaar einer Menge (z. B. jedem Punktepaar der Ebene) eine nichtnegative reelle Zahl zuordnet.

Von einer Metrik verlangt man, daß sie die wichtigsten Eigenschaften des euklidischen Abstands $d_E$ besitzt, trotzdem aber Verallgemeinerungen zuläßt. Man wird z. B. den verallgemeinerten Abstand eines Punktes zu sich selbst null setzen: $d(P, P) = 0$ und wird außerdem die Umkehrung verlangen: Gilt $d(P, Q) = 0$, so ist $P = Q$. Gelegentlich ist ein verallgemeinerter Abstand von P nach Q verschieden vom Abstand von Q nach P. Denken wir etwa daran, daß P im Tal und Q auf einem Berggipfel liegt und wir den Abstand als Zeitdauer einer Wanderung oder als Treibstoffverbrauch einer Fahrt messen. Im Gebirge sind diese Abstandsfunktionen nicht symmetrisch (siehe M14). Für eine Metrik soll dagegen Symmetrie gelten: $d(P, Q) = d(Q, P)$. Für jede vorstellbare Abstandsfunktion wird zutreffen, daß ein Umweg mindestens so lang ist wie der „direkte" Weg, worunter wir die Verbindungsstrecke verstehen. (Bei nichteuklidischen Metriken, etwa bei $d_A$, kann ein Umweg ebenso lang wie die Verbindungsstrecke sein.) Diese Umwegbedingung kann man mathematisch als Ungleichung formulieren:

$$d(P, Q) \leqq d(P, R) + d(R, Q) \text{ für alle Punkte P, Q, R der Ebene.}$$

Es ist die bekannte Dreiecksungleichung (ohne Gleichheitsbedingung).

Diese 3 Eigenschaften von Abstandsfunktionen legen den Begriff „Metrik" fest. Eine Menge M (also nicht nur die Ebene oder ein $R^n$), für deren Elementpaare eine Metrik definiert ist, heißt ein „metrischer Raum". Als Beispiele kennen wir die Ebene mit der „*euklidischen Metrik*" $d_E$ und die Ebene mit der „*Absolutbetragsmetrik*" $d_A$.

Definition: Eine nichtleere Menge M heißt ein *metrischer Raum,* wenn jedem Paar (X, Y) aus M × M eine nichtnegative Zahl d(X, Y) zugeordnet ist, so daß gilt:

$$(1)\ d(X, Y) = 0 \text{ genau dann, wenn } X = Y,$$
$$(2)\ d(X, Y) = d(Y, X),$$
$$(3)\ d(X, Y) \leqq d(X, Y) + d(Z, Y).$$

Für die Anwendung der Dreiecksungleichung (3) in Extremwertaufgaben ist der Fall der Gleichheit wichtig. Der Leser überlege, für welche Z bei gegebenen X, Y Gleichheit bezüglich der Absolutbetragsmetrik besteht (Abb. M8/1). Ferner müssen wir die Kreise vom Radius r bezüglich der Absolutbetragsmetrik kennen, etwa um den Abstand eines Punktes von einer Geraden zu bestimmen. Der Kreis mit dem Radius r um den Koordinatenursprung O ist gegeben durch die Gleichung $d_A(O, X) = r$. Versuche den Einheitskreis um O zu zeichnen (Abb. M8/2). Probleme mit Abstandssummen zu 2 gegebenen Punkten führen auf Absolutbetragsellipsen (Abb. L27a/2).

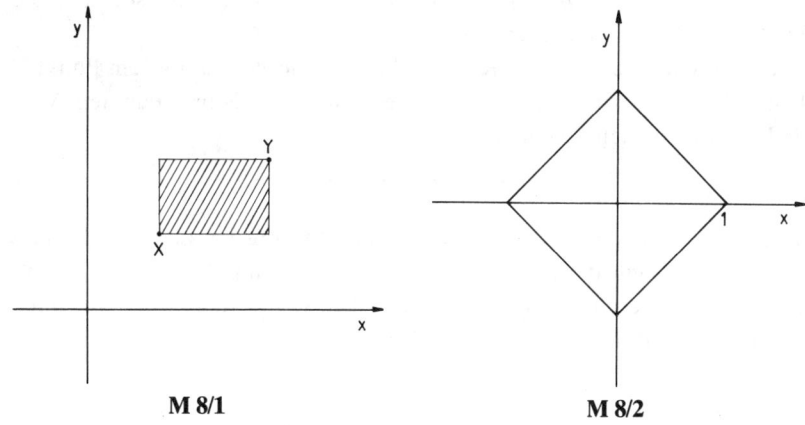

M 8/1          M 8/2

## M9 Sätze über den Kreis

*Definition:* Gegeben ein Kreis mit dem Mittelpunkt M und auf diesem ein Bogen $\overgroup{AB}$. P sei ein von A und B verschiedener und nicht auf $\overgroup{AB}$ liegender Punkt des Kreises. Man nennt den Winkel APB *Umfangswinkel* (auch Peripheriewinkel) über dem Bogen $\overgroup{AB}$, den Winkel AMB Mittelpunktswinkel des Bogens $\overgroup{AB}$.

*Bemerkung:* Zu einem Bogen gibt es unendlich viele Umfangswinkel, aber nur einen Mittelpunktswinkel.

2 verschiedene Punkte A, B des Kreises bestimmen 2 Bögen. Der Scheitelpunkt P eines Umfangswinkels APB liegt stets auf dem zu AB komplementären Bogen.

Die beiden zu A, B gehörenden Bögen seien verschieden lang. Liegt P auf dem kürzeren der beiden Bögen, so ist der Umfangswinkel stumpf, der zugehörige Mittelpunktswinkel ist überstumpf. Wie lauten die entsprechenden Aussagen für die anderen Fälle?

a) *Umfangswinkelsatz:* Jeder Umfangswinkel über dem Bogen $\overgroup{AB}$ ist halb so groß wie der Mittelpunktswinkel von $\overgroup{AB}$ ($\sphericalangle$ APB $= \dfrac{1}{2} \sphericalangle$ AMB).

*Folgerung:* Alle Umfangswinkel über demselben Bogen sind gleich groß.

*Umkehrung:* Liegen die Scheitelpunkte C und D zweier gleichgroßer Winkel $\sphericalangle$ ACB und $\sphericalangle$ ADB in derselben Seite einer Strecke AB, so liegen die Punkte A, B, C, D auf einem Kreis.

b) *Sehnensatz:* Gegeben ein Kreis und außerhalb des Kreises ein Punkt P. Durch P ziehen wir 2 Geraden, die den Kreis jeweils in 2 Punkten A, B und C, D schneiden. Dann gilt

$$PA \cdot PB = PC \cdot PD.$$

Wegen der stetigen Abhängigkeit der Längen von der Lage der Punkte auf dem Kreis gilt diese Gleichung auch noch, wenn C = D, d. h., wenn die eine der Geraden Tangente an den Kreis geworden ist. Bezeichnen wir den Berührungspunkt mit T ($= C = D$), so gilt der Sehnen-*Tangentensatz*:

$$PA \cdot PB = PT \cdot PT = PT^2.$$

Wir können von einem Punkt P außerhalb des Kreises 2 Tangenten an den Kreis ziehen. Ihre Berührungspunkte seien $T_1$ und $T_2$. Für beide Tangenten gilt der Sehnen-Tangentensatz. Es gilt also

$$PA \cdot PB = PT_1^2 = PT_2^2.$$

Folglich ist $PT_1 = PT_2$, und wir haben den Satz:
Die beiden Tangentenstrecken, die man von einem Punkt P außerhalb des
Kreises an diesen ziehen kann, sind gleich lang.

c) *Formeln zu den Kreisteilen:*
(i) *Länge des Kreisbogens:* Die Bogenlänge ist proportional zum Radius r
und zum Mittelpunktswinkel $\alpha$. Es gilt also b = cr$\alpha$, worin c eine Konstante
bedeutet. Diese bestimmen wir, indem wir für $\alpha$ den Vollwinkel setzen.
Dann ist b gleich dem Kreisumfang. Messen wir den Winkel im Bogenmaß,
so wird b = cr $\cdot$ 2$\pi$ = u = 2$\pi$r. Die Konstante c ist 1, und die Formel für die
Länge des Kreisbogens lautet

$$b = r\alpha.$$

Im Gradmaß erhalten wir entsprechend b = cr $\cdot$ 360° = u = 2$\pi$r, und es ist
$c = \dfrac{2\pi}{360}$. Für die Länge des Kreisbogens erhalten wir

$$b = \frac{2\pi}{360°} r\alpha° = \frac{\pi}{180°} r\alpha°.$$

(ii) *Flächeninhalt des Kreisausschnitts (Kreissektors):* Er ist proportional
zum Quadrat des Radius r und zum Mittelpunktswinkel $\alpha$. Also gilt S = cr$^2\alpha$
mit einer Konstanten c. Diese bestimmen wir, indem wir für $\alpha$ den Vollwinkel setzen. Dann ist S gleich dem Flächeninhalt des Kreises. Ist $\alpha$ im Bogenmaß gemessen, so wird S = cr$^2 \cdot$ 2$\pi$ = F = $\pi$r$^2$. Damit ergibt sich für c der
Wert $\dfrac{1}{2}$, und wir erhalten

$$S = \frac{1}{2} r^2 \alpha.$$

Für den in Grad gemessenen Winkel berechnen wir S = cr$^2 \cdot$ 360° = F = $\pi$r$^2$.
Also ist $c = \dfrac{\pi}{360°}$, und die Formel lautet

$$S = \frac{\pi}{360°} r^2 \alpha°.$$

(iii) *Flächeninhalt des Kreisabschnitts:* Wir erhalten ihn als Differenz

Kreisabschnitt = Kreisausschnitt – gleichschenkliges Dreieck.

Zunächst berechnen wir den Flächeninhalt des gleichschenkligen Dreiecks.

Wenn wir wieder den Mittelpunktswinkel mit $\alpha$ bezeichnen, so ist die Höhe $h = r \cdot \cos\frac{\alpha}{2}$ und die halbe Sehne $\frac{s}{2} = r \cdot \sin\frac{\alpha}{2}$. Für den Flächeninhalt des Dreiecks berechnen wir, indem wir ein Additionstheorem (M6(iii)) anwenden:

$$D = h \cdot \frac{s}{2} = r^2 \cdot \sin\frac{\alpha}{2} \cdot \cos\frac{\alpha}{2} = \frac{1}{2}r^2 \cdot \sin\alpha.$$

So ergibt sich für den Flächeninhalt des Kreisabschnitts

$$A = S-D = \frac{1}{2}r^2 (\alpha - \sin\alpha) \text{ mit } \alpha \text{ im Bogenmaß,}$$

und      $$A = \frac{1}{2}r^2 \cdot (\frac{\pi}{180°}\, \alpha° - \sin\alpha°) \text{ mit } \alpha° \text{ im Gradmaß.}$$

## *M10 Die Heronsche Flächenformel für das Dreieck*

Leider ist die Ableitung dieser Formel ziemlich verzwickt, weswegen wir aus Platzgründen auf sie verzichten müssen (siehe H. Schupp, 1979). Die Aussage lautet: Ist F der Flächeninhalt eines Dreiecks, ist u sein Umfang und sind a, b, c seine Seiten, so gilt

$$F = \sqrt{\frac{u}{2}(\frac{u}{2} - a)\, (\frac{u}{2} - b)\, (\frac{u}{2} - c)}.$$

Man kann mit dieser Formel also den Flächeninhalt berechnen, wenn die Seiten des Dreiecks gegeben sind.

### G(M10) Heron, Archimedes

Der Mathematiker und Mechaniker *Heron* lebte in der 2. Hälfte des 1. Jh. n. Chr. in Alexandrien. Er schrieb Lehrbücher, die in der Antike, bei den Arabern und im Mittelalter bis in die Renaissance von großem Einfluß waren. Im ersten Buch seines Geometriewerkes, der dreibändigen Metrika, beschäftigt er sich mit ebenen Figuren und Oberflächen von Körpern, und hier findet sich auch die nach ihm benannte Dreiecksformel, die jedoch von *Archimedes* stammt, ferner die ebenfalls nach ihm benannten Approximationsverfahren für Quadrat- und Kubikwurzeln, die sicher auch nicht von ihm stammen. Er selbst weist ausdrücklich auf seine Sammeltätigkeit hin. Als Mechaniker war er bedeutender und schöpferischer. Er beschreibt viele interessante Maschinen und sogar automatische Spielwerke, so daß er als Vorläufer der großen Mechaniker der Renaissance und des Barock gelten kann, die an Fürstenhöfen vielerlei automatische Spiele und Roboter bauten (J. Mittelstraß 1984, 92; O. Becker und J. E. Hofmann 1951, 87 ff.). Wenn Heron der Dreiecksflächenformel lediglich seinen Namen gab, wäre es ungerecht, würde man nicht auch des Mathematikers gedenken, der sie aufstellte und bewies. *Archimedes* lebte von 287 bis 212 v. Chr. in Syrakus, einer in der Antike großen Stadt auf Sizilien. Seine Schriften handeln von Spiralen und von Flächen- bzw. Volumenberechnungen von Parabel, Kreis, Kugel, Zylinder, Paraboloid, Hyperboloid, Ellipsoid. Dabei wandte er Vorstufen der Integralrechnung an, sog. Exhaustionsmethoden, und heuristische Methoden, Überlegungen aus der Statik mit Anwendung von Sätzen über den Hebel und den Schwerpunkt und Gleichgewichtsbetrachtungen, die er selbst nicht als vollgültige Beweise ansah. Dabei betrachtete er nämlich Flächen als unendliche Summen von Linien, Körper als unendliche Summen von Flächen, und das ist unvereinbar mit einer wichtigen von ihm aufgestellten Aussage, die später „archimedisches Axiom" genannt wurde: a, b seien Größen (Linien, Flächen, Körper), und es sei a < b. Dann gibt es eine natürliche Zahl n, so daß n(b − a) > b. Neben seinen erhaltenen Schriften sind uns weitere seiner mathematischen Ergebnisse durch die Araber überliefert, darunter auch die Dreiecksflächenformel. Nicht nur als Mathematiker, auch als Physiker und Ingenieur hat er Großes geleistet. Manche Legende von allerdings zweifelhaftem Wahrheitsgehalt berichtet über sein Leben, wie die von dem in der Badewanne entdeckten Archimedischen Prinzip vom Auftrieb und die vom Konstruieren seiner Kreise, das er sich nicht von dem eindringenden römischen Soldaten stören lassen wollte, der ihn daraufhin erschlug.

## *M11 Das gleichseitige Dreieck*

Mit ihm hat man es bei der Lösung mehrerer Extremwertaufgaben zu tun. Seinen Flächeninhalt bei der Seitenlänge a berechnet man nach der Heronschen Formel zu

$$F = \sqrt{\frac{3}{2} a \left(\frac{3}{2} a - a\right)^3} = \frac{1}{4}\sqrt{3}a^2.$$

Natürlich kann man das Ergebnis einfacher mit der Formel

$$F = \frac{1}{2}ah$$

erhalten. Man errechnet die Höhe mit Hilfe des Satzes von Pythagoras:

$$h = \frac{1}{2}\sqrt{3a^2}.$$

Einsetzen in die Flächeninhaltsformel ergibt wieder $\frac{1}{4}\sqrt{3a^2}$. Zur Berechnung des Umkreisradius bedenken wir, daß im gleichseitigen Dreieck die Höhen zugleich Seitenhalbierende sind und sich daher im Verhältnis $1:2$ teilen. Der Schnittpunkt der 3 Höhen oder Seitenhalbierenden ist der Mittelpunkt des Umkreises. Sein Radius beträgt $\frac{2}{3}$ der Höhe und ist daher

$$\varrho_u = \frac{1}{3}\sqrt{3}a,$$

der Inkreisradius $\frac{1}{3}$ der Höhe, also

$$\varrho_i = \frac{1}{6}\sqrt{3}a.$$

Nicht selten entdeckt man in Figuren „halbe" gleichseitige Dreiecke, bei denen man die Formeln für Höhe und Flächeninhalt des gleichseitigen Dreiecks anwenden kann. Es sind rechtwinklige Dreiecke mit den Seiten a, $\frac{a}{2}$ und h oder rechtwinklige Dreiecke mit Winkeln von 30° und 60° an der Hypotenuse. Das regelmäßige Sechseck kann man in 6 gleichseitige Dreiecke teilen. So berechnet man seinen Flächeninhalt auf einfache Weise mit Hilfe der Seite a:

$$F = 6 \cdot \frac{1}{4} \cdot \sqrt{3a^2} = \frac{3}{2}\sqrt{3a^2}.$$

Der Umkreisradius ist gleich der Seite a, der Inkreisradius gleich der Höhe h des gleichseitigen Dreiecks.

# *M12 Kreislagerung und -überdeckung in der Ebene*

Wir stellen uns vor, wir hätten unendlich viele kongruente Platten zur Verfügung, mit denen wir die gesamte Ebene pflastern wollen. Haben sie die Form von gleichseitigen Dreiecken, Quadraten oder regelmäßigen Sechsecken, so kann man die ganze Ebene lückenlos bedecken, parkettieren, wie man sagt. Mit anderen regelmäßigen n-Ecken geht das nicht, doch sind Dreiecke, Rechtecke, Parallelogramme und noch viele andere Figuren zum Parkettieren geeignet. Unsere Platten aber sind kreisförmig. So bleiben zwischen ihnen unbedeckte Stellen der Ebene. Außerdem können wir unsere Platten in verschiedener Weise legen, „lagern" wie es in der Fachsprache heißt. Wir suchen die *beste Lagerung kongruenter Kreise,* eine Anordnung, bei der möglichst viel von der Ebene bedeckt wird und möglichst wenig unbedeckt bleibt. Dazu brauchen wir ein Maß, das die Güte einer Lagerung mißt, das uns ermöglicht, diejenige Lagerung zu bestimmen, bei der ein Maximum an Fläche bedeckt ist. Wenn wir Kreise K nur in ein endliches Flächenstück F einzulagern haben, dann ist dieses Maß

$$d = \frac{k \cdot K}{F},$$

worin k die Anzahl der Kreise K im Flächenstück F bedeutet. Für die Lagerung in der Ebene ist es ungeeignet.

Man kann damit aber eine Lagerungsdichte für die Ebene definieren, indem man F und damit k immer größer macht. Besitzt dann d einen Grenzwert, wenn F gegen die Ebene, k gegen unendlich strebt, so können wir diesen Grenzwert als Lagerungsdichte definieren. In wichtigen speziellen Fällen geht es einfacher, und unter diesen Fällen befindet sich auch die Lagerung mit maximaler Dichte im Sinne der obigen Grenzwert-Definition.

Um zu einer einfacheren Definition zu gelangen, bestimmen wir zu jedem Kreismittelpunkt diejenigen Punkte, für die dieser Mittelpunkt der nächstgelegene ist. (Genauso haben wir es beim Kaufhausproblem A60 gemacht, als wir „Kaufhausbezirke" abgrenzten.) Es gibt Grenzpunkte, die 2 oder 3 nächstgelegene Mittelpunkte haben. So erhalten wir um jeden Mittelpunkt ein Gebiet zugehöriger Punkte, eine sog. „Zelle", das den Kreis überdeckt. In Abb. M12/1 ist dieses Gebiet ein dem Kreis umbeschriebenes Quadrat, in Abb. M12/2 ein regelmäßiges Sechseck. Alle Zellen zusammen überdecken die ganze Ebene, parkettieren sie. In Fällen wie diesen, wenn alle

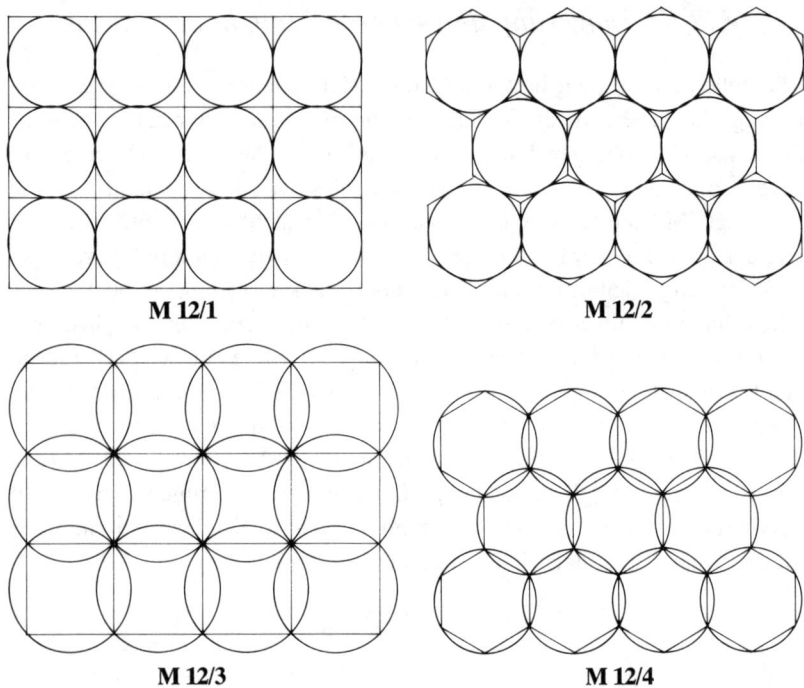

**M 12/1**                    **M 12/2**

**M 12/3**                    **M 12/4**

Zellen kongruent sind und man mit ihnen die Ebene parkettieren kann, können wir die Lagerungsdichte auf einfache Weise definieren:

$$d = \frac{\text{Kreis}}{\text{Zelle}} = \frac{K}{Z}.$$

Dieses Maß ist nur abhängig von der Art der Lagerung, nicht von der Größe der Kreise; denn bei einer Ähnlichkeitsabbildung vergrößert oder verkleinert man Zähler und Nenner im gleichen Maße, bleibt d konstant. Da jeder Kreis echt in seiner Zelle liegt, ist stets d < 1. Wir berechnen die Lagerungsdichte für die Lagerungen der beiden Abb. M12/1 und M12/2. In der ersten bilden die Mittelpunkte ein Quadratgitter, in der zweiten ein Dreiecksgitter. Für die Quadratgitterlagerung erhalten wir

$$d_Q = \frac{\pi}{4} = 0{,}785,$$

für die Dreiecksgitterlagerung

$$d_D = \frac{\sqrt{3}\pi}{6} = 0{,}907.$$

Die Dreiecksgitterlagerung ist also wesentlich besser als die Quadratgitter-lagerung. Wenn wir mit kongruenten Konservendosen experimentieren, wenn wir sie möglichst dicht zusammenstellen, kommen wir zu der Vermutung, die Lagerung im Dreiecksgitter sei die beste überhaupt. Wir beweisen die Richtigkeit dieser Vermutung. Wegen der Definitionsgleichung $d = \dfrac{K}{Z}$ wird der Bruch bei gegebener Kreisfläche am größten, wenn die Zelle Z minimal ist. Sie muß daher ein dem Kreis umbeschriebenes n-Eck sein, ein n-Eck also, dessen Seiten den Kreis K berühren. Nach A 54d hat von allen umbeschriebenen n-Ecken das regelmäßige n-Eck den kleinsten Flächenin-halt. Von allen regelmäßigen n-Ecken können wir nur die gebrauchen, mit denen man die Ebene parkettieren kann: das gleichseitige Dreieck, das Quadrat und das regelmäßige Sechseck, jeweils die dem Kreis K umbe-schriebene Figur. Von diesen hat das umbeschriebene, regelmäßige Sechs-eck den kleinsten Flächeninhalt. Damit ist gezeigt, daß die Lagerungsdichte $d_D$ die größtmögliche ist. Das gilt natürlich auch für die Dichten in den end-lichen Flächenstücken von A59b, die in der Tabelle zu L59b angegeben sind. Zu unserem Lagerungsproblem dual ist das folgende *Kreis-Über-deckungsproblem*: Die Ebene soll mit kongruenten Kreisscheiben über-deckt werden, etwa mit Bieruntersetzern, so daß von der Ebene nichts mehr zu sehen ist. Dazu soll man möglichst wenig Kreisscheiben verwen-den. Wir suchen sozusagen die dünnste Kreisüberdeckung. Als Maß ver-wenden wir die Überdeckungsdichte d*, die minimal sein soll:

$$d^* = \frac{K^*}{Z^*}.$$

Z* ist die Zelle, die dem Kreis einbeschrieben ist. In ihr liegen auch Flä-chenstücke von benachbarten Kreisen, die bei der Berechnung von K* mit-zuzählen sind. Teile der Zelle sind doppelt überdeckt (siehe Abb. M12/3 u. 4), und deswegen ist stets K* > Z* und d* > 1. In den beiden Abbildungen sind die Fälle dargestellt, bei denen die Zelle ein Quadrat bzw. ein regel-mäßiges Sechseck ist und die Mittelpunkte ein Quadrat- bzw. ein Dreiecks-gitter bilden. Zur Berechnung der Überdeckungsdichten gehen wir davon aus, daß wir durch Umklappen von Kreisabschnitten die Doppelüberdek-kungen beseitigen können. Dabei entsteht der Kreis K, so daß wir in der Gleichung für d* den Zähler K* = K setzen können. Damit erhalten wir

$$d^*_Q = \frac{\pi}{2} = 1{,}571,$$

$$d_{\text{Ö}}^{*} = \frac{2\pi}{3\sqrt{3}} = 1,209.$$

Die Lösung auch dieses Problems ist die Überdeckung im Dreiecksgitter. Zum Beweis stellen wir fest, daß die Zelle bei der dünnsten Überdeckung ein dem Kreis einbeschriebenes n-Eck sein muß, d. h., alle Eckpunkte liegen auf dem Kreisumfang. Unter allen einbeschriebenen n-Ecken ist nach A54b das einbeschriebene regelmäßige n-Eck am größten. Es kommen aber nur solche regelmäßigen n-Ecke in Frage, mit denen man die Ebene parkettieren kann, also wieder das gleichseitige Dreieck, das Quadrat und das regelmäßige Sechseck, jeweils die dem Kreis einbeschriebene Figur. Von diesen hat das einbeschriebene regelmäßige Sechseck den größten Flächeninhalt.

G(M12) Das Problem der dichtesten Kugelpackung

Das Problem der dichtesten Kreislagerung wurde 1892 von *A. Thue* gelöst, das der dünnsten Kreisüberdeckung von *R. Kestner* 1939. Das dem ersten Problem entsprechende räumliche Problem ist das Problem der dichtesten (oder engsten) Kugelpackung. *H. S. M. Coxeter* erläutert (1948): „Die dichteste Packung von gleich großen Kreisen in der Ebene ist eindeutig: jeden Kreis umringen sechs andere. Die an diese Kreise als Äquatoren gelegten Kugeln bilden eine 'hexagonale Schicht'. Es leuchtet ein (obwohl es noch niemandem gelungen ist, es zu beweisen), daß jede dichteste Packung gleich großer Kugeln aus solchen hexagonalen Schichten aufgebaut ist." Johannes Kepler untersucht in seiner „Strena [13] vom sechseckigen Schnee" (1611, 1943) nicht nur die Form von Schneekristallen, den Aufbau von Bienenwaben, Form und Lagerung von Granatapfelkernen, den Bau der Blüten u. a. Im Anschluß an die Untersuchung der Granatapfelkerne erläutert er Kugelpackungen. Er beschreibt 2 mögliche Packungen, die beide die oben erwähnten hexagonalen Schichten enthalten. Eine kubische, bei der jede Kugel von 8 benachbarten Kugeln berührt wird (senkrecht über und unter jeder Kugel befindet sich eine Kugel), und die (wahrscheinlich) dichteste, bei der jede Kugel 12 berührende Nachbarn hat. Anscheinend entging ihm aber, daß es 2 Möglichkeiten gibt, die dichteste Kugelpackung aufzu-

---

[13] Strena = Neujahrsgabe.

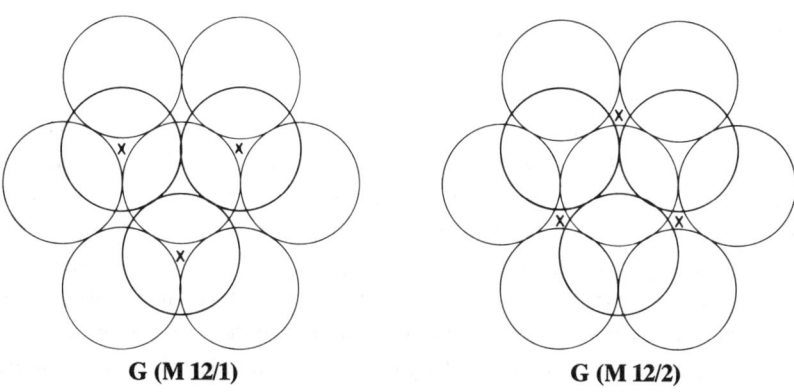

**G (M 12/1)**                          **G (M 12/2)**

bauen: die kubisch dichteste und die hexagonal dichteste Kugelpackung (siehe Abb. G(M12/1, 2)).

*I. Newton* (1643–1727) und *J. Gregory* (1638–1675) stritten sich um die Frage, ob sich an eine Kugel 12 oder 13 gleich große Kugeln anlegen lassen. Sie wurde 1874 von *R. Hoppe* (C. Bender 1874) zugunsten von 12 Kugeln entschieden, ein Ergebnis von gewisser Bedeutsamkeit für das Problem der dichtesten Kugelpackung.

Die dichtesten Kugelpackungen sind wichtig für die Kristallographie. Einige Metalle kristallisieren in Gittern, die man mit diesen beschreiben kann. Nickel, Kupfer, Silber und Gold kristallisieren gemäß der kubisch dichtesten Packung, Magnesium, Zink und Cadmium haben Kristallgitter, die der hexagonal dichtesten Packung entsprechen.

Zu den Abbildungen G(M12)/1 und 2: Die 3 stärker gezeichneten Kugeln gehören zur obersten Schicht, die 6 anderen zur darunterliegenden mittleren Schicht. Von 3 Kugeln der untersten Schicht sind die Mittelpunkte durch das Zeichen „X" markiert.

## M13 Physikalische Methoden

a) *Extremalprinzip der Mechanik:* Einige Extremwertaufgaben haben wir experimentell mit Seilen gelöst. Daß das möglich ist, liegt an einem Extremalprinzip der Mechanik: Ein mechanisches System nimmt im stabilen Gleichgewicht eine Lage ein, bei der die potentielle Energie ein Minimum ist.

Ein mechanisches System besteht aus Körpern und Kräften. Beispiele: (i)

Erde – Stein, (ii) Erde – Pendel, (iii) Erde – Seil – beweglich auf dem Seil
laufender Ring, (iv) Sonne – Planeten, (v) 2 Federn, die in entgegengesetzten Richtungen an einer Kugel ziehen.

Die Kräfte sind in (i) bis (iv) die Massenanziehung (Gravitation), in (i) bis
(iii) der Sonderfall der Erdanziehung, in (v) die durch die Elastizität hervor-
gerufenen Federkräfte. Bei allen diesen Systemen ist es möglich, daß sich
Körper bewegen. Stabiles Gleichgewicht herrscht dann, wenn sich kein
Körper bewegt. Alle an einem Körper angreifenden Kräfte heben sich auf,
sie haben die Vektorsumme $\vec{0}$. Dieser Zustand liegt vor in (i), wenn der
Stein auf die Erde gefallen ist, in (ii), wenn das Pendel bewegungslos nach
unten hängt, in (iii), wenn der Ring in der tiefsten möglichen Lage hängt,
in (iv), wenn die Planeten in die Sonne gefallen sind, in (v) wenn die Kugel
sich nicht bewegt. Man sagt in diesen Fällen: Die potentielle Energie
(= Energie der Lage) hat ein Minimum, die Bewegungsenergie ist gleich
Null. Handelt es sich wie in (i) bis (iii) um Massen im Anziehungsbereich
(= Gravitationsfeld) der Erde, so bedeutet „Minimum der potentiellen
Energie", daß der Massenschwerpunkt möglichst tief liegt. Wir können
dann obiges Extremalprinzip so aussprechen: Das System ist im stabilen
Gleichgewicht, wenn der Massenschwerpunkt möglichst tief liegt.

b) *Das Seil:* Zieht man an beiden Enden eines Seils, so übt man nach entgegengesetzten Richtungen gleich große Kräfte aus, deren Vektorsumme
gleich $\vec{0}$ ist. Es bewegt sich nichts, aber das Seil ist straff gespannt, in ihm
herrscht eine Zugspannung. Nun drückt jemand mit einem Stock gegen das
Seil. Es gibt einen Knick im Seil. In ihm wirken nach wie vor 2 gleich große
Kräfte, aber nicht in entgegengesetzten Richtungen. Die beiden Seilkräfte
heben einander nicht auf, sondern sie heben gemeinsam die dritte vom
Stock ausgeübte Kraft auf. Die Vektorsumme aller 3 Kräfte ist $\vec{0}$. Mit Seilen
kann man also eine Kraft in eine andere Richtung umlenken. Besser als mit
einem Stock geht das mit einer Rolle, da dabei das Seil ohne Reibungsver-
lust beweglich ist.

Wir legen ein Seil mit zwei gleich großen an den Enden befestigten Gewichten über eine Rolle. Nach a) herrscht stabiles Gleichgewicht dann, wenn
der Schwerpunkt möglichst tief liegt. Nehmen wir das Seil gewichtslos an
und die Gewichte als Massenpunkte, liegt der Schwerpunkt im Mittelpunkt
der von den Gewichten begrenzten Strecke. Dieser bleibt aber bei jeder
Veränderung der Seillage unverändert. So herrscht bei jeder Lage stabiles
Gleichgewicht, indifferentes Gleichgewicht, wie man sagt. Sind 3 Seile miteinander verknüpft und an den Enden mit gleich großen Gewichten ver-

sehen, führt man die Seile über 3 Rollen wie in A5a, so ist der Schwerpunkt veränderlich, und es existiert eine eindeutig bestimmte Lage der Gewichte mit tiefstem Schwerpunkt. In diese Lage stellen sich die Gewichte ein, und es herrscht stabiles Gleichgewicht. Nach L5b bilden die 3 Seilkräfte (und damit auch die Seile) im Knoten Winkel von 120°.

c) *Berechnung der Höhe des Schwerpunkts in A5a:* Bei diesem Problem sind alle Gewichte gleich groß, und es kommt uns nur auf die Höhe des Schwerpunkts an. Diese bleibt ungeändert, wenn wir die Gewichte $g_1$, $g_2$, $g_3$ mit ihren Seilen $s_1$, $s_2$, $s_3$ horizontal verschieben, so daß sie untereinander auf einer vertikalen Geraden liegen. Wir denken uns diese Gerade gewichtlos und starr und fest verbunden mit den Gewichten und ihren Seilen. Dann können wir das ganze System in eine horizontale Lage drehen und den Schwerpunkt als denjenigen Punkt der Geraden bestimmen, wo man die Gerade unterstützen muß, damit das ganze System im Gleichgewicht ist. Die 3 Seile haben ein Ende in einem gemeinsamen Punkt O, der Koordinatenursprung sein soll. Die Gewichte haben dann die Koordinaten $s_1$, $s_2$, $s_3$, der gesuchte Unterstützungspunkt habe die Koordinate x, die die Höhe des Schwerpunkts angibt (vom Tisch nach unten gerechnet). Nach den Hebelgesetzen gilt für den gezeichneten Fall

$$g_1(x - s_1) = g_2(s_2 - x) + g_3(s_3 - x)$$

oder allgemein für jeden Fall

$$g_1(x - s_1) + g_2(x - s_2) + g_3(x - s_3) = 0.$$

Da alle Gewichte gleich groß sind, kann man die $g_i$ wegkürzen, und wir erhalten für x den Wert

$$x = \frac{s_1 + s_2 + s_3}{3}.$$

d) *Seifenlamellen:* Im Inneren einer Flüssigkeit wirken auf ein bestimmtes Molekül Anziehungskräfte von allen Nachbarmolekülen. Diese heben sich gegenseitig auf. Auch auf ein Molekül der Flüssigkeitsoberfläche wirken diese Anziehungskräfte benachbarter Moleküle, jedoch nur in die Oberfläche und in die Flüssigkeit hinein. In der Oberfläche herrscht eine in allen Richtungen gleiche Zugspannung. Die von dem Molekül in die Flüssigkeit gerichteten Kräfte bilden zusammen eine Resultierende senkrecht zur Oberfläche in die Flüssigkeit hinein. Ähnlich ist es dicht unterhalb der Oberfläche. Um ein Molekül aus dem Inneren der Flüssigkeit an die Ober-

fläche zu schaffen, ist Arbeit gegen diese Kräfte zu leisten. Die Oberflä-
chen-Moleküle besitzen daher eine größere potentielle Energie als die im
Inneren der Flüssigkeit. Nach dem mechanischen Prinzip von a) ist bei sta-
bilem Gleichgewicht der ganzen Flüssigkeit ihre potentielle Energie minimal. Der überwiegende Teil der potentiellen Energie sitzt in und dicht unter
der Oberfläche, und wenn wir nur an diesen denken, dann wird das Minimum der potentiellen Energie erreicht, wenn die Oberfläche möglichst
klein ist. Solange dieser Zustand noch nicht erreicht ist, wandern Moleküle
von der Oberfläche ins Innere der Flüssigkeit. Frei schwebende Wassertrop-
fen haben daher das isoperimetrische Problem zu lösen, sind kugelförmig.
Sind sie größer, so daß sie in der Atmosphäre fallen, sehen sie etwas anders
aus. Der Luftwiderstand verformt sie. Auch an festen Körpern haftende,
hängende oder auf ihnen liegende Tropfen weichen von der Kugelform ab,
da neben den Anziehungskräften zwischen den Molekülen auch Anziehungskräfte zwischen Flüssigkeit und festem Körper, Adhäsion genannt,
wirksam sind.

e) *Blasen:* Auf Wasseroberflächen sieht man manchmal luftgefüllte Wasser-
blasen. Meist halten sie sich nicht lange. Die Oberflächenspannung zerreißt
sie schnell. Setzt man diese herab, z. B. durch Zusatz von Seife, werden sie
haltbar, und man kann daraus stattliche Blasen herstellen. Auch hier sucht
die Seifenhaut ihre innere und äußere Oberfläche zu minimieren, so daß die
Seifenblase als Kugel herumschwebt. Wegen der Zugspannung in den Oberflächen drückt die Seifenblase die eingeschlossene Luft zusammen (wie
eine Hand einen Gummiball zusammendrückt), deren Druck daher größer
als der Außendruck ist. Je kleiner der Radius, um so größer der Druck der
eingeschlossenen Luft. Beim Aufblasen vergrößern wir das Volumen der
Innenluft, vermindern jedoch den Luftdruck (siehe auch L49).

f) *Minimale Wegenetze:* In unseren Aufgaben verwenden wir Seifenlamellen
zur Herstellung minimaler Wegenetze. In A5, A8, A9 sind es Netze zwischen vorgegebenen Punkten, in A58 Netze, die Flächenstücke von vorgegebenem Inhalt einschließen.

In den Seifenhaut-Lösungen beider Aufgabentypen kommen vertikale Kanten vor, in denen sich 3 Seifenlamellen treffen. In einer solchen Kante grei-
fen wegen der Oberflächenspannung in den Seifenlamellen 3 gleich große
Kräfte an. Im Gleichgewicht bilden diese Winkel von 120°, wie in L5b ausgeführt ist.

G(M13d–f) C. F. Gauß' Untersuchung der Flüssigkeiten im Gleichgewicht.
Leben und Werk von C. F. Gauß

Mit den „Grundlagen einer Theorie der Gestalt von Flüssigkeiten im Zustand des Gleichgewichts" setzt sich 1829 *C. F. Gauß* (1777–1855) auseinander. Er verweist auf Vorarbeiten von *P. S. Laplace,* der jedoch nur unzulängliche Annahmen über die Anziehungskraft zwischen den Molekülen der Flüssigkeit macht.

Gauß beschäftigte sich mit der Form der Flüssigkeitsoberfläche mit und ohne Kontakt mit festen Körpern. Wie in allen seinen Veröffentlichungen entwickelte er auch hier neue Methoden. Hier war es vor allem die Erweiterung der Variationsrechnung auf mehrfache Integrale mit unbestimmten Grenzen und die Anwendung der von ihm selbst geschaffenen Flächentheorie (Minimalflächen). Ferner verwendet er infinitesimale Zahlen (siehe G(M2)) zur Darstellung der molekularen Anziehungskräfte (Kohäsion), die nur in unmittelbarer Nähe des Moleküls wirksam sind, deren Abstandsgesetz nicht bekannt war.

C. F. Gauß ist wohl der *bedeutendste Mathematiker und Naturwissenschaftler,* den die Menschheit bis heute hervorgebracht hat. So können in diesem Rahmen als historische Stichworte nur einige wenige Daten stehen. Der gebürtige Braunschweiger verbrachte sein Gelehrtendasein hauptsächlich in Göttingen. Hier vollbrachte er schon als Student eine hervorragende wissenschaftliche Leistung: Er bewies die *Konstruierbarkeit des regelmäßigen 17-Ecks mit Zirkel und Lineal* (1796) und gab an, welche regulären n-Ecke in dieser Weise konstruierbar sind. Seine Dissertation schrieb er 1799 über den *Hauptsatz der Algebra:* Jede algebraische Gleichung n-ten Grades hat genau n Wurzeln.

Charakteristisch für seine Arbeitsweise war zweierlei: Erstens setzte er über Jahre und Jahrzehnte hinweg bestimmte Schwerpunkte. Zweitens veröffentlichte er seine Ergebnisse nur, wenn er sie in vollendete Form gebracht hatte. Beides führte dazu, daß einige wichtige von ihm erzielte Fortschritte liegen blieben und von anderen ebenfalls entdeckt und veröffentlicht wurden. Sein erster Schwerpunkt war die *Zahlentheorie,* die er durch seine „Disquisitiones arithmeticae" (Arithmetische Untersuchungen) erst zu einer mathematischen Disziplin machte. Aus aktuellem Anlaß folgten Astronomie und Analysis als vordringliches Interessengebiet. Zum Jahreswechsel 1800/1801 hatte in Palermo *A. G. Piazzi* (1746–1826) den Planetoiden Ceres entdeckt, doch schon im Februar war er nicht mehr aufzufinden. Gauß erfand eine

neue Methode der Bahnberechnung, mit der es ihm gelang, die Position des
Ceres vorauszusagen. Tatsächlich fand der Astronomen *v. Zach* in der Neu-
jahrsnacht 1802 den Planetoiden in der Position wieder, die ihm Gauß mit-
geteilt hatte. Von 1803 an arbeitet Gauß in seiner Geburtsstadt Braunschweig, gefördert vom dortigen Herzog, kehrt aber 1807 nach Göttingen
zurück. Die Universität berief ihn zum Professor der Astronomie und zum
Direktor der Sternwarte.

Wie zahlreiche Mathematiker vor ihm beschäftigte sich Gauß Jahrzehnte
hindurch mit dem ungelösten Problem des Parallelenpostulats von Euklid:
Zu einer Geraden gibt es durch einen nicht auf der Geraden liegenden
Punkt genau eine Parallele. Das Problem lautete: Kann man diese Aussage
aus den anderen Axiomen der Geometrie herleiten? Nach mühevoller Arbeit gelangte Gauß zu dem Ergebnis, daß das Parallelenpostulat unabhängig von den anderen Axiomen der Geometrie ist. Man kann es fortlassen
oder durch ein anderes Axiom ersetzen. Das führt zu neuen, nichteuklidischen Geometrien, z. B. einer Geometrie ohne Parallelen oder einer Geometrie, in der es zu einer Geraden durch einen nicht auf ihr gelegenen
Punkt mehr als eine Parallele gibt. Diese umwälzenden Fortschritte veröffentlichte Gauß nicht, und als ihm sein Studienfreund, der Siebenbürger
*W. Bolyai* (1775–1856), eine Abhandlung seines Sohnes über dieses Thema
sandte, durfte er sie nicht loben, wie er zurückschrieb. „Sie loben hieße
mich selbst loben: denn der ganze Inhalt der Schrift, der Weg, den Dein
Sohn eingeschlagen hat, und die Resultate, zu denen er geführt ist, kommen fast durchgehend mit meinen eigenen, zum Theile schon seit 30 bis 35
Jahren angestellten Meditationen überein." Des jungen Bolyais Abhandlung erschien 1832 als Anhang in einem Buch seines Vaters, doch hatte er
schon 1823 das Problem gelöst. Das war im gleichen Jahr auch dem Russen
*I. N. Lobatschewski* gelungen, der darüber 1829 in Kasan vortrug und 1831
die Schrift „Über die Anfangsgründe der Geometrie" veröffentlichte.

Zwei Jahrzehnte widmete sich Gauß mühsamen und zeitraubenden Vermes-
sungsarbeiten. Dabei kamen ihm seine Forschungen in der Flächentheorie
(Disquisitiones generales circa superficies curvas 1827) und seine unglaub-
liche Rechenfähigkeit zustatten. 1821–1825 fand unter seiner Leitung verbunden mit praktischer Arbeit im Gelände die Gradvermessung und von
1828 bis 1844 die Landvermessung im Königreich Hannover statt.

Ende der zwanziger Jahre wandte er sich verstärkt physikalischen Problemen zu, wozu auch das oben beschriebene über die Gestalt der Flüssigkeits-
oberflächen gehört. 1828 besuchte Gauß in Berlin *Alexander von Hum-*

*boldt,* der ihn für die erdmagnetische Forschung gewann und die Bekanntschaft mit *W. Weber* (1804–91) vermittelte. Zusammen mit ihm vermaß er 1832 das erdmagnetische Feld. Dazu stellte er ein neues und noch heute wichtiges absolutes physikalisches Maßsystem auf, das auch die magnetische Polstärke enthält und auf den Grundgrößen Länge, Zeit und Masse aufgebaut ist. Außerdem erfanden die beiden Forscher den elektromagnetischen Telegraphen und erstellten eine Fernmeldeanlage in Göttingen zwischen dem physikalischen Kabinett und der Sternwarte von 2 km Länge, die von 1833 bis 1845 funktionierte, als ein Blitzschlag die Leitung vernichtete. Gauß erkannte auch die Bedeutung des Telegraphen für die Eisenbahn. Sein Interesse an dem neuen Verkehrsmittel war groß, was auch das Eisenbahnproblem (A8b) zeigt. Er teilt es seinem Freund, dem Astronomen *H. C. Schumacher* in Altona, brieflich mit. Am 21. 3. 1836 schreibt er: Er habe diese Aufgabe „bei Gelegenheit einer Eisenbahnverbindung zwischen Harburg, Bremen, Hannover und Braunschweig . . . in Erwägung genommen" und sei „auf den Gedanken gekommen, daß sie eine ganze schickliche Preisfrage für unsere Studenten bei Gelegenheit abgeben könnte". Noch im Jahr vor seinem Tod, 1854, reiste er mit seiner Tochter an die Baustrecke der Eisenbahn zwischen Kassel und Göttingen.

g) *Anwendungen von Seifenhautmodellen in der Architektur:* Architekten verwenden Modelle aus Seifenlamellen zur Konstruktion von Zeltdächern. Wegen der Oberflächenspannung sind in jedem Punkt eines nach einem Seifenhautmodell konstruierten Zeltdaches die Spannungen in allen Richtungen gleich. Dadurch sind solche Zeltdächer faltenlos und stabil (F. Otto in K. Bach 1987, 15). Bemerkenswert ist die Tatsache, daß bei allen Experimenten mit Seifenhäuten Flächenstücke entstehen, deren Inhalt unter den gegebenen Bedingungen ein Minimum ist.

## G(M13g) Das Plateausche Problem

Wie am Ende von M13g ausgeführt, bilden Seifenhäute unter gewissen Bedingungen Flächen kleinsten Inhalts. Denken wir nun an Seifenhäute innerhalb oder zwischen vorgegebenen Begrenzungen, z. B. irgendwie gebogenen Drähten, so beobachtet man in jedem Punkt der Oberfläche folgende Eigenschaft, die *Lagrange* 1760 und *Meusnier* 1776 beschreiben: Wir errichten in irgendeinem Punkt P der Oberfläche die Normale. Darunter wollen wir eine auf der Oberfläche senkrechte Halbgerade verstehen. Eine Ebene, die die Normale enthält, schneidet die Oberfläche in einer Kurve. Wir untersuchen die Krümmungen aller Kurven, die wir durch Drehung der Ebene um die Normale erhalten, in P. Zwei Kurven haben in P die Krümmung 0, die anderen sind zur Normalen hin gekrümmt oder sie sind entgegengesetzt von ihr weg gekrümmt. Wir geben den Krümmungen der erstgenannten positives, den anderen negatives Vorzeichen. In beiden Mengen von Kurven suchen wir diejenige mit größtem Betrag der Krümmung. Es stellt sich heraus, daß sie aufeinander senkrecht stehen und daß ihre Beträge gleich sind. Ihr arithmetischer Mittelwert $\dfrac{K_1 + K_2}{2}$ wird mittlere Krümmung der Oberfläche in P genannt und ist in unserem Fall gleich Null. Man nennt eine Fläche, die in jedem Punkt die mittlere Krümmung Null hat, *Minimalfläche*.

Alle Flächen von kleinstem Inhalt bei vorgegebener Begrenzung sind Minimalflächen, also auch unsere in Drähte eingespannten Seifenhäute. Flächen kleinsten Inhalts sind Modelle der Seifenhäute im Zustand stabilen Gleichgewichts, „während allgemeiner die Minimalflächen gerade die Modelle der Seifenhäutchen im Gleichgewicht schlechthin sind, sei dieses nun stabil oder labil. Die labilen Seifenhäutchen lassen sich nicht im Experiment mit Seifenlösung realisieren" (S. Hildebrandt in K. Bach 1987, 312).

Mit dem oben genannten Problem der Seifenhäute in vorgegebener Begrenzung hat sich besonders der belgische Physiker *J. A. F. Plateau* (1801–1883) beschäftigt. Im Alter von 28 Jahren schädigte er bei einer Sonnenbeobachtung seine Augen, so daß er 14 Jahre später total erblindete. Dieser Schicksalsschlag konnte aber seine wissenschaftliche Produktivität nicht hemmen. In tausenden Experimenten erforschte er sein Seifenhaut-Problem. Dabei halfen ihm seine Frau, sein Sohn und sein Schwiegersohn, die nach seinen Anweisungen experimentierten und ihm ihre Beobachtungen mitteilten. 1873 veröffentlichte er seine Ergebnisse in einem zweibändigen Werk. Sein Problem, das wohl wichtigste der Theorie der Minimalflächen, wird nach ihm das „*Plateausche Problem*" genannt: Zu einer vorgegebenen geschlossenen Raumkurve sind alle Flächen kleinsten Inhalts (oder allgemeiner alle Minimalflächen) anzugeben, die diese Kurve als Rand besitzen. Wir erhalten Erweiterungen des Problems, wenn wir mehrere geschlossene Randkurven zulassen oder erlauben, daß sich Teile des Rands auf Stützflächen stellen dürfen. Plateau vermutete, daß sich in jede Raumkurve eine Fläche kleinsten Inhalts einspannen lasse. Erst 1930 wurde die Richtigkeit dieser Vermutung bewiesen, und zwar fast gleichzeitig von dem Amerikaner J. Douglas und dem Ungarn T. Rado.

Plateau war nicht der erste, der auf dieses Problem stieß. *J. L. Lagrange* (1736–1812) formulierte es als erster mit Hilfe der als Differentialgleichung geschriebenen Bedingung H = 0, worin H die mittlere Krümmung ist, und Randbedingungen. Auch *J. P. Meusnier* (1754–1793) entdeckte diese Differentialgleichung für die Minimalflächen. (Nach dem Brockhaus erfand er ein von Menschenkraft mit Propellern angetriebenes Luftschiff. Er fand als General den Tod bei der Belagerung von Mainz 1793.) Meusnier entdeckte die ersten einfachen Minimalflächen: die Kettenfläche (Katenoid) und die Wendelfläche (Helikoid).

Von der großen Zahl von Mathematikern, die Minimalflächen erzeugten oder Probleme dieses Gebiets behandelten, möchte ich nur noch *K. T. Weierstraß* (1815–1897) nennen. Er gewann einen völlig befriedigenden *Überblick über die Gesamtheit aller Minimalflächen.* Mit 3 analytischen Funktionen läßt sich eine Minimalfläche darstellen, und zu jeder Minimalfläche gibt es eine solche Darstellung. So besitzt man zwar eine „Liste" aller Minimalflächen, aber bei der Lösung konkreter Probleme, etwa eines Plateauschen Problems, kann man oft nichts mit ihr anfangen.

Wie in M13g erwähnt, konstruieren Architekten *Zeltdächer* mit Hilfe von Seifenhautmodellen, um möglichst spannungsfreie Dächer zu erhalten. Den ersten Bau mit einem *Minimalflächendach* entwarf *Nowicki* 1950 in den USA, die Raleigh-Arena, die 1954 gebaut wurde. Ähnlich geformt ist das Dach der Kongreß-Halle in Berlin (Stebbins 1957). Zeltdächer entstanden u. a. bei Bundesgartenschauen, und weltberühmt wurde die Zeltkonstruktion, die man in München anläßlich der Olympischen Spiele 1972 errichtete. Anfangs wußten die Architekten nicht, daß sie Minimalflächen bauten. Erst nachdem sich 1953 an der TH Stuttgart eine Arbeitsgruppe zur Erforschung von Zeltkonstruktionen gebildet hatte, erkannte man langsam die Bedeutung der Minimalflächen für die Architektur. Nach Versuchen mit Gummifadenmodellen widmete man sich ab 1958 intensiv der Herstellung und Untersuchung von Seifenhautmodellen. Diese bildeten zwar nicht die einzige Grundlage für die Ausführung der Bauten, doch fanden die Forscher eine Fülle von Minimalflächen, für die sie zwar keine mathematischen Modelle angeben konnten, die sie aber photografisch erfaßten und vermaßen. Etwa seit 1960 befaßt sich die Stuttgarter Gruppe mit Pneus, luftgefüllten Bauten. Dabei fanden sie Beziehungen zu biologischen Problemen: „Der Pneu ist das wesentliche Konstruktionsprinzip der lebenden Natur", zur Selbstorganisation der Materie, zum sauren Regen. Die Konstruktion von Pneus und von anderen Minimalbauten wird wirksam unterstützt durch

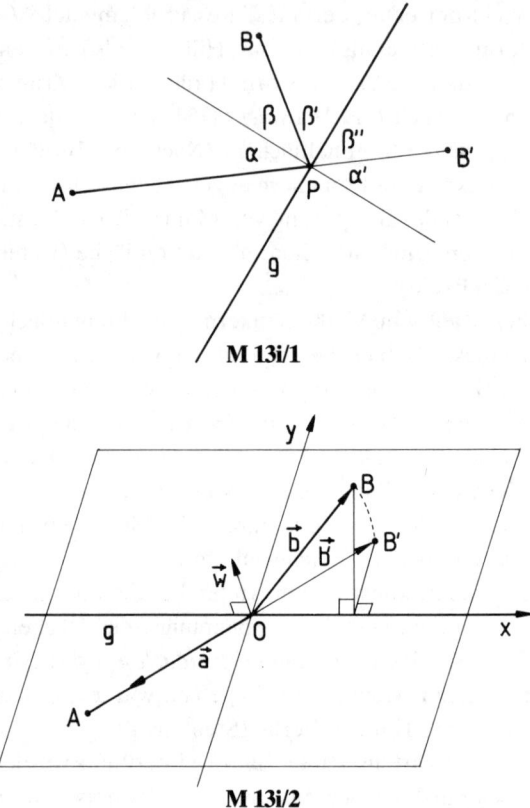

**M 13i/1**

**M 13i/2**

numerische Computerberechnungen, die nicht nur Seifenhautmodelle simulieren, sondern auch Aufschluß geben, wie bei der Bauausführung das verwendete elastische Material zuzuschneiden, zu belasten und vorzuspannen ist (F. Otto in K. Bach 1987, 10–21; J. Cassedy 1989).

i) (i) *Das Reflexionsgesetz:* Nach G(13) können wir den minimalen Weg von Abb. L13a als Lichtweg interpretieren. Wir konstruieren ihn noch einmal, ziehen aber noch durch P die Senkrechte zu g (Abb. M13i/1). Man nennt $\alpha$ den Einfallswinkel, $\beta$ den Reflexionswinkel. Es gilt

$$\beta \ = 90° - \beta',$$
$$\beta'' = \beta' \ \text{(Winkeltreue bei Geradenspiegelung)},$$
$$\alpha' \ = 90° - \beta'' = 90° - \beta' = \beta,$$
$$\alpha \ = \alpha' \ \text{(Scheitelwinkel)},$$
$$\alpha \ = \beta.$$

Also ist der Einfallswinkel $\alpha$ gleich dem Reflexionswinkel $\beta$ (Reflexionsgesetz). Dieses Gesetz befolgen alle physikalischen Vorgänge, die man als Wellenbewegung beschreiben kann, also elektromagnetische Wellen (u. a. das sichtbare Licht), Schallwellen und Wasserwellen. Bekanntlich werden in gleicher Weise Billardkugeln an den Banden reflektiert.

(ii) Wir zeigen im folgenden, daß auch beim kürzesten Weg über eine Gerade im Raum (Draht) das Reflexionsgesetz erfüllt ist (A13c). Wir gehen von der Abb. L13c aus und legen in diese ein kartesisches Koordinatensystem, dessen Ursprung O in P liegt (O = P) (Abb. M13i/2). Die Gerade g sei x-Achse, die y-Achse liege in der durch A und g bestimmten Ebene senkrecht zu g, und dadurch ist auch schon die z-Achse bestimmt. Wir definieren die folgenden Vektoren:

$\overrightarrow{OB} = \vec{b}$, $\overrightarrow{OB}' = \vec{b}'$. Es gilt $|\vec{b}| = |\vec{b}'|$, und für die x-Komponenten haben wir $b_x = b_x'$.

$\dfrac{\overrightarrow{OA} \cdot |\vec{b}|}{|\overrightarrow{OA}|} = \vec{a}$. $\vec{a}$ hat demnach die Richtung von $\overrightarrow{OA}$, aber den Betrag von $\vec{b}$, und es gilt $\vec{a} = -\vec{b}'$, so daß $a_x = -b_x' = -b_x$.

Der Vektor $\vec{w} = \vec{a} + \vec{b}$ hat die Richtung der Winkelhalbierenden von $\sphericalangle$ APB. Diese steht im Einklang mit dem Reflexionsgesetz senkrecht auf g. Um das zu beweisen, multiplizieren wir $\vec{w}$ skalar mit dem Einheitsvektor

auf g in x-Richtung $\vec{e} = \begin{pmatrix} 1 \\ 0 \\ 0 \end{pmatrix}$. Wir erhalten $\vec{w} \cdot \vec{e} = a_x + b_x = a_x - a_x = 0$.

(iii) Im Anschluß an das Reflexionsgesetz können wir mit Hilfe des Niveaulinienprinzips einen Satz über die Ellipse herleiten. In Abb. L13a bilden alle Punkte, die dieselbe Abstandssumme von A und B wie der Punkt P haben, eine Ellipse mit den Brennpunkten A und B, die nach dem Niveaulinienprinzip die Gerade g in P berührt. Die Normale der Ellipse in P halbiert $\sphericalangle$ APB (Reflexionsgesetz). Da wir in jedem Punkt der Ellipse eine Tangente an die Ellipse ziehen können, haben wir den Satz: Die Normale in einem Punkt P der Ellipse halbiert den Winkel $\sphericalangle$ APB. Darin sind A und B die Brennpunkte der Ellipse.

## *M14 Einige Fachausdrücke mit Erklärung*

*Abgeschlossen:* Eine Figur (auch Intervall) heißt abgeschlossen, wenn die Komplementärmenge offen ist, oder nach einer anderen Definition: wenn jeder Häufungspunkt von Punkten der Figur zur Figur gehört.

*Äquivalent* heißen Aussageformen (z. B. Gleichungen, Ungleichungen), wenn sie dieselbe Lösungsmenge haben. In Zeichen: $A(x) \Leftrightarrow B(x)$. Beispiel: $2 + x = 3 \Leftrightarrow x - 1 = 0$. Probleme können häufig mittels Aussageformen formuliert werden. Beispiel: In einer geordneten Menge $(M, \leqq)$ soll das Maximum bestimmt werden. Das heißt, man sucht die Lösungsmenge der Aussageform

$$x \in M \text{ und für alle } y \in M: x \geqq y.$$

Haben zwei Probleme dieselbe Lösungsmenge, so nennen wir sie äquivalent. Zum Beispiel sind das isoperimetrische Problem und das dazu duale Problem äquivalent (siehe A33).

*Dual, Dualität:* Gegeben eine Menge M von Figuren, die Umfang u und Flächeninhalt F besitzen. Mit jeder Figur soll M auch alle zu dieser Figur ähnlichen Figuren enthalten. Dann gibt es 2 Extremwertaufgaben:

I) In der Menge $M(u_o)$ aller Figuren von M mit dem Umfang $u_o$ sind diejenigen mit dem größten Flächeninhalt $F_m$ zu bestimmen.

II) In der Menge $M(F_o)$ aller Figuren von M mit dem Flächeninhalt $F_o$ sind diejenigen mit kleinstem Umfang $u_m$ zu bestimmen. Man nennt die beiden Aufgaben zueinander dual.

Es gilt der Satz:

Ist die Lösung von I $F_m$ und setzen wir in II $F_o = F_m$, so hat II die Lösung $u_o$. Ist die Lösung von II $u_m$ und setzen wir in I $u_o = u_m$, so ist die Lösung von I $F_o$.

Beispiel (A33): M sei die Menge aller Rechtecke. Für $u_o = 4$ ist die Lösung von I das Quadrat mit der Seitenlänge 1 und $F_m = 1$. Setzen wir in II $F_o = 1$, so ist Lösung dasselbe Quadrat und $u_m = 4 = u_o$.

*Drachen, Drachenviereck:* Konvexes Viereck mit einer Symmetrieachse durch 2 gegenüberliegende Eckpunkte. Folgerungen: Jede Seite hat mindestens eine gleichlange Nachbarseite. Die Diagonalen stehen aufeinander senkrecht. Ersetzen wir oben „konvexes Viereck" durch „konkaves Viereck", so erhalten wir die Definition des sog. *Deltoids.*

*Elementar* heißt die Lösung einer Aufgabe, wenn sie keinen unendlichen Prozeß verwendet oder einen Begriff, der durch einen unendlichen Prozeß definiert wird (Grenzwert, Stetigkeit). Nicht elementar gingen wir vor, wenn wir ein Vergrößerungs- oder Verkleinerungsverfahren anwandten wegen der Stetigkeit, ferner beim isoperimetrischen Problem wegen der verwendeten Bogenlänge. Es gilt sogar: Das isoperimetrische Problem ist nicht elementar lösbar.

*Ellipse* heißt eine geschlossene Kurve, die mit Hilfe der Gärtnerkonstruktion erzeugt wird: Gegeben sind 2 verschiedene Punkte $F_1$ und $F_2$ und eine Strecke a $(2a > F_1F_2)$, die große Halbachse. Wir befestigen in $F_1$ und $F_2$ einen Faden der Länge 2a und straffen diesen mit einem Bleistift. Mit ihm zeichnen wir bei immer gespanntem Faden eine geschlossene Kurve. Deren Punkte haben zu $F_1$ und $F_2$ die Abstandssumme 2a. Sie ist also bezüglich der Abstandssumme eine Niveaulinie. Die Gerade $F_1F_2$ und die Mittelsenkrechte von $F_1$, $F_2$ sind Symmetrieachsen. Auf $F_1F_2$ liegt die große Achse der Länge 2a und auf der Mittelsenkrechten die kleine Achse der Länge 2b. Es gilt $b^2 = a^2 - e^2$.

Darin ist $e = \frac{1}{2} F_1F_2$. In einem kartesischen Koordinatensystem, dessen Achsen die Symmetrieachsen sind, hat die Ellipse die Gleichung

$$\frac{x^2}{a^2} + \frac{y^2}{b^2} = 1.$$

*Hyperbel:* Gegeben 2 verschiedene Punkte $F_1$ und $F_2$, die Brennpunkte und eine positive Zahl a $(2a < F_1F_2)$. Die Hyperbel ist die Menge aller Punkte, für die der Betrag der Abstandsdifferenz den konstanten Wert 2a hat (Niveaulinie). Die Kurve besteht aus 2 Ästen, jeder Ast hat einen Scheitelpunkt. Diese Scheitelpunkte liegen im Abstand 2a voneinander. Es gibt 2 zueinander senkrechte Symmetrieachsen. Wählt man diese als Achsen eines kartesischen Koordinatensystems, so hat die Hyperbel die Gleichung

$$\frac{x^2}{a^2} - \frac{y^2}{b^2} = 1.$$

Auch die Kurven mit der Gleichung $y = \frac{c}{x}$ mit $c \neq 0$ sind Hyperbeln.

*Innerer Punkt:* Gibt es zu einem Punkt einer Figur F eine Umgebung (z. B. einen Kreis bzw. eine Kugel mit diesem Punkt als Mittelpunkt), die ganz in F liegt, so nennt man ihn inneren Punkt von F. Ein Punkt von F, der nicht innerer Punkt ist, heißt *Randpunkt* von F.

*Intervall:* Abgeschlossenes Intervall [a, b] heißt die Menge der reellen Zahlen x mit a $\leq$ x $\leq$ b, offenes Intervall ]a, b[ die Menge der reellen Zahlen x mit a < x < b. Gelegentlich braucht man auch halboffene Intervalle, z. B. ]0; 1].

*Konkav* = nicht konvex.

*Konvex* heißt eine Figur F, wenn mit 2 verschiedenen Punkten A, B auch alle Punkte der Strecke AB zu F gehören. Beispiele: der Raum $R^3$, ein Halbraum (= Seite einer Ebene), Kugel, Würfel, die Ebene $R^2$, eine Halbebene (= Seite einer Geraden), Kreis, Halbkreis, Quadrat usw. Nicht konvex sind z. B. Figuren mit Einbuchtungen oder Löchern wie Hohlzylinder, Hohlkugel, Kreisring. Eine Figur F sei nicht konvex. Durch Hinzufügen einer Punktmenge kann man auf vielerlei Weisen eine konvexe Figur F' bilden, die F als Teilmenge enthält. Die eindeutig bestimmte, kleinste unter diesen Figuren F' heißt konvexe Hülle $\bar{F}$. Es gibt Geraden, die mit einer Figur F einen Randpunkt P gemeinsam haben, in einer Umgebung von P aber keine inneren Punkte von F enthalten. Eine solche Gerade heißt Stützgerade. Stützgeraden sind z. B. die Tangenten an den Rand einer Figur. Es gibt aber auch Stützgeraden, die keine Tangenten sind. Man denke an ein Quadrat. Durch einen Eckpunkt kann man unendlich viele Stützgeraden ziehen. Für konvexe Figuren F gilt der Satz: g sei eine Stützgerade von F. Dann liegt F ganz in einer Seite von F (Anwendung in A6b).

F und G seien beschränkte, konvexe Figuren, und G sei in F echt enthalten (G C F). Dann gilt für die Umfänge $u_G < u_F$. Diesen Schluß kann man für nichtkonvexe Figuren nicht ziehen.

*Monoton steigend* heißt eine Funktion einer reellen Veränderlichen f im Intervall I, wenn für alle $x_1$, $x_2$ $\in$ I mit $x_1 < x_2$ gilt $f(x_1) \leq f(x_2)$. Ersetzt man das Zeichen $\leq$ durch <, so nennt man f streng monoton steigend in I. Umkehrung des Zeichens liefert die Definition von „monoton fallend".

*Offen:* Eine Figur (auch Intervall) heißt offen, wenn es zu jedem Punkt der Figur eine Umgebung gibt, die ganz in der Figur liegt. Anders gesagt: Jeder Punkt der Figur ist innerer Punkt.

*Oktaeder:* Ein regelmäßiger Körper, dessen Oberfläche aus 8 gleichseitigen Dreiecken besteht.

*Polygon:* Gegeben n Punkte $P_1$, $P_2$, . . ., $P_n$, n > 2. Die aus den Strecken $P_1P_2$, $P_2P_3$, . . ., $P_{n-1}P_n$ zusammengesetzte Figur heißt Polygon. Ist $P_1 = P_n$, so ist das Polygon geschlossen, und man nennt es auch n-Eck oder Vieleck. Andernfalls heißt das Polygon Streckenzug. Ein gleichseitiges, geschlossenes Polygon mit gleich großen Innenwinkeln heißt regelmäßig.

*Polyeder* = Vielflach. Räumliche geometrische Figur (Körper), die von Polygonen berandet ist. Die Seiten dieser Polygone heißen Kanten, die Ecken Ecken des Polyeders.

*Platonische Körper* = regelmäßige Polyeder = reguläre Polyeder. Ein Polyeder heißt regelmäßig (ist ein Platonischer Körper), wenn es von regelmäßigen, geschlossenen Polygonen begrenzt wird, die untereinander kongruent sind, und wenn in jeder Ecke die gleiche Anzahl von geschlossenen Polygonen zusammentrifft. In der folgenden Tabelle sind die 5 Platonischen Körper des $R^3$ aufgeführt.

|             | Flächen | Anzahl Ecken | Kanten |
|-------------|---------|--------------|--------|
| Tetraeder   | 4       | 4            | 6      |
| Würfel      | 6       | 8            | 12     |
| Oktaeder    | 8       | 6            | 12     |
| Dodekaeder  | 12      | 20           | 30     |
| Ikosaeder   | 20      | 12           | 30     |

Platon nahm an, daß die 4 Elemente aus winzigen Teilchen von der Form dieser Polyeder bestünden und daß das Weltall Dodekaeder-Form habe.

*Regelmäßiges Polyeder* = reguläres Polyeder = Platonischer Körper.

*Reelle Zahlen:* Wir bezeichnen die Menge der reellen Zahlen mit R. Wir teilen sie ein in die rationalen Zahlen (Brüche) Q und die irrationalen Zahlen (= nichtrationale reelle Zahlen wie $\sqrt{2}$, e, $\pi$). Die Menge der rationalen Zahlen enthält die ganzen Zahlen als Teilmenge Z. Die positiven ganzen Zahlen heißen natürliche Zahlen N. $R^2 = R \times R = \{(x, y) \mid x, y \in R\}$ ist die Menge der Paare von reellen Zahlen, wie z. B. $(0,5; \sqrt{2})$. Durch Einführung eines kartesischen Koordinatensystems kann man jedem Punkt der Ebene umkehrbar eindeutig ein Zahlenpaar zuordnen und geometrische Figuren durch Gleichungs- oder Ungleichungssysteme beschreiben. Aus diesem Grund sprechen wir auch von der „Ebene $R^2$". Entsprechend bezeichnen wir den dreidimensionalen Raum mit $R^3$ (= Menge aller Tripel von reellen Zahlen) und den n-dimensionalen Raum mit $R^n$ (= Menge aller n-Tupel von reellen Zahlen).

*Raute* (oder auch *Rhombus*) heißt ein Viereck mit 2 aufeinander senkrecht stehenden Symmetrieachsen. Alle Seiten sind gleich lang.

*Randpunkt* heißt ein Punkt einer Figur, der nicht innerer Punkt ist. Jede Umgebung eines Randpunkts enthält innere und äußere Punkte der Figur. Die Menge aller Randpunkte heißt Rand der Figur.

*Seite einer Geraden:* Jede Gerade g teilt die Ebene in 2 abgeschlossene Halbebenen, deren Durchschnitt g ist. Diese Halbebenen nennt man Seiten von g.

*Symmetrisch, Symmetrie:* Eine ebene Figur F heißt achsensymmetrisch, wenn es eine Gerade g gibt, so daß die Geradenspiegelung an g die Figur F auf sich abbildet. Gibt es einen Punkt P, so daß die Punktspiegelung an P die Figur F auf sich abbildet, so nennt man F punktsymmetrisch.

*Symmetrische Funktion:* Eine Funktion mehrerer Veränderlicher heißt symmetrisch, wenn sich der Funktionswert bei Vertauschung (Permutation) der Veränderlichen nicht ändert. Z. B. bei einer Funktion f zweier Veränderlicher $f(x, y) = f(y, x)$. Symmetrisch sind z. B. $x + y$, $x \cdot y$, $x^2 + y^2$ mit $x, y \geqq 0$.

*Tetraeder* heißt ein regelmäßiges Polyeder, dessen Oberfläche aus 4 gleichseitigen Dreiecken besteht.

*Vieleck* = geschlossenes Polygon.

# LITERATUR

Bach, K. (Hrsg.): IL 18: Seifenblasen, Stuttgart 1987.

Bense, M.: Konturen einer Geistesgeschichte der Mathematik, Band II, Die Mathematik in der Kunst, Hamburg 1949.

Becker, O., J. Hofmann: Geschichte der Mathematik, Bonn 1951.

Blaschke, W.: Kreis und Kugel, Berlin 1956.

Cantor, M.: Vorlesungen zur Geschichte der Mathematik, Leipzig 1907.

Caratheodory, C., E. Study: Zwei Beweise des Satzes, daß der Kreis unter allen Figuren gleichen Umfangs den größten Flächeninhalt hat, Mathematische Annalen 68 (1909), 133–140.

Cassedy, J.: The Unbelievable Bubble Book, Palo Alto, California, 1989.

Cauchy, A. L.: Œuvre completes, Séries II, 3, Paris 1821.

Cieslik, D., H. J. Schmidt: Ein Minimalproblem in der Ebene und im Raum, alpha 18 (1984), 121–122.

Claus, H. J.: Zum isoperimetrischen Problem für Dreiecke, Der mathematische und naturwissenschaftliche Unterricht 33 (1980), 416–418.

–: Extremwertaufgaben in metrischen Räumen, Der Mathematikunterricht 28 (1982), H. 5, 27–58.

–: Wie pflanzt man n Bäume in ein Quadrat? Der mathematische und naturwissenschaftliche Unterricht 37 (1984), 468–475.

Collatz, L., W. Wetterling: Optimierungsaufgaben, Berlin, Heidelberg, New York 1971.

Croft, H. T., K. J. Falconer, R. K. Guy: Unsolved Problems in Intuitive Mathematics, Volume II, New York, Berlin 1991.

De Mar, R. F.: The problem of the shortest network joining n points, Mathematics Magazine 41 (1968), 225–231.

Edler, R.: Vervollständigung der Steinerschen elementargeometrischen Beweise für den Satz, daß der Kreis größeren Flächeninhalt hat als jede andere Figur gleichen Umfangs, Nachrichten der Königlichen Gesellschaft der Wissenschaften, 1882, 73–80.

Engel, A.: Geometrical activities for the upper elementary school, Educational Studies in Mathematics 3 (1970/71), 353–394.

Ercolano, J. L.: Geometric interpretations on some classical inequalities, Mathematics Magazine 45 (1972), 226.

Fricke, A.: Der Punkt kleinster gewichteter Entfernungssumme, Der Mathematikunterricht 30 (1984), H. 6, 22–37.

Gauß, C. F.: Briefwechsel zwischen C. F. Gauß und H. C. Schumacher, Dritter Band, Altona 1861.

–: Grundlagen einer Theorie der Gestalt von Flüssigkeiten im Zustand des Gleichgewichts, Leipzig 1903.

Gericke, H.: Zur Geschichte des isoperimetrischen Problems, Mathematische Semesterberichte XXIX (1982), 160–187.

Glatfeld, M.: Darstellung, Beurteilung und Vergleich verschiedener Lösungsformen bei Extremwertaufgaben, Die Deutsche Schule 59 (1967), 178–187.

–: Lösungsmethoden bei Extremwertaufgaben und ihre unterrichtliche Behandlung, Der Mathematikunterricht 15 (1969), H. 5, 5–26.

–: Extremwertaufgaben im Unterricht von Grund- und Hauptschule, Realschule und Gymnasium, Beiträge zum Mathematikunterricht 1969, Hannover 1970, 259–271.

–: Extremwertaufgaben im Geometrieunterricht der Sekundarstufe I, Der Mathematikunterricht 23 (1977), H. 4, 36–62.

–: Lernsequenzen zum Thema „Extremwerte; Probleme und Lösungsmethoden, Der Mathematikunterricht 28 (1982), H. 5, 86–112.

Glatfeld, M. (Hrsg.): Extremwertaufgaben I–V, Der Mathematikunterricht 15 (1969), H. 5; 18 (1972), H. 5; 23 (1977), H. 4; 28 (1982), H. 5; 30 (1984), H. 6.

Goldberg, M.: The packing of equal circles in a square, Mathematics Magazine 43 (1970), 24–30.

Haber, H.: Das mathematische Kabinett, Folge I, München 1974.

Habicht W., B. L. van der Waerden: Lagerungen von Punkten auf der Kugel, Mathematische Annalen 123 (1951), 223–239.

Heath, T. L.: The thirteen books of Euclid's Elements, New York 1956.

Hilbert, D.: Grundlagen der Geometrie, Leipzig 1899, Stuttgart 1977.

Hofmann, J. E.: Elementare Lösung einer Minimumaufgabe, Zeitschrift für Mathematik 60 (1929), 22–23.

Hurwitz, A.: Sur quelques applications géometriques des séries de Fourier, Annales de l' école normale supérieure (3) 19 (1902), 357–408.

Jaglom, I. M., W. G. Boltjanski: Konvexe Figuren, Berlin 1956.

Jensen, J. L. W. V.: Sur les fonctions convexes et les inégalités entre les valeurs moyennes, Acta Mathematica 80 (1906), 175–193.

Jost, D.: Elementare Behandlung von Extremwertaufgaben – Anwendung auf die Regressionsgerade, Praxis der Mathematik 25 (1983), H. 5, 129–139.

Kirsch, A.: Eine „operative" Behandlung des isoperimetrischen Problems für n-Ecke, Didaktik der Mathematik 2 (1990), 106–118.

Kroll, W.: Grund- und Leistungskurs Analysis, Band 1: Differentialrechnung, Bonn 1985.

Kühl, J.: Am Abbildungsbegriff orientierte elementarmathematische Aktivitäten, Der mathematische und naturwissenschaftliche Unterricht 30 (1977), 78–83.

Laugwitz, D.: Zahlen und Kontinuum, Eine Einführung in die Infinitesimalmathematik, Mannheim, Wien, Zürich 1986.

–: Early delta functions and the use of infinitesimals in research, TH Darmstadt, Preprint 1282, 1990.

Laugwitz, D., C. Schmieden: Eine Erweiterung der Infinitesimalrechnung, Mathematische Zeitschrift 69 (1958), 1–39.

Meister (Hrsg.): Quintiliani institutionis oratoriae libri XII, I, 10, Leipzig 1886, 39–45.

Miller, M.: Zur Geschichte der Extremwertaufgaben, Mathematik in der Schule, Teil 1, 4 (1966), 463–479; Teil 2, 4 (1966), 777–782.

Mittelstraß, J. (Hrsg.): Enzyklopädie Philosophie Wissenschaftstheorie, Bd. 1 (1980), Bd. 2 (1984), Mannheim, Wien, Zürich.

Mollard, M., Ch. Payan: Some progress in the packing of equal circles in a square, Discrete Mathematics 84 (1990), 303–307.

Müller, W.: Das isoperimetrische Problem im Altertum, Sudhoffs Archiv 37, 1 (1953), 39–71.

Neß, W.: Anwendung elementarer Lösungsverfahren auf Extremwertaufgaben, Der Mathematikunterricht 15 (1969), H. 5, 27–44.

Niven, I.: Maxima und minima without calculus, The Mathematical Association of America 1981.

Pappus von Alexandria: Collectio mathematica, 3 Bände, hrsg. von F. Hultsch, französische Übersetzung von P. ver Ecke, Paris 1932.

Papy, G.: Taximetrie, Bild der Wissenschaft, Juni 1970.

Pickert, G.: Minimale Abstandssummen von drei Punkten, Praxis der Mathematik 28 (1986), H. 3, 142–148.

Pirl, U.: Der Mindestabstand von n in der Einheitskreisscheibe gelegenen Punkten, Mathematische Nachrichten 40 (1969), 11–124.

Plateau, J.: Statique expérimental et théorique des liquides soumis aux seules forces moléculaires, Paris 1873.

Polya, G.: Mathematik und plausibles Schließen, Bd. 1; 2, Basel, Stuttgart 1966, 1967.

–: Vom Lösen mathematischer Aufgaben, Basel, Stuttgart 1966, 1967.

Radbruch, K.: Mathematik in den Geisteswissenschaften, Göttingen 1989.

Schaer, J.: The densest packing of 9 circles in a square, Canadien Mathematical Bulletin, vol. 8, 3 (1965), 273–277.

–: On the packing of ten equal circles in a square, Mathematics Magazine, vol. 44 (1971), 139–140.

Schaer, J., A. Meir: On a geometric extremum problem, Canadian Mathematical Bulletin, vol. 8, 1 (1965), 21–27.

Schellbach, K. H.: Mathematische Lehrstunden, Berlin 1860.

Schreiber, P.: Vom Schicksal eines mathematischen Problems, alpha 21 (1987), H. 2, 25–26.

Schubart, H.: Eine elementar beweisbare isoperimetrische Ungleichung, Der mathematische und naturwissenschaftliche Unterricht 20 (1967), 271–274.

–: Zu Cauchys Satz vom arithmetischen, geometrischen und harmonischen Mittel, Beiträge zum Mathematikunterricht 1970, Hannover 1971, 168–182.

Schumann, H.: Geometrische Maximumaufgaben für Klasse 6, Praxis der Mathematik, H. 5, 1973, 114–115.

Schupp, H.: Die Heronsche Formel, Praxis der Mathematik 21 (1979), 33.

–: Zum isoperimetrischen Problem für Dreiecke und Vierecke, Der mathematische und naturwissenschaftliche Unterricht 34 (1981), 432.

–: Extremwertbestimmung mit Hilfe der Dreiecksungleichung, Der Mathematikunterricht 30 (1984), H. 6, 6–21.

Sieber, H.: Über Drehungen um 60°, Der Mathematikunterricht 11 (1965), H. 3, 24–38.

Spalt, O.: Cauchys Denken der Analysis, TH Darmstadt, FB4, Reprint Nr. 1381, 1991.

Steiner, J.: Gesammelte Werke, Band II, Berlin 1881.

Steinhaus, H.: 100 neue Aufgaben, Leipzig, Jena, Berlin 1973.

Stowasser, R., R. u. G. Wilk-Mergenthal: Von Maß-, Treff- und Extremalproblemen zur Theorie der Kongruenzabbildungen, Beiträge zum Mathematikunterricht 1974, Hannover 1974, 116–122.

Waerden, B. L. van der: Punkte auf der Kugel, Drei Zusätze, Mathematische Annalen 125 (1952), 213–222.

–: Pollenkörner, Punktverteilungen auf der Kugel und Informationstheorie, Die Naturwissenschaften 48 (1961), 189–192.

–: Siehe Habicht, W.

Weiszfeld, E.: Sur le point pour lequel la somme des distances de n points donné est minimum, The Tohoku Mathematical Journal 43 (1937), 355–386.

Wenceslas, G. K.: Covering a square, American Mathematical Monthly, vol. 65 (1958), 775.

Wigand, K.: Linear programming, Praxis der Mathematik 1 (1959), H. 5, 113.

Wittmann, E.: Algorithmische Aspekte des isoperimetrischen Problems für Dreiecke, Der Mathematikunterricht 24 (1978), H. 4, 102–110.

# NAMEN- UND SACHREGISTER

Abbildungen der Ebene 205 ff.
abgeschlossen 230
Absolutbetragsmetrik 10. 11. 24. 47 f.
55. 96. 208
Abstandssumme, minimale 7 ff. 45 ff.
–, von Geraden zu Punkten 14. 70 f.
–, von Punkten zu Ecken 8
–, von Punkten zu Geraden 13 f. 67 ff.
Achsenstreckung (= Dehnung) 135. 206
Additionstheoreme 203 f.
Äneis 35
Almagest 36
Apollonius von Perge 34
Approximationstheorie XII
Archimedes von Syrakus 16. 35. 213
archimedisches Axiom 213
arithmetisch-geometrische Ungleichung
26. 28. 105. 111. 128 f. 139. 194 ff.
Ausschlußverfahren 36. 187

Bedeni, P. 13
Bentham, J. XI
Bernoulli, J. 36
Billardaufgaben 17 f.
Blasen 223
Bolyai, J. 224
Bolyai, W. 224
Bolzano, B. 189
Bopp, K. 13
Brechungsgesetz 15
Brückenproblem 18. 79 ff.

Caratheodory, C. 36. 118
Cauchy, A. L. 189. 198 f.
Cavalieri, F. B. 12
Coxeter, H. S. M. 218

Dantzig, G. 25
Deltoid 230

De Maar, R. F. 53
Dido, Problem der Königin 33. 35
Differentialrechnung 15. 36
Drachen 230
duales Problem 26. 230
dualer Satz 28. 230
Dürer, A. 193

Edler, F. 36
Einteilungen 40 ff. 150 ff.
elementar 231
Ellipse 24. 97 f. 107. 231
Energie, potentielle 51
Euklid 192
Euklids Elemente 192 ff.
Euler, L. 189
Extremalprinzipien der Physik XI

Fagnano, G. F., Problem von 28.
140 f.
Fagnano, J. F. 13
Fasbender 12
Fermat, P. 12. 15 ff.
Fermat-Punkt (= Torricelli-Punkt) 9.
51 ff. 55
Fermatscher Satz, großer 16
Fermatsches Prinzip XII. 15 f.
Fermatsches Problem 9 f. 51 ff. 98 f.
Feuerwehrproblem 15. 24
Figuren, ein- und umbeschriebene
37 ff., 133 ff.
Frater Gabriel Marie 141
Funktion, quadratische 200 ff.
funktional-elementare Methoden 28.
200 ff.

Gärtnerkonstruktion der Ellipse 97
Gärtnerprobleme 40 f. 150 ff.
ganze Zahlen 233

Gauß, K. F. 13. 223 ff.
Gaußklammer 26. 102
Gaußsches Eisenbahnproblem 11. 61 f. 225
Gerade minimaler Abstandssumme zu gegebenen Punkten 14
Gleichgewicht, stabiles 9. 24. 51. 99 ff. 219 ff.
Gregory, J. 219

Habicht, W. 175
hedonistic calculus XI
Heinen 12
Helikoid 227
Heron von Alexandrien 15. 212 f.
Hilbert, D. 193
Höhenlinien 22. 93
Hofmann, J. E. 13. 53
Hoppe, R. 219
Hurwitz, A. 36
Hutcheson, F. XI
Huygens, C. 15
Hyperbel 81. 231

infinitesimale Zahl 188 f. 223
innerer Punkt 231
Intervall 232
irrationale Zahl 171. 233
Isobare 22
isoperimetrische Güte 30. 118 f.
isoperimetrische Probleme 26 ff. 112
–, räumliche 34. 128 f.
isoperimetrisches Problem der Ebene 29 ff. 115 ff.
–, für Dreiecke 28 f. 106 ff.
–, für n-Ecke 29
–, für Rechtecke 26 ff. 103 ff.
–, für Vierecke 29. 113 ff.
isoperimetrischer Quotient 30
isoperimetrische Ungleichung 30. 118
–, Anwendungen 33
–, für geschlossene Polygone 33
Isotherme 22

Jensensche Ungleichung 89. 199
Justinus 35

Kantorowitsch, L. W. 25
Katenoid 227
Kaufhausproblem 42. 176 ff.
Kausalitätsprinzip 15
Kepler, J. 218
Kongruenzabbildung 205
konkav 232
konvex 122. 232
konvexe Hülle 122. 232
Kreis, Sätze 210 ff.
Kreislagerung 41. 168 ff. 215 ff.
Kreisüberdeckung 42. 180. 215 ff.
Krümmung, mittlere 226 f.
Kugelpackungen, dichteste 218 f.
Kuhn, H. W. 13

Lagerung, siehe Kreislagerung
Lagrange, J. L. 227
Laplace, P. S. 223
Laugwitz, D. 189. 190
Leonardo da Vinci 193
l'Huillier, S. 13
Linien, kürzeste auf Körpern 20 f. 82 ff.
Lobatschewski, I. N. 224
Luftlinienentfernung 53

Mac Laurin, C. 198
Maximinaufgabe 14. 71 ff.
Maximum, Minimum, relatives 155. 166
Metrik 48. 208 f.
–, euklidische 24. 208
metrischer Raum 208 f.
Meusnier, J. P. 227
Min-As-Punkt = Punkt minimaler Abstandssumme 7 ff. 45 ff.
Minimalfläche 225 ff.
monoton steigend, fallend 232
moral calculus XI

natürliche Zahlen 233
Netze, minimale 11 ff. 61 ff.
–, räumliche 12. 66 f.
Newton, I. 219
Niven, J. 22. 118

Niveaulinie 22. 93ff.
Niveaulinienprinzip 22ff. 26. 93ff.
103
Niveaulinienspiel 23. 93f.
Normale 24
Nowicki 227

Oberflächenspannung 40. 221f.
offen 232
Oktaeder 232
Optimieren, lineares 25
Optimierungstheorie XII

Pappus 16. 35
Papy, G. 7
Parallelenpolygon, inneres 31. 118ff.
Parallelenpostulat 224
Parkettieren 215
Perron, O. 187
Piazzi, A. G. 223
Pickert, G. 9
Plateau, J. A. F. 225f.
Plateausches Problem 225f.
Platon 34. 233
Platonische Körper 233
Plinius 36
Pneu 227
Polya, G. XI
Polybios 36
Polyeder 233
Polygon 232
Prinzip von Fermat XII. 15
–, vom kleinsten Zwang XI
Problemlösen, Tips 2
Projektionsverfahren 8. 47f. 53. 55
Proklos Diadochos 192
Ptolemäus 35
Punkte minimaler Abstandssumme
    zu den Ecken eines n-Ecks 8ff.
    49ff.
–, zu den Seiten eines Dreiecks 13f.
    67ff.

Randpunkt 231. 234
rationale Zahlen 233
Raute 234

Reflexionsgesetz 15. 228f.
Regiomontanus 23. 96
Reuleau-Dreieck 152
Rhombus 234

Satz vom Maximum und Minimum
    189
Schaer, J. 176
Scherung 207
Schmieden, C. 190
Schütte, K. 175
Schwerpunkt 51. 85. 99. 221
Segeln gegen den Wind 21. 86ff.
Sehnensatz 96
Sehnen-Tangenten-Satz 96
Seifenhautmodelle 225
Seifenlamellen 221
Seil 20f. 24. 99f. 220f.
Seilkräfte 51f. 99
Seite einer Geraden 234
Simplexmethode 25
Spinoza, B. 193
Stabilitätsprinzip der Mechanik XI
–, der Thermodynamik XI
Steinchenarithmetik 152
Steiner, J. 9. 13. 24. 36. 99
Steinersches Viergelenkverfahren 29f.
    36. 115ff.
stetige Funktion 108
Stetigkeit 188ff.
Strabo 36
Straßenbauaufgaben 18f. 79ff.
Study, E. 36. 118
Symmetrie 234
symmetrische Funktion 234
Symmetrisierungsverfahren 36

Tammes 175
teleologisch 15
Tetraeder 234
Theon von Alexandrien 35
Thue, A. 218
Thukydides 36
Torricelli, E. 12. 55
Torricelli-Punkt 12
Treffpunktaufgaben 7f. 45ff.

Überdeckungen, siehe Kreisüberdek-
  kungen
Ungleichung, isoperimetrische 118
–, Jensensche, siehe Jensensche Ungleichung
–, zwischen dem arithmetischen und
  dem geometrischen Mittelwert, siehe
  arithmetisch-geometrische Ungleichung

Variationsprinzip XI
Variationsrechnung XII
Vergil 35
Vergrößerungsverfahren 28
Verkleinerungsverfahren 28
Vieleck 234
Viviani, V. 14

Waerden, B. L. van der 175
Wahlverfahren 8
Weber, A. 13
Weber, W. 225
Wegenetz, minimales 11. 222
Weierstraß, K. T. 227
Weißfeld, E. 13
Wellenmodell des Lichts 15
Wüsten-Jeep-Aufgabe 22

Zach, v. 224
Zelle 215 f.
Zeltdach 227
Zenodorus 35
Zentralwert 47
Zielfunktion 25
Zwischenwertsatz 189